国家科学技术学术著作出版基金资助出版

结构矿物学

秦 善 编著

内 容 简 介

本书分为通论和各论两部分。通论部分主要介绍结构矿物学的基本原理,包括晶体结构分类、晶体结构的表达、晶体结构的稳定性、晶体结构与物理性质的关系等;各论部分按照晶体结构分类的顺序,以图示和文字描述结合的形式,对各类矿物中具有代表性的约 200 种典型晶体结构进行详细剖析和描述。

本书可作为高等院校和研究机构地质、材料、冶金、物理和化学等学科的研究生教材和教学参考书,也可供相关学科的研究人员参考。

图书在版编目(CIP)数据

结构矿物学/秦善编著. —北京:北京大学出版社,2011.1
ISBN 978-7-301-16157-9

Ⅰ.①结… Ⅱ.①秦… Ⅲ.①矿物晶体结构-矿物学 Ⅳ.①P573

中国版本图书馆 CIP 数据核字(2009)第 222780 号

书　　　　名:结构矿物学
著作责任者:秦　善　编著
责 任 编 辑:郑月娥
标 准 书 号:ISBN 978-7-301-16157-9/P·0073
出 版 发 行:北京大学出版社
地　　　　址:北京市海淀区成府路 205 号　100871
网　　　　址:http://www.pup.cn
电 子 信 箱:zpup@pup.pku.edu.cn
电　　　　话:邮购部 62752015　发行部 62750672　编辑部 62767347　出版部 62754962
印 刷 者:河北滦县鑫华书刊印刷厂
经 销 者:新华书店
　　　　　　787 毫米×1092 毫米　16 开本　13.75 印张　350 千字
　　　　　　2011 年 1 月第 1 版　2011 年 1 月第 1 次印刷
定　　价:36.00 元

未经许可,不得以任何方式复制或抄袭本书之部分或全部内容。
版权所有,侵权必究
举报电话:(010)62752024　电子信箱:fd@pup.pku.edu.cn

前　言

矿物是自然作用所形成的晶质固体。如果说矿物学是以矿物为研究对象的一门自然科学,那么作为矿物学的一个基础性分支,结构矿物学(structural mineralogy),则侧重于研究矿物的晶体结构及其相关问题,这一点也是广大矿物学家的共识。然而,出乎大多数人意料的是,我们很难在当今矿物学以及相关学科的教科书中找到对结构矿物学概念和基本原理的细致描述。究其深层次的原因,我们认为矿物的结构问题还没有完全引起众多涉及晶体结构的科学家们的关注,其重要性尚没有被深刻认识到。

1912年德国学者劳厄(1879—1960)成功地进行了矿物晶体的X射线衍射实验,从而开启了矿物晶体结构测定的先河。自那时起,大量矿物的结构被揭示出来,矿物结构的研究从宏观进入到微观的新阶段。经过近百年的积累,几乎所有的矿物种都具有了实验测定的结构数据。如何对这4000余个矿物结构进行分类整理并探索和发现其中的规律,是结构矿物学的研究内容,也是一项带有探索性的艰巨任务。而实际上,这样的内容或多或少也被相关学科和矿物学家所涉及。如我们耳熟能详的学科"晶体化学",就是研究晶体的化学组成以及晶体结构之间内在联系的学科,虽然其更强调结构中的化学键、原子或离子或分子之间的成键方式,以及其对质点排布和配位形式的制约等(事实上,这些内容也是传统晶体化学或结晶化学教科书的基本内容),但这种类似的结构方面的工作为结构矿物学的发展奠定了基础。在结构矿物学领域,J. Lima-de-Faria的工作是里程碑性质的,主要体现在他的专著 *Structural Mineralogy*(1994)和三卷本的 *Structural Classification of Minerals*(2001—2004)中。其主要贡献是依据化学键将结构划分为5个基本类型,即配位状、岛状、链状、层状和架状。此外,Lima-de-Faria还详细区分了各种无机物的化学组成,从而构筑了一个"结构基本单元—化学组成"的二维空间,在一张表格上清楚表达了各种化学组成的化合物及其对应的基本结构特征。遗憾的是,此表格可能过于繁琐,故并没有广泛流传开来。

"结构矿物学"是北京大学的研究生必修课。作者讲授此课多年,深感缺乏一本具有系统基础知识和典型实例的教学参考书,于是以数年授课资料为基础,再补充和更新部分内容,经系统化整理后编撰成本书。书中明确给出了"结构矿物学"的含义,不仅对"结构矿物学"的研究内容和矿物结构分类的相关问题进行了厘定,而且系统阐述了矿物结构的相关问题(如结构的稳定性、结构的相似性、结构与物理性质的关系等),并剖析了近200种典型矿物结构,涉及等结构的矿物种超过700个。书中既有基础知识的系统阐述,又有各类具体矿物实例的结构剖析。书中描述的近200种典型矿物结构,大多是常见的典型矿物结构,如石英、长石、方铅矿等,但也包含了一些特殊结构的矿物,如固态冰、大孔道结构矿物、含水最多的矿物(钙铝矾)、高压结构矿物等。另外，书中还描述了 9 种常见的有机矿物。书中近 400 幅晶体结构图都是按结构数据以计算机绘图得来，具有高度的准确性和可靠性，也具有相当的参考价值。附录还提供了本书涉及的结构数据来源、矿物中文和英文名称索引等，以方便读者查阅。实际上，本书涉及的约 200 种典型矿物结构，也都制作了彩色图片以及三维动画格式的 WRML 文件，但限于条件只能以本书这样的平面灰阶方式印刷。作者非常希望将来能把它们集中起来，建立一个专门的网站或网页，以便有需要的读者参考和研究。

本书的编撰历经数载，其间作者曾多次请教于王濮教授和曹正民教授，他们给了很大的鼓励和帮助。鲁安怀、王汝成、李胜荣和赵珊茸等诸位矿物学专业教授，也对书稿中相关内容提出了中肯的建议。本书的编写和出版是在北京大学教务部和教材建设委员会的资助下立项完成的，同时也得到了北京大学出版社以及本书编辑的理解和支持。对上述个人和单位表示衷心的谢忱。

由于作者能力所限，书中难免出现缺点和错误，恳望读者批评指正。

秦　善

2010-07-18 于北京大学

目 录

1 结构矿物学与矿物的结构分类 ··· (1)
　1.1 矿物结构与结构矿物学 ·· (1)
　1.2 矿物晶体化学分类 ·· (2)
　1.3 矿物的结构分类 ·· (2)
　1.4 本书采用的矿物分类体系 ·· (4)
2 矿物结构中的化学键和配位多面体 ··· (6)
　2.1 化学键和晶格类型 ·· (6)
　　2.1.1 离子键和离子晶体 ·· (6)
　　2.1.2 共价键和共价晶体 ·· (7)
　　2.1.3 金属键和金属晶体 ·· (7)
　　2.1.4 范德华键和分子晶体 ·· (8)
　　2.1.5 氢键和氢键型晶体 ·· (8)
　2.2 密堆积原理 ·· (9)
　　2.2.1 等大球的密堆积 ··· (9)
　　2.2.2 等大球密堆积的空隙 ·· (11)
　　2.2.3 等大球密堆积的空间利用率 ··· (12)
　　2.2.4 密堆积结构的对称性 ·· (13)
　　2.2.5 不等大球体的密堆积 ·· (13)
　2.3 配位数和配位多面体 ·· (14)
3 晶体结构的表达 ··· (17)
　3.1 晶体结构参数 ·· (17)
　3.2 晶体结构的基型 ·· (19)
　　3.2.1 配位基型 ·· (19)
　　3.2.2 岛状基型 ·· (19)
　　3.2.3 链状基型 ·· (20)
　　3.2.4 层状基型 ·· (21)
　　3.2.5 架状基型 ·· (21)
　3.3 晶体结构的相似性 ·· (22)
　　3.3.1 等型结构 ·· (22)
　　3.3.2 反结构 ·· (22)
　　3.3.3 衍生结构 ·· (23)

3.4 特殊类型的晶体结构 ······(24)
　　3.4.1 有序-无序结构 ······(24)
　　3.4.2 多型结构 ······(26)
　　3.4.3 多体结构 ······(27)
　　3.4.4 调制结构 ······(28)
3.5 晶体结构的图示表达 ······(31)

4 晶体结构的稳定性 ······(33)
4.1 晶体结构稳定性规则 ······(33)
　　4.1.1 吉布斯自由能 ······(33)
　　4.1.2 戈尔德施密特定律 ······(34)
　　4.1.3 鲍林规则 ······(34)
4.2 温度和压力对结构稳定性的影响 ······(35)
　　4.2.1 晶体相变及其类型 ······(35)
　　4.2.2 温度对结构稳定性的影响 ······(36)
　　4.2.3 压力对结构稳定性的影响 ······(37)
4.3 化学组成对结构稳定性的影响 ······(39)
　　4.3.1 固溶体的概念 ······(39)
　　4.3.2 类质同像 ······(39)
　　4.3.3 晶体的型变 ······(40)

5 晶体结构和物理性质 ······(41)
5.1 晶体对称性与物理性质 ······(41)
5.2 结构类型与物理性质 ······(42)
　　5.2.1 结构类型与光性 ······(42)
　　5.2.2 结构与力学性质 ······(44)
　　5.2.3 晶格类型与物理性质 ······(45)

6 自然元素及类似物 ······(46)
6.1 单质 ······(46)
　　6.1.1 配位基型 ······(46)
　　　自然铜　自然锇　自然铁　自然铜
　　6.1.2 环状基型 ······(49)
　　　自然硫
　　6.1.3 链状基型 ······(49)
　　　自然硒
　　6.1.4 层状基型 ······(50)
　　　石墨　自然砷
　　6.1.5 架状基型 ······(51)
　　　金刚石
6.2 碳化物、硅化物、磷化物 ······(52)
　　6.2.1 配位基型 ······(52)

　　　　硅铁矿　磷铁矿
　　6.2.2　层状基型 ………………………………………………………………………… (53)
　　　　陨碳铁矿　陨磷铁矿

7　硫化物及其类似化合物 ……………………………………………………………… (55)
　7.1　配位基型 ……………………………………………………………………………… (55)
　　　红砷镍矿　闪锌矿　黄铜矿　黄锡矿　纤锌矿　镍黄铁矿
　7.2　岛状基型 ……………………………………………………………………………… (59)
　　　黄铁矿　白铁矿　毒砂
　7.3　环状基型 ……………………………………………………………………………… (61)
　　　雄黄
　7.4　链状基型 ……………………………………………………………………………… (62)
　　　辉锑矿　辰砂　脆硫锑铅矿
　7.5　层状基型 ……………………………………………………………………………… (64)
　　　辉钼矿　雌黄　铜蓝　碲镍矿
　7.6　架状基型 ……………………………………………………………………………… (67)
　　　黝铜矿

8　氧化物和氢氧化物 …………………………………………………………………… (69)
　8.1　氧化物 ………………………………………………………………………………… (69)
　　8.1.1　配位基型 ………………………………………………………………………… (69)
　　　　刚玉　钛铁矿　尖晶石
　　8.1.2　岛状基型 ………………………………………………………………………… (73)
　　　　砷华
　　8.1.3　链状基型 ………………………………………………………………………… (73)
　　　　金红石　锑华　钨锰铁矿　锰钡矿
　　8.1.4　层状基型 ………………………………………………………………………… (77)
　　　　板钛矿　白砷石　黑稀金矿
　　8.1.5　架状基型 ………………………………………………………………………… (79)
　　　　冰　石英　方石英　鳞石英　柯石英　赤铜矿　锐钛矿　钙钛矿
　8.2　氢氧化物和含水氧化物氢氧化物 …………………………………………………… (87)
　　8.2.1　链状基型 ………………………………………………………………………… (87)
　　　　针铁矿　硬锰矿
　　8.2.2　层状基型 ………………………………………………………………………… (88)
　　　　三水铝石　锂硬锰矿
　　8.2.3　架状基型 ………………………………………………………………………… (90)
　　　　羟锗铁石

9　硅酸盐 …………………………………………………………………………………… (92)
　9.1　岛状基型 ……………………………………………………………………………… (92)
　　　锆石　石榴子石　镁铝榴石　橄榄石　红柱石　蓝晶石　黄玉
　　　十字石　楣石　蓝线石　钪钇石　黑柱石　异极矿　符山石　绿帘石

9.2 环状基型 ······ (103)
异性石　斧石　铁斧石　绿柱石　堇青石　电气石　钠铝电气石
硅钙铀钍矿　整柱石

9.3 链状基型 ······ (110)
辉石　顽火辉石　易变辉石　透辉石　硅灰石　蔷薇辉石　角闪石
透闪石　直闪石　硬硅钙石　夕线石

9.4 层状基型 ······ (119)
硅铁钡矿　高岭石(含珍珠石和迪开石)　蛇纹石　利蛇纹石　滑石
叶蜡石　鱼眼石　羟鱼眼石　坡缕石　海泡石　葡萄石　云母
白云母　金云母　绿泥石　斜绿泥石　蒙脱石　蛭石　板晶石　硅钛钡石

9.5 架状基型 ······ (134)
赛黄晶　长石　透长石　正长石　钡长石　霞石　白榴石　方柱石
方钠石　沸石　菱沸石　钙十字沸石　八面沸石　片沸石　水钙沸石
钠沸石　浊沸石　香花石　蓝锥矿　硅钡钛石

10 其他含氧盐 ······ (147)
10.1 硼酸盐 ······ (147)
10.1.1 岛状基型 ······ (147)
硼镁铁矿　硼镁石　硼砂
10.1.2 链状基型 ······ (149)
钙硼石-Ⅱ　硬硼钙石
10.1.3 层状基型 ······ (150)
天然硼酸
10.1.4 架状基型 ······ (150)
β-方硼石

10.2 磷酸盐、砷酸盐和钒酸盐 ······ (151)
10.2.1 岛状基型 ······ (151)
磷灰石　氟磷灰石　独居石　铈独居石
10.2.2 链状基型 ······ (153)
板磷铁矿　钒铋矿
10.2.3 层状基型 ······ (155)
蓝铁矿　铜铀云母
10.2.4 架状基型 ······ (156)
绿松石　臭葱石

10.3 钨酸盐、钼酸盐和铬酸盐 ······ (157)
10.3.1 岛状基型 ······ (157)
白钨矿
10.3.2 层状基型 ······ (158)
红铬铅矿　钼铜矿

10.4 硫酸盐 (159)
    10.4.1 岛状基型 (159)
    硬石膏　重晶石　黄钾铁矾　胆矾　芒硝　钙铝矾
    10.4.2 环状基型 (164)
    四水泻盐
    10.4.3 链状基型 (164)
    钾铁矾
    10.4.4 层状基型 (165)
    石膏

10.5 碳酸盐 (166)
    10.5.1 岛状基型 (166)
    方解石　文石　白云石　孔雀石　蓝铜矿
    10.5.2 链状基型 (169)
    苏打石
    10.5.3 层状基型 (170)
    天然碱　泡铋矿

10.6 硝酸盐 (171)
    岛状基型 (171)
    镁硝石

11 卤化物 (173)

11.1 配位基型 (173)
    石盐　光卤石　萤石

11.2 岛状基型 (175)
    钾铁盐

11.3 链状基型 (176)
    氯钙石

11.4 层状基型 (177)
    铁盐　氟铈矿

11.5 架状基型 (178)
    氟镁钠石

12 有机矿物 (179)

    水草酸钙石　草酸钙石　草酸铁矿　草酸铜钠石　草酸钠石　蜜腊石
    硫氰钠钴石　烟晶石　尿素石

附录 (184)
    矿物结构数据文献索引 (184)
    矿物中文名称索引 (189)
    矿物英文名称索引 (199)

主要参考文献 (209)

1 结构矿物学与矿物的结构分类

1.1 矿物结构与结构矿物学

矿物的结构是确定和描述矿物的最基本内容。无论是矿物的定义(现代矿物的定义是：自然作用形成的具有相对固定化学组成以及确定晶体结构的均匀固体)，或是矿物种的规定(矿物种：指具有一定化学组成和晶体结构的一种矿物)，都离不开矿物结构这个基本要素。那么，矿物结构指的是什么呢？从根本上来讲，矿物结构就是矿物内部原子(离子或分子)在三维空间排列的规律性。关于矿物晶体结构及其相关的问题，诸如结构的基本类型、结构的表达、结构的稳定性、结构与性质的关系等，我们将在后面章节进行系统描述。

显然，矿物结构及其相关问题，也是结构矿物学的主要研究内容。作为传统矿物学的一个基础性的分支学科，结构矿物学是随着矿物学的发展、尤其是矿物结构研究方法和技术的发展而发展的。尽管在历史文献中很少见到对结构矿物学学科性质及其研究内容的系统描述，但实际上人们已经接受了"结构矿物学就是研究矿物结构及其相关问题的学科"这样的事实。我们可以这样来定义和描述结构矿物学：结构矿物学是探索矿物晶体结构及其分类和表达，研究矿物结构与化学组成的关系，进而探讨矿物成分和晶体结构与矿物形态、物理化学性能、生成条件、应用等关系的一门学科。

从研究内容方面，我们认为结构矿物学所涉及的研究内容至少包括以下这些方面：(1) 矿物结构的表达，包括如何从方法学和实验技术手段等方面来确定矿物的晶体结构，以及如何更好地表达矿物的结构等；(2) 矿物的结构分类及其描述，如何从矿物结构角度对矿物进行有特色的分类并描述矿物的结构；(3) 矿物结构的稳定性，诸如哪些因素能影响矿物结构的稳定性，它们是如何影响结构稳定性的等；(4) 矿物结构与形态的关系，矿物结构是如何影响矿物的外观形态的，它们的内在本质是什么等；(5) 矿物结构与其物理化学性质的关系，结构性质；(6) 矿物结构的应用，沸石分子筛或八面体分子筛等都是经典的矿物结构的应用实例，如何更深入地将矿物结构特性与应用结合起来，是结构矿物学长远的任务。

1.2 矿物晶体化学分类

全世界已发现的矿物有 4000 多种。这些矿物各自均有自己特定的化学组成和晶体结构，从而表现出一定的形态及物理化学性质；同时，矿物之间经常由于化学组成和晶体结构上存在某些相似之处，也会表现出某些相似的特征。因此，要掌握矿物之间的共性与个性，揭示 4000 余种矿物之间的相互联系及其内在的规律性，必须对矿物进行合理的科学分类。这也是矿物学研究的基础课题之一。

虽然不少矿物学家从不同角度出发，提出了多种不同的矿物分类方案，如单纯以化学成分为依据的分类方案、以元素地球化学特征为依据的分类方案、以矿物成因为依据的分类方案等，但目前矿物学中广泛采用的是以矿物成分、晶体结构为依据的晶体化学分类方案，它既考虑了矿物化学组成的特点，也考虑了晶体结构的特点，在一定程度上也反映了自然界元素结合的规律，因此，也是目前的一种比较合理的分类方案。

按照晶体化学体系对矿物进行分类只是一个原则性的标准。不同的划分者在一些细节上会有一些差异。表 1-1 列出几种国内外广泛接受的经典晶体化学分类，其中王濮等仅划分出 4 大类，Strunz 则分为 10 大类，而 Dana 的划分则为 12 大类。

表 1-1 几种经典的矿物晶体化学分类

王濮等(1982)	Strunz(2001)	Dana(2002)
Ⅰ．单质及其类似物	Ⅰ．元素	Ⅰ．自然元素
Ⅱ．硫化物及其类似化合物	Ⅱ．硫化物和硫盐	Ⅱ．硫化物
Ⅲ．氧的化合物，含	Ⅲ．卤化物	Ⅲ．硫盐
氧化物	Ⅳ．氧化物、氢氧化物	Ⅳ．氧化物、氢氧化物
氢氧化物	Ⅴ．碳酸盐、硝酸盐	Ⅴ．卤化物
硅酸盐	Ⅵ．硼酸盐	Ⅵ．碳酸盐
其他含氧盐等 12 类	Ⅶ．硫酸盐(含钨酸盐、钼酸盐等)	Ⅶ．硝酸盐
Ⅳ．卤化物	Ⅷ．磷酸盐、砷酸盐、钒酸盐	Ⅷ．硼酸盐
	Ⅸ．硅酸盐	Ⅸ．磷酸盐
	Ⅹ．有机化合物	Ⅹ．硫酸盐
		Ⅺ．钨酸盐
		Ⅻ．硅酸盐

1.3 矿物的结构分类

矿物的分类随着历史的发展一直在变化，分类的标准也随着矿物科学的发展而不断变化。从根据实际用途到物理性质、到物理与化学相结合的方法、到化学方法，以及化学和结构相结合，每一种方法都向内部结构的方向更近一步。从结构角度对矿物进行分类实际上是个渐进的过程，在 1912 年第一个矿物的结构被实验测定之后，以矿物结构作为分类标准才开始被逐渐接受。结构的分类标准起初应用于一个有限的范围并取得了圆满成功，这就是硅酸盐矿物。

20世纪30年代的硅酸盐的结构分类法与旧的化学分类法相比是一个更好的体系,并且很快被广泛采用。这种化学和结构相结合的分类方法也逐渐推广到矿物学的其他范围内,如卤化物、磷酸盐等其他含氧盐矿物。到20世纪70年代,由Povarennykh(1972)系统地将这种化学和结构相结合的方法应用于全部矿物。王濮等人(1982)的《系统矿物学》也是基本沿用了这种矿物分类体系。

更进一步地,Lima-de-Faria等人将上述的这种矿物分类思路推广到了整个无机物。他们认为,硅酸盐按结构分类的分类原则被证明是很有成效的,应该在整个矿物的分类中延续下来。因此,矿物的结构分类法必须在更普遍的范围内适用于整个无机物的结构分类,并且不与已被广泛接受的硅酸盐的结构分类法相矛盾。从20世纪70年代开始,他们便致力于这种分类方法的研究与实践,到1994年出版了专著 *Structural Mineralogy*,并且在2004年还出版了三卷本的 *Structural Classification of Minerals*。其主要贡献是:依据化学键的分布将矿物的结构划分为5个基本单元,即配位状(atomic)、岛状(group)、链状(chain)、层状(sheet)和架状(framework)。在每一基本单元中,都非常详尽地给出了各种典型结构的特征,包括图示和符号形式的表达。另一方面,作者详细区分了各种无机物的化学组成,从而构筑了一个"结构基本单元—化学组成"的二维空间,在一张表格上清楚表达了各种化学组成的化合物及其对应的基本结构特征。Lima-de-Faria和Figueiredo(1976)将提出的无机物晶体结构的结构分类法系统应用于782种典型的矿物,适用于大约5000种无机物的结构。

下面我们举例来说明这种分类及其表达。例如TiO_2包含了3个同质多像变体,分别是金红石、板钛矿和锐钛矿。传统的理解是,金红石为链状基型矿物,其结构中稍有畸变的$[TiO_6]$八面体共棱沿c轴延伸;板钛矿是层状基型,可视为平行于c轴的$[TiO_6]$八面体锯齿形链在(100)面上连接成层;而锐钛矿则是架状基型的结构。而在Lima-de-Faria的分类系统中,其化学组成属于A_mB_n型之AX_2,其结构基本单元属于配位状。在表达形式上,金红石、板钛矿和锐钛矿分别表达为$Ti^o[O_2]^h$、$Ti^o[O_2]^{ch}$和$Ti^o[O_2]^c$。其中的Ti^o,代表的是Ti充填八面体(octahedron)空隙,中括号括起来的内容是阴离子或结构单元,上标c,h和ch分别表示立方最紧密堆积、六方最紧密堆积和四层式(如ABAC…)的密堆积。从这种表达中我们可以很清楚地看到,TiO_2的这3个同质多像变体,尽管Ti都是充填八面体空隙,但O的密堆积形式却有明显的差异。显然,Lima-de-Faria的分类和描述比人们传统的理解更直观和更简洁。

但是,对于那些化学组成和结构单元较为复杂的矿物,则需要发明很多种符号来描述它们。例如,透辉石、硅灰石和蔷薇辉石均是传统理解的单链状硅酸盐矿物,但三种链的形式有区别。透辉石式单链重复周期约为5.2Å(1Å=0.1 nm=10^{-10} m),为两个四面体长度;硅灰石式单链则是3个四面体长度,周期约7.3Å,而蔷薇辉石式单链的周期更长,为12.5Å,相当于5个四面体长度才能重复。在表达形式上,Lima-de-Faria给出的结构表达为:$Ca^{[8]}Mg^o{}_\infty^1[Si_2^tO_6]^{l11}_{ex}$(透辉石),$Ca^o{}_\infty^1[Si^tO_3]^{l11}_{my}$(硅灰石)和$(Mn,Ca)^{[7]}(Mn,Ca)^o_4{}_\infty^1[Si_5^tO_{15}]^{v11}_{my}$(蔷薇辉石)。如果初步了解了上述式子中字符的含义,那么我们就能从它们的结构化学式中了解到诸如阳离子配位数、占位情况、络阴离子重复方式、在三维空间的连续性等特征。

再来观察一个例子,那就是绿泥石。传统的描述是绿泥石 TOT·O 型的层状硅酸盐矿物,而按照 Lima-de-Faria 的描述,其结构化学式为:

$$(Mg,Al)_2^o(OH)_2[{}_\infty^2[(Si,Al)_4^t O_{10}]^{2\Pi_s^{101}}{}_\infty^2[(Mg,Al)_3^o(OH)_6]]$$

上述的绿泥石结构的表述多少显得有点复杂了。更关键的问题在于,对上面几例链状和层状硅酸盐而言,它们的化学组成和结构还不算十分复杂。倘若是组成和结构更复杂的矿物,那么恐怕需要更复杂的表达式了。这也许就是 Lima-de-Faria 倡导的"纯"结构分类法没有普及开来的根本原因。

从发展的眼光看,人们描述矿物结构,从早期的原子(离子)堆积,到稍后的基本结构单元(如[SiO_4]配位多面体及其组成的各种硅氧骨干),乃至后来的辉石和闪石矿物结构中的"I 束"(既包含硅氧四面体单元,也包括阳离子八面体单元作为结构基元)以及以"云辉闪石"结构为代表的"多体",这实际上反映人们认识矿物结构的视角在变化。人们认识矿物结构正趋向于更综合、更直观、更简洁的方向前进。

1.4 本书采用的矿物分类体系

本书描述了近 200 种矿物的晶体结构。为了更加突出矿物的结构,我们特意强调了矿物的"结构基型",并将它作为划分亚类的依据。这一点也与王濮等人的《系统矿物学》一致。本书采用的矿物分类原则和体系如下:

(1) 首先根据化学键类型将矿物分为 7 大类:自然元素及其类似物,硫化物及其类似化合物,氧化物和氢氧化物,硅酸盐,其他含氧盐,卤化物,有机矿物。其顺序按照化学键型,从金属键-共价键型、离子键-共价键型、离子键型和分子键型编排。其中硅酸盐大类按照以往的晶体化学分类,应属于含氧盐矿物大类,由于其结构的代表性以及矿物的重要性,在此单独划分成一大类。这与国际上普遍接受的 Strunz 和 Dana 的矿物分类一致。

(2) 在大类中,依据阴离子或络阴离子的不同划分为类。

(3) 在类中,根据最强键的分布和原子或配位多面体连接形式所决定的结构基型(详细描述参见 3.2 节)划分为如下 7 个亚类:配位基型,岛状基型,环状基型,链状基型,层状基型,架状基型,过渡基型。

(4) 在亚类之下划分为族。族是由成分和结构相似的矿物种构成,一般它们的阳离子或原子的配位数相同,配位多面体的连接方式也基本相同;晶体结构相似或等同。

(5) 在族以下是矿物种。矿物种是具有一定的晶体结构和化学组成的。这里的"一定"具有相对意义:对于结构而言,其晶胞参数可以有小的变化,但其空间群不能改变;对于成分而言,可能由于类质同像等因素的影响,化学组成可以在一定范围内有较大的变化。此外,如果一个矿物在其次要化学成分、物理性质或形态等方面出现较明显变异时,可分出亚种或变种。

本书采用的矿物分类体系见表 1-2。

表 1-2　矿物大类、类和亚类的划分

大　类	类	亚　类
1. 自然元素及其类似物	单质	
	碳化物、硅化物、磷化物	
2. 硫化物及其类似化合物		
3. 氧化物和氢氧化物	氧化物	配位基型
	氢氧化物和含水氧化物氢氧化物	岛状基型
4. 硅酸盐		环状基型
5. 其他含氧盐	硼酸盐	链状基型
	磷酸盐、砷酸盐和钒酸盐	层状基型
	钨酸盐、钼酸盐和铬酸盐	架状基型
	硫酸盐	过渡基型
	碳酸盐	
	硝酸盐	
6. 卤化物		
7. 有机矿物		

矿物结构中的化学键和配位多面体

2.1 化学键和晶格类型

在晶体结构中,原子(离子、离子团、分子)相互之间必须以一定的作用力相维系才能使它们处于平衡位置,从而形成稳定的结构。原子之间的这种维系力,称为键。当原子之间通过化学结合力相维系时,一般就称为形成了化学键。但由于各原子得失电子的能力(电负性)不同,因而在相互作用时可以形成不同的化学键。典型的化学键有三种:离子键、共价键和金属键。另外,在分子之间还普遍存在着范德华键、氢键、盐键等非化学性的且较弱的相互吸引作用,为和上述典型化学键相区别,通常称之为分子间键。值得注意的是,晶体中的化学键往往都或多或少具有过渡性质,即便通常被认为是具典型离子键的 NaCl 晶体中,据测定仍含有少量的共价键成分。

晶体的键性不仅是决定晶体结构的重要因素,而且也直接影响着晶体的物理性质。具有不同化学键的晶体,在晶体结构和物理性质上都有很大的差异。反之,各种晶体,其内部质点间的键性相同时,在结构特征和物理性质方面常常表现出一系列的共同性。因此,通常根据晶体中占主导地位的键的类型,将晶体结构划分为不同的晶格类型。

2.1.1 离子键和离子晶体

由于静电引力(库仑引力)作用,正负离子之间相互吸引,但在足够近的时候产生排斥力,当达平衡状态的时候,便是离子键。离子键无方向性,无饱和性,电负性差值较大。离子键强度是用晶格能这个参数来表征的,定义为 1 摩尔(mol)正负离子从相互分离的气态合成 1 摩尔离子晶体时所释放的能量。图 2-1 示意了 Na^+ 和 Cl^- 键合为 NaCl 晶体时电子转移的情形。

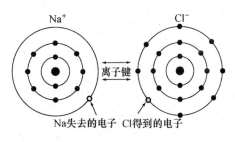

图 2-1 NaCl 晶体中的电子转移

以离子键为主要键性的晶体称为离子晶体。在离子晶体的晶格中,离子间的相互配置方式,一方面取决于阴、阳离子的电价是否相等,另一方面取决于阳、阴离子的半径比值。通常阴离子呈密堆积,阳离子充填于其中的空隙,并具有较高的配位数。鲍林规则(见 4.1 节)是判断离子晶体结构稳定性的规则。

离子晶格中,质点间的电子密度很小,对光的吸收较少,易使光通过,从而导致晶体在物理性质上表现为低的折射率和反射率,透明或半透明,具非金属光泽和不导电(但熔融或溶解后可以导电)等特征。由于离子键的键强比较大,所以晶体的膨胀系数较小。但因为离子键强度与电价的乘积成正比,与半径之和成反比,因此,晶体的机械稳定性、硬度和熔点等有很大的变化范围。

2.1.2 共价键和共价晶体

共价键的形成是由于原子在相互靠近时,原子轨道相互重叠,组合成分子轨道,原子核之间的电子云密度增加,电子云同时受到两核的吸引,因而使体系的能量降低。这种以共用电子对的方式所成的键叫共价键。典型共价键原子的外层电子构型为 8 或 18 个电子,其电子云是相互交叠的,电负性差值较小。共价键具有方向性和饱和性,其本质远比离子键复杂,需要用量子力学理论、价键理论或分子轨道理论等进行解释。图 2-2 是氧原子共用 2p 电子而形成氧分子的示意图。

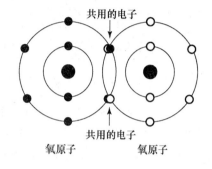

图 2-2 两个氧原子共用电子形成氧分子

在共价晶体中,由于共价键的方向性和饱和性,一般难以呈最紧密堆积,配位数也较低。共价晶体中既无自由电子,又无离子,故一般为绝缘体;共价晶体对光具有较大折射系数及大的吸收系数;由于共价键强度很大,因而共价晶体很坚固,熔点和硬度也比较高;当共价晶体中仅含有成对的电子时,这些晶体即不具有磁力矩,是抗磁性的。金刚石是典型的共价晶体,尽管其中的 C 原子排列并不紧密(空间利用率仅 34.01%),但由于坚固的 C—C 共价键且它们在三维空间均匀分布,使得它是迄今发现的自然界中硬度最高的晶体。

2.1.3 金属键和金属晶体

在金属晶体中,金属原子失去其外层价电子而成为金属阳离子,阳离子如刚性球体排列在晶体中,电离下来的电子可在整个晶体范围内在阳离子堆积的空隙中"自由"地运行,称为自由电子。阳离子之间固然相互排斥,但运动的自由电子能吸引晶体中所有的阳离子,把它们紧紧地"结合"在一起。这种键合力就称为金属键。解释金属晶体和金属键的性质,一般采用经典的"自由电子理论"和建立在量子力学之上的"能带理论"。

金属晶体与离子晶体的不同之处在于:离子晶体中有阴、阳两种离子,而在金属晶体中却只有阳离子,阴离子的作用被自由电子所代替。金属键也不同于共价键,金属中的自由电子并不像共价键那样仅属于某些固定原子所占有,而是属于整个晶体中所有的原子,只不过在一瞬间围绕某一原子运动而已。

根据上面描述可以看出,金属键没有方向性和饱和性,所以,金属离子具有排列方式简单,重复周期短,配位数大和密度高等特征,其格子可看成是等大球密堆积而成(参见 2.2 节)。由于金属键是作用在整个晶体中的,故阳离子堆积层虽然发生错动,但不致断裂。因此,金属一般有较好的延展性和可塑性。还由于自由电子几乎可以吸收所有波长的可见光,随即又发射出来,因而使金属具有通常所说的金属光泽且一般是不透明的。自由电子的弥散,也就导致了金属晶体具有很高的电导率与热导率。

2.1.4 范德华键和分子晶体

通过分子间作用力而形成的晶体称为分子晶体。惰性气体以及一些共价键构成的分子均可以形成分子晶体。在这些物质的聚集态中，分子与分子间存在着一种较弱的吸引力。如气体分子能够凝聚成液体和固体，主要依靠这种分子间的作用力。这种分子间的作用力就是范德华(van der Waals)力，其形成的键就称为范德华键。范德华键没有方向性和饱和性，与离子键、共价键和金属键相比，其键能要低1~2个数量级。图2-3是极性分子间范德华力示意图。

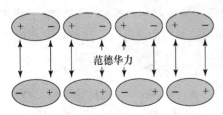

图 2-3 极性分子间的范德华力

对于范德华键本质的认识，也是在量子力学的基础上发展并逐步深入的。由于范德华键键力较弱，它不会引起晶体内部原子电子运动状态的实质性改变。范德华力主要由三种力构成，分别为静电力、诱导力和色散力。静电力也叫取向力，指的是发生在极性分子与极性分子之间的吸引力；诱导力指的是极性分子和非极性分子之间的吸引作用力，因为非极性分子受极性分子偶极矩电场的影响，也会发生极化作用；色散力可以看成是分子之间的瞬间偶极矩产生的吸引力。

由于范德华键极弱，因此，分子晶体一般具有如下基本性质：低熔点、低硬度、高热膨胀系数、高压缩率、高折射率和透明度、低电导率以及可以溶解在非极性溶剂中等。分子晶体的光学和电学性质是与晶格内分子的性质相适应的，这些特点都与范德华键的特点有联系。

2.1.5 氢键和氢键型晶体

所谓氢键，是指分子中与高电负性原子 X 以共价键相连的 H 原子，和另一分子中一个高电负性原子 Y 之间所形成的一种弱键 X—H⋯Y，其中 X、Y 是电负性高、半径小的原子，如 F、O、N。氢键具有方向性和饱和性，其键能约在 $10\sim40\ kJ\cdot mol^{-1}$ 范围之内，弱于化学键，但强于范德华键。图 2-4 是冰-Ih 结构中的氢键。

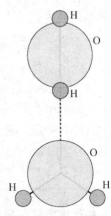

图 2-4 冰-Ih 中 H_2O 分子间的氢键

氢键的键能小，它的形成和破坏所需要的能量也不大，所以特别容易在常温下引起反应与变化。例如，对于具有氢键结构的蛋白质来说，温度变化对其结构和性能有着十分灵敏的影响，这是因为氢键发生了变化的缘故。氢键对物质的各种物理化学性质，诸如熔点、沸点、熔化热、气化热、蒸气压、溶解度、黏度、表面张力、密度、pH、偶极矩、介电常数、居里温度、光谱振动频率等都有较大影响。

氢键型晶体主要存在于一些有机化合物中，在矿物中只有个别晶体是氢键型晶体，但含有氢键的矿物却比较常见，如氢氧化物、层状硅酸盐以及一些含水的矿物等。

此外，在含有氢键的化合物中，如果将氘(D)代替氢(H)，则可构成所谓的氘键。一些非线性光学晶体如 KD_2PO_4 与 KH_2PO_4 的不同之处就在于，后者的 H 被 D 原子所置换，使其氢键变成了氘键，使得晶体的电光系数增大、半波电压降低。又如，硫酸三甘肽(TGS)晶体是目前应用最广的热释电晶体，但缺点之一就是居里温度较低。如果将 TGS 晶体中的氢原子用

D原子置换，就可以把晶体的居里点从原来的49℃提高到62℃左右，这样就可提高该晶体的应用范围。

最后还需要指出的是，在一些矿物的晶体结构中，基本上只存在某一种单一的键力。如NaCl的晶体结构中只有离子键，金刚石只有共价键，自然金只有金属键，惰性气体只有范德华键，等等。我们把只有一种键型结合而成的化合物，称为单键型化合物。除具有单键型的晶体外，尚有许多晶体中包含着多键型或处于中间过渡状态，例如存在于离子键与共价键之间、金属键与共价键之间的化学键等，也还有许多晶体的化学键很难区分是属于何种键型。要想在键型间划分出鲜明的界限是比较困难的。属于这类键型的键均称为中间型键或称为混合键。

例如闪锌矿ZnS（图2-5），若将这种晶体完全看成是由Zn^{2+}与S^{2-}通过离子键结合而成的，那是欠妥当的。根据Zn^{2+}与S^{2-}的半径之比(0.48)，阳离子的配位数应该为6，但实际上，无论是Zn^{2+}或S^{2-}都是四面体配位，其配位数均为4。原子间距的明显缩短是因为Zn原子与S原子之间共用了电子对的结果。四个共用电子对分别朝向四面体顶角方向，而形成四个共价键。这样，其键型应该既不纯属于离子键，也不纯属于共价键。只有把它当做介乎离子键与共价键之间的中间型键才更为妥当。离子键与共价键共存于同一晶体的成因，可用离子极化来解释。由于离子极化的结果，阴阳离子的电子云相互穿插，从而形成了离子键与共价键的中间过渡状态。

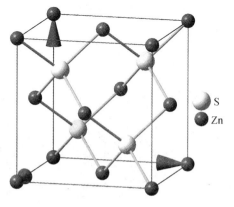

图2-5 闪锌矿的晶体结构

对于中间型键的晶格类型的划分，主要依据该晶体中究竟以何种键型占主导地位来定。占主导地位的键型所表现出的物理化学性质，就足以说明该晶体属于何种键型。例如在方解石晶体结构中，Ca^{2+}与CO_3^{2-}离子间以离子键为主，在CO_3^{2-}内则是共价键。由于方解石的一系列主要性质都是由Ca^{2+}与CO_3^{2-}之间的键力所决定的，故方解石晶体仍归属于离子晶体。

2.2 密堆积原理

原子和离子具有一定的有效半径，因而都可看成是具有一定大小的球体。同时，金属键和离子键都没有方向性和饱和性，因而，从几何角度来看，金属原子之间或者离子之间的相互结合，在形式上也可视为球体间的相互堆积。金属原子或离子相互结合时，要求彼此间的引力和斥力达到平衡，使得彼此之间互相靠近而占有最小的空间，以便体系能量处于最低状态。这在球体堆积中就相当于要求球体间相互作最紧密堆积。所以，球体的密堆积有助于理解金属晶体和部分离子晶体的晶体结构。

2.2.1 等大球的密堆积

等大球体在一维方向（直线）上作最紧密排列时，必然是球体之间紧密相连，形成串珠状的长链。在二维平面内作最紧密排列时，则只有一种形式，如图2-6(a)所示。如果标定中心球体为A的话，此时每个球与周围的6个球相邻接触，每3个彼此相邻接触的球体之间存在有呈弧形三角形的空隙,其中半数空隙的尖角指向图的下方(此种空隙中心的位置标记为B),另半数空隙的尖角指向上方(标记为C),两种空隙相间分布。

当两层最紧密排列的球体上下紧密叠置时,便形成球体在三维空间的最紧密堆积。此时,上层中的每一个球体均与下层中的三个球体相邻接触,只有置于下层球的三角形空隙位置上才是最紧密的。在图2-6(b)中,上层球的中心都落在尖角向下的三角形空隙B上。由于落在空隙B处和C处结果是相同的,因此,两层球体的堆积方式也只有一种。

当继续堆积第三层球体时,就将有两种截然不同的方式:一种是第三层球体落在未穿透两层的空隙A位置上,当垂直于紧密排列层观察时,此时第三层球的位置正好与第一层球体的位置重叠,即重复第一层球的位置(图2-6(c)的虚线球);另一种方式是第三层球覆于第一层和第二层球体重叠的三角形空隙之上,即不重复第一、二层球的位置(图2-6(d)的虚线球)。

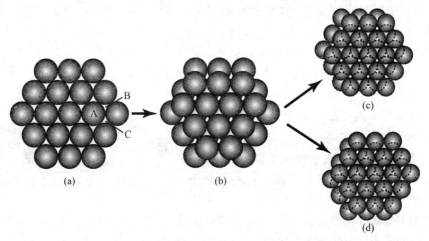

图 2-6 等大球密堆积的排列形式

(a)一层等大球排列形式;(b)两层等大球排列形式;(c)和(d),三层等大球密堆积时的两种排列形式

图 2-6(c)所示的堆积方式,是每两层重复一次。再继续堆积时,第四层则可与第二层的位置重复,第五层又与第三层重复,如此堆积,我们可以用ABAB…的顺序来表示。其球体在空间的分布与空间格子中的六方格子相对应,因此,这种最紧密堆积方式称为六方最紧密堆积(hexagonal closet packing,缩写为hcp),如图2-7(a)所示。图2-6(d)所示的堆积方式则是每三层重复一次,当堆积第四层时,与第一层重复,以后第五层则与第二层重复,第六层又与第三层重复,如此等等。它可表示为ABCABC…的顺序。其球体在空间的分布与空间格子中的立方面心格子相一致,因此这种密堆积方式称为立方最紧密堆积(cubic closest packing,缩写为ccp),如图2-7(b)所示。

除了用密堆积层符号顺序连写(如ABAB…或ABCABC…)来表示最紧密堆积形式外,还有一种常用的表示方法,是用立方堆积律(c)和六方堆积律(h)的组合来表示。即任一密堆积层如果处于相互重复的两层之间,用"h"表示;如果处于不重复的两层之间,用"c"表示。因此,ABAB…和ABCABC…也可以用hhh…和ccc…来表示。对于更多层的最紧密堆积,也可以用类似的方法来处理。如四层重复的密堆积层ABACABAC…就可以用chch…来表示(图2-7(c))。

ABAB…、ABCABC…和 ABACABAC…式最紧密堆积的结构,分别对应于典型的单质矿物自然锇、自然铜和自然镧。

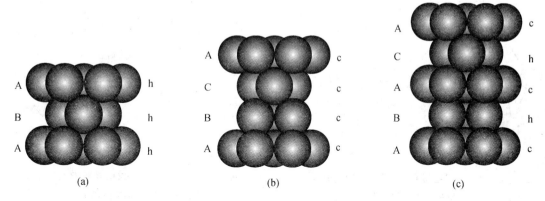

图 2-7　等大球的最紧密堆积形式

（a）六方最紧密堆积（ABAB…或 hhh…）；（b）立方最紧密堆积（ABCABC…或 ccc…）；（c）四层重复的等大球最紧密堆积（ABACABAC…或 chch…）

从数学角度来看,随着密堆积层的增加,最紧密堆积的形式可以是无限多的。如 12 层的最紧密堆积,就可以有 43 种不同的最紧密堆积方式。无论何种最紧密堆积方式,均可以用上述的两种符号形式来表示,并且它们的空隙类型和数目,以及空间占有率都是相同的。

上述的 hcp 和 ccp 是两种最基本的最紧密堆积方式。除此外,常见的密堆积类型还有以 α-Fe 结构为代表的立方体心式密堆积,以及以金刚石结构为代表的四面体型（或金刚石型）密堆积,但它们不属于"最紧密"堆积。立方体心式密堆积的空间占有率为 68.02%,而金刚石型密堆积的空间占有率仅为 34.01%。

2.2.2　等大球密堆积的空隙

在等大球体的最紧密堆积中,球体间仍有空隙存在。按照空隙周围球体的分布情况,可将空隙分成四面体空隙与八面体空隙两种类型。一类是处于 4 个球体包围之中的空隙,此 4 个球体中心之连线恰好连成一个四面体的形状,故称为四面体空隙（tetrahedral void）,它也就是上面所提到的未穿透两层的空隙 A 和 B。另一类是八面体空隙（octahedral void）,处于 6 个球体包围之中,此 6 个球体中心之连线恰好连成一个八面体的形状,此种空隙也就是上面所提到的连续穿透两层的空隙 C。两者的几何特点见图 2-8。

那么,在等大球堆积中有多少四面体和八面体空隙呢？在单层密堆积情况下,一个球与 6 个其他球相毗邻,每个球周围有 6 个弧形三角形空隙,由于每 3 个球才能构成一个三角形空隙,这样平均下来每个球只有 2 个空隙。故在单层堆积情况下,三角形空隙的数目是球的 2 倍。在两层及更多层数堆积时连接组成空隙球体的中心,就可得到四面体和八面体空隙。无论是六方 ABAB…或是立方 ABCABC…形式的最紧密堆积,球体周围的四面体空隙和八面体空隙的数目都是相同的,但空隙分布情况却有差别,如图 2-9 所示。即每一个球体周围有 8 个四面体空隙和 6 个八面体空隙。由于每 4 个球构成一个四面体空隙,每 6 个球构成一个八面体空隙,因此,当有 n 个等大球体作最紧密堆积时,就必定有 n 个八面体空隙与 $2n$ 个四面体空隙。这种最紧密堆积的球数与两种空隙的关系，无论对于何种形式的最紧密堆积都是相同的，所不同的只是空隙分布的相对位置有差异。

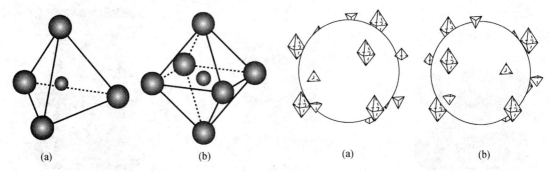

图2-8 最紧密堆积中四面体空隙(a)和八面体空隙(b)

图2-9 六方(a)和立方(b)最紧密堆积中四面体和八面体空隙的分布

2.2.3 等大球密堆积的空间利用率

构成晶体的原子、离子或分子在整个晶体空间中占有的体积百分比叫空间利用率(t)。这个概念可以表达原子、离子或分子在晶体结构中堆积的紧密程度。设密堆积的单胞体积为V_0，原子(离子)半径为r，单胞中的分子数为Z，则空间利用率t为

$$t = \left(Z \cdot \frac{4}{3}\pi r^3\right) \Big/ V_0 \tag{2-1}$$

我们来考察一下上面提及的4种典型密堆积的空间利用率的情况。图2-10绘制了这4种密堆积在一个单胞内的立体图形。对于立方最紧密堆积的结构(图2-10(a))，其单胞分子数为$Z=4$。由于密堆积层垂直[111]方向，故单胞边长(a)与球体半径(r)的关系为$a=2\sqrt{2}r$。

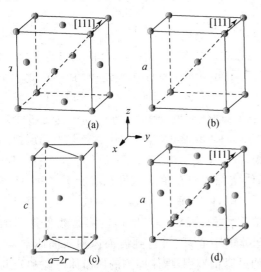

图2-10 几种密堆积的单胞及其堆积方向
(a) 立方最紧密堆积；(b) 立方体心密堆积；
(c) 六方最紧密堆积；(d) 四面体型密堆积

由于$V_0=a^3=(2\sqrt{2}r)^3=16\sqrt{2}r^3$，将$V_0$带入式(2-1)，得$t=74.05\%$。由于立方体心型(图2-10(b))和四面体型(图2-10(d))的密堆积层也垂直[111]，不难得到a与r的关系分别为$a=(4/\sqrt{3})r$和$a=(8/\sqrt{3})r$。同样换算出单胞体积V_0后带入式(2-1)，可分别求得t为68.02%和34.01%。对于六方最紧密堆积结构，情形稍有不同：其一是它的密堆积层垂直于z方向，其二是它的单胞形状是底面为菱形的直四棱柱。所以，单胞边长与球半径的关系为$a=2r$和$c=\frac{2}{3}\sqrt{6}a$(六方最紧密堆积中恒有此关系)。将单胞体积$V_0=(\sqrt{3}/2)a^2c=8\sqrt{2}r^3$带入式(2-1)，得到$t=74.05\%$，此结果与立方最紧密堆积的数值相同。

上述数据说明,无论何种最紧密堆积,其空间利用率是相同的,均为74.05%;同时也意味着,密堆积程度不同,其空间利用率以及密堆积时的空隙大小也不尽相同。可见,尽管都属于密堆积,它们之间的差别还是比较大的。

2.2.4 密堆积结构的对称性

典型金属晶体的结构多属等大球最紧密堆积,所以最紧密堆积的对称性与这些晶体结构的对称性密切相关。两层圆球作最紧密堆积时,在其三角形空隙处的平面对称性为 $3m$,而垂直于球心处的平面对称性为 $6mm$。在进行最紧密堆积过程中,必然将第二层圆球放在第一层圆球的三角形空隙上。为了达到最紧密堆积的目的,放置第三层、第四层……时也是如此。因此,不管堆积了多少层,整个最紧密堆积至少含有 $3m$ 的对称性(如图2-11中的三角形所示)。符合这个要求的空间群共有 8 种,分别为 $P3m1$、$R3m$、$P\bar{3}m1$、$R\bar{3}m$、$P\bar{6}m2$、$P6_3mc$、$P6_3/mmc$、$Fm3m$。这 8 个空间群中,$P\bar{3}m1$、$P\bar{6}m2$、$P6_3/mmc$ 和 $Fm3m$ 在密堆积层到 8 的时候才出现,$P3m1$ 和 $R\bar{3}m$ 是在堆积 9 层时才出现,$P6_3mc$ 是在 12 层的时候才出现,而 $R3m$ 空间群直到 21 层的时候才可能出现。

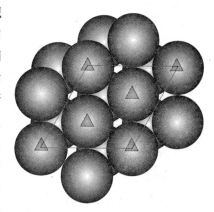

图 2-11 密堆积的对称性

2.2.5 不等大球体的密堆积

在不等大球体进行堆积时,球体有大有小。此时可以看成是较大的一种球体成等大球体密堆积,而较小的球体,视其本身的大小,可充填在密堆积中的八面体空隙或四面体空隙。例如石盐(NaCl)的结构中,Cl^- 的半径为 1.81Å,而 Na^+ 的半径 1.02Å,可视为 Cl^- 作立方最紧密堆积,Na^+ 充填所有八面体空隙(图2-12)。

图 2-12 石盐(NaCl)的晶体结构
大球为 Cl^-,小球为 Na^+

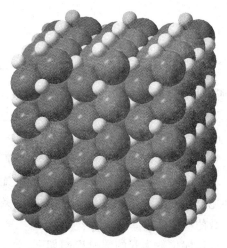

图 2-13 金红石的晶体结构
大球为 O^{2-},小球为 Ti^{4+}

如果四面体或八面体空隙容纳不下较小的球体,那么当小球充填空隙后,就会将包围空隙的阴离子略微撑开一些,以完成不等大球体的密堆积。此时,大球的堆积方式将会有所改变,只能是近似的最紧密堆积,甚至会出现某种变形。例如,金红石(TiO_2)的结构(图 2-13)中,较大的 O^{2-} 只是作近似的立方最紧密堆积,而 Ti^{4+} 充填畸变了的八面体空隙(即与 Ti^{4+} 连接的 6 个 Ti—O 键长是不全相等)。

相当一部分的离子晶体可以视为阴离子作最紧密堆积、阳离子充填空隙这样的不等大球体的密堆积结构。

2.3 配位数和配位多面体

在晶体结构中,一个原子或离子总是按某种方式与周围的原子或异号离子相结合。原子间或异号离子间的这种相互配置关系,便是所谓的配位(coordination)关系,它可以用配位数(coordination number,缩写为 CN)和配位多面体(coordination polyhedron)来描述。

一个原子或离子的配位数是指:晶体结构中,在该原子或离子的周围,与它直接相邻结合的原子个数或所有异号离子的个数。而配位多面体是指:在晶体结构中,与某一个阳离子(或中心原子)成配位关系而相邻结合的各个阴离子(或周围的原子)的中心连线所构成的多面体。阳离子(或中心原子)即位于配位多面体的中心,与它配位的各个阴离子(或配位原子)的中心则位于配位多面体的角顶上。例如在石盐的结构中,每个 Na^+ 的周围都有 6 个 Cl^- 与之相接触,Na^+ 的配位数即为 6,连接这 6 个 Cl^- 中心,便构成八面体,这就是 Na^+ 的配位多面体。Na^+ 位于八面体的中心,而 Cl^- 则位于八面体的 6 个角顶上。

在晶体结构中,配位数的多少是由多种因素决定的。视结构中化学键的类型,最重要的影响因素有质点的相对大小、堆积的紧密程度等等。

对金属晶体而言,同一种元素的原子以纯金属键结合并成最紧密堆积时,每个原子都与周围的 12 个原子相接触,显然,此时每个原子都具有最高的配位数 12,如自然铜、自然金、自然锇等;如果金属原子不作最紧密堆积,则配位数就要减低,如立方体心格子式的密堆积,其配位数为 8,典型代表结构是 α-Fe。

对共价晶体而言,同一种元素的原子以共价键相结合时,由于共价键具有方向性和饱和性,所以与之相接触的原子的数目仅取决于成键的个数,其配位数不受球体密堆积规律的支配。如金刚石(C)中碳原子形成 4 个共价键,配位数为 4;而石墨(C)中碳原子形成 3 个共价键,配位数则为 3。

对离子晶体而言,其阳离子的配位数则主要决定于阴、阳离子半径的相对大小。表 2-1 列出了典型的阴、阳离子半径比与阳离子的配位数及其理想的配位多面体的几何形状。表中的各种比值,是在假定离子具有固定半径的条件下,用几何方法计算出来的,其数值指示出各种配位数的稳定边界。

现以配位数为 6 的情况说明如下。图 2-14 表示一个配位八面体的横截面,位于配位多面体中心的阳离子充填于被分布在八面体顶角上的 6 个阴离子围成的八面体空隙中,并与周围的 6 个阴离子均紧密接触。由图中直角三角形 ABC 可以算出:$r_c/r_a = \sqrt{2}-1 = 0.414$。此值应是阳离子作为六次配位的下限值。如果$r_c/r_a<0.414$,就表明阳离子过小,不能同时与周围的 6 个阴离子都紧密接触,这样的结构显然是不稳定的。要保持阴、阳离子间紧密接触,该阳离子只能存在于较八面体空隙为小的四面体空隙中。由此可见,作为六次配位的下限值的 0.414,同时也是四次配位的上限值。同理,表 2-1 中的其他值也是用类似的纯几何方法计算出来的。

表 2-1 离子晶体中阴、阳离子半径比范围与阳离子的配位数、配位多面体之间的关系

r_c/r_a 范围	0～0.155	0.155～0.225	0.225～0.414	0.414～0.732	0.732～1	1	
阳离子配位数	2	3	4	6	8	12	
配位多面体形状	哑铃状	等边三角形	四面体	八面体	立方体	立方八面体	反立方八面体
实例		方解石 $CaCO_3$	闪锌矿 ZnS	石盐 $NaCl$	萤石 CaF_2	自然金 Au	自然锇 Os

注:r_c 和 r_a 分别代表阳离子和阴离子的半径。

表 2-1 所指示的配位多面体都是几何上规则的正多面体。在实际晶体结构中,由于阴离子的密堆积往往有多种形式的畸变,或者根本谈不上是密堆积,或者由于其他键的存在,都可以导致配位多面体形式的变化。例如,同样配位数为 6,其配位多面体可以是八面体,也可以是四方双锥或者三方柱。所以,用多面体来表征结构中质点间的相互配置要比用配位数更能明确表达结构的含义。此外,即便是正多面体,也常可以有一定的畸变。如金红石的结构(参见图 2-13)中 Ti^{4+} 的配位八面体就不是正八面体,而是沿二次轴方向稍微压扁了的变形八面体。但习惯上仍归为八面体配位。图 2-15 表示了无机物包括矿物结构中常见的配位多面体,其中 Frank-Kasper 多面体的配位数高于 12,常见于一些具有准晶结构的金属合金中。

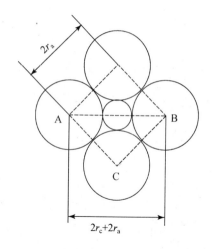

图 2-14 计算配位数为 6 时半径比值的几何图解
r_c 和 r_a 分别代表阳离子和阴离子的半径

要说明一点,矿物晶体是在一定的温度、压力及介质成分等外界条件下形成的,因此,结构中原子或离子的配位数必然也要受之影响。一般而言,同一种离子在高温下形成的结构中常呈现较低的配位数;而在低温下形成则呈现较高的配位数。如 Al^{3+} 可有四次和六次两种配位,在高温下形成的长石等矿物中呈四次配位,而在低温下形成的高岭石等黏土矿物中则呈六次配位。这意味着配位数有随温度升高而减小的倾向。对于压力来说,配位数则通常随压力增加而增大。例如,辉石($Mg_2Si_2O_6$),在低压条件下形成时,其 Mg^{2+} 为六次配位,Si^{4+} 为四次配位;而在地幔下部的高压条件下,则结构转变为钙钛矿型的结构——其中的 Mg^{2+} 作 12 次配位,Si^{4+} 为六次配位。

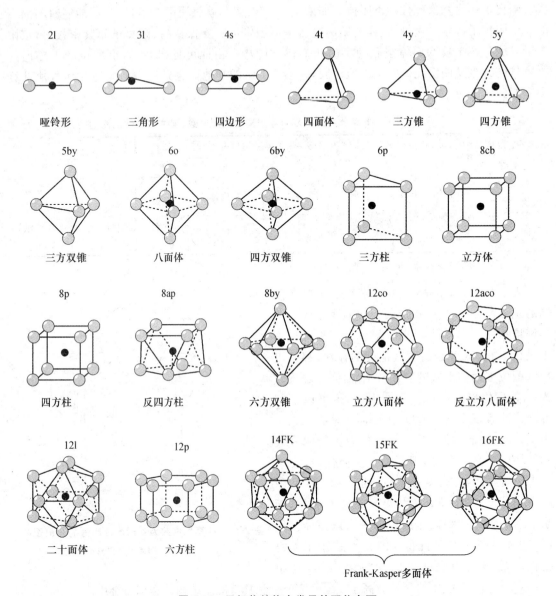

图 2-15 无机物结构中常见的配位多面

图中的符号,前面的数字代表配位数,后面字母含义为:l—线形,s—四边形,t—四面体,y—单锥,by—双锥,o—八面体,p—柱体,cb—立方体,ap—反柱体,co—立方八面体,aco—反立方八面体,FK—Frank-Kasper 多面体。其中,Frank-Kasper 多面体,是 F.C. Frank 和 J.S. Kasper 于 20 世纪 50 年代末提出的一类多面体形式。在等大球密堆积中,立方和六方最紧密堆积的空间占有率最高,且导致存在四面体和八面体两类空隙存在(参阅 2.2 节)。四面体空隙的局域密度较八面体要高,所以若能只获得四面体空隙就可以得到更致密的密堆积形式。改变球体尺寸可以获得仅含有四面体空隙的密堆积,但相应的四面体将变得不规则,不规则性表现在四面体的棱长不同,但最长和最短棱之比不超过 4/3。相应的结构可以看成是这些不规则四面体通过共面、共棱或共角顶的空间充填而得到的。Frank 和 Kasper 推导出最有利的排列是 5 或 6 个四面体共棱。基于这种假设,相应共角顶的四面体数只能是 12、14、15 和 16。这 12(或 14、15、16)个四面体将围绕共用顶点构成具有三角形面等配位多面体。此即为 Frank-Kasper 多面体。这种结构也通常称为四面体密堆积(tetrahedral close-packed)结构或拓扑密堆积(topological close-packed)结构

3

晶体结构的表达

一个具体矿物的晶体结构,是我们认识晶态物质的基础。在了解了晶体物质组成的基础上,只有再深入了解晶体结构,才能理解和分析晶体的物理和化学性质,才能谈及应用。本章将着重讨论晶体结构的一些特征参数以及晶体结构的描述和表达方法。

3.1 晶体结构参数

在描述和表达一个具体的晶体的结构时,可以通过多种形式来实现。最常见的表达是图形。结构图形可以是表示了原子(离子)位置、化学键、配位多面体的立体图,也可以是结构某截面的平面图。然而,这些图形必须依据晶体结构的一些基本参数才能绘制。这些参数以晶体学语言体现,当然,这些参数本身就是晶体结构的一种体现。晶体结构参数主要包括以下几点:晶体的对称性、晶胞参数、晶胞内包含的分子数、晶胞原子的坐标参数和热参数等,下面分别讨论。

(1) 晶体的对称性　对称性是晶体的基本性质之一,晶体的对称性是由空间群来表达的。空间群是晶体中所有对称元素的集合,包含了晶体所属晶系、所有宏观和微观对称元素及其组合等信息。空间群分属 7 个晶系,共有 230 种,与相应的不同晶系的 32 种点群有一定对应关系。空间群序号从小至大,反映了其对称性由低到高逐渐增加。

(2) 晶胞参数　晶胞(cell)是能完整反映晶体内部原子或离子在三维空间分布之化学结构特征的平行六面体单元。其中既能够保持晶体结构的对称性而体积又最小者特称单位晶胞(unit cell)或单胞。单胞的具体形状和大小由它的三组棱长 a、b、c 以及棱间交角 α、β、γ 来表征,合称为晶胞参数(cell parameters),它们在数值上与相应的单位平行六面体的点阵参数一致。

单位晶胞是能够充分反映整个晶体结构特征的最小结构单元。晶胞可以有多种划分的方式,不同方式的晶胞,其形状、大小不同。由于单位晶胞是能够充分反映整个晶体结构特征的最小结构单元,显然,从一个晶胞出发,就能借助于空间群的平移而重复出整个晶体结构来。因此,在描述晶体结构时,通常只需阐明单位晶胞特征就可以了。

(3) 单胞分子数　单胞内的分子数常以记号"Z"表示。Z 的数值表示单胞内含有的化学式的数量。由于晶体可以由原子组成,也可以由离子或分子组成,有时由两种不同的分子组成(例如有机晶体中常常包含溶剂分子),所以一般是先写出晶体的化学式,代表晶体的组成,再用 Z 表示单胞中包含多少个化学式的数量。在实际计算中,需要考虑该单胞与相邻单胞共享原子的情况。如位于角顶上的原子为 8 个单胞所共有,所以平均一个单胞只占用该原子的 1/8。

(4) 原子坐标参数　单位晶胞内的原子坐标 (x,y,z),表示该晶体所含原子(离子、分子)在单胞中的具体位置,其中的 x、y、z 是晶轴指向,由晶胞原点指向原子(离子)的矢量 R 用单位矢量 a、b、c 表达: $R=xa+yb+zc$。原子坐标通常以表格的形式给出,在形式上表现为小于 1 的数。所以知道了坐标参数,那么原子或离子在单胞内的空间位置就可以准确地确定了。通过原子坐标,可以绘制立体结构图或在某平面上的投影图。原子坐标可以因为原点选择的不同而有所差异,但各个原子之间的相对值是不变的。

(5) 原子的热参数　晶胞内原子的热参数,则是度量原子(离子)随温度在平衡位置作振动的参量,用以表征单胞内原子随温度变化时偏离原来位置的情况。原子在热振动时由于各向异性使得原子变成椭球体的形状,通常是用 6 个各向异性的原子的振动振幅 U_{11}、U_{22}、U_{33}、U_{12}、U_{13}、U_{23} 来描述。有时只考虑各向同性的热参数,此时热参数便简化为 $B=8\pi^2\mu^2$,其中 μ 为等效的热运动振幅。

上述的空间群、晶胞参数、单胞内分子数以及原子坐标等,具体给出了一个晶体结构的几何特征和化学内容。通过这些数据,我们可绘制直观的晶体结构图,也可以进行一系列晶体学计算,如计算键长、键角、分子构型等。

国际晶体学协会(International Union of Crystallography,简称 IUCr)在 1991 年制订了一种 CIF(Crystallographic Information File)格式的文件。作为国际晶体学电子文件交换的标准格式,CIF 记录了一个晶体结构所含有的所有信息以及作者和数据来源等,包括了上述的晶体结构参数。这些信息可以直接由众多晶体学软件直接读取并进行相关的结构图绘制和计算。一些常见的晶体结构模拟、计算以及绘制相关结构图件的计算机软件大都支持该种格式的输入和输出。表 3-1 即是一个以钙钛矿为例的 CIF 文件的基本条目和内容。

表 3-1　钙钛矿($CaTiO_3$)的 CIF 文件内容

条　目	内　　容	含　义
COL	ICSD Collection Code 62149	ICSD 数据编号
NAME	Calcium titanate	化学名称
MINR	Perovskite-synthetic at 1470 K, 2.5 GPa	矿物名称
FORM	Ca(Ti O3)=Ca O3 Ti	化学式
TITL	Orthorhombic perovskite Ca Ti O3 and Cd Ti O3: structure and space group	来源文献题目
REF	Acta Crystallographica C (39,1983—　　) ACSCE 43 (1987) 1668—1674	数据来源期刊卷、年份、页码
AUT	Sasaki S, Prewitt CT, Bass JD	作者
CELL	a=5.380(0)　　b=5.442(0)　　c=7.640(1)　　90.0　　90.0　　90.0 V=223.7　　D=4.03　　Z=4	晶胞参数及密度、单胞分子数
SGR	P b n m (62)-orthorhombic	空间群—晶系
CLAS	mmm (Hermann-Mauguin)-D2h (Schoenflies)	点群符号
ANX	ABX3	化合物类型

续表

条 目		内 容						含 义
	Atom_No	OxStat	Wyck	—X—	—Y—	—Z—	-SOF-	
PARM	Ca 1	2.000	4c	−0.00676(7)	0.03602(6)	1/4		原子坐标及其误差
	Ti 1	4.000	4b	0	1/2	0		
	O 1	−2.000	4c	0.0714(3)	0.4838(2)	1/4		
	O 2	−2.000	8d	0.7108(2)	0.2888(2)	0.0371(2)		
	Atom	U(1,1)	U(2,2)	U(3,3)	U(1,2)	U(1,3)	U(2,3)	
TF	Ca 1	0.0077(1)	0.0079	0.0077	−0.0013	0.0000	0.0000	温度因子
	Ti 1	0.0052	0.0049	0.0049	0.0002	0.0000	0.0002	
	O 1	0.0080	0.0084	0.0037	0.0001	0.0000	0.0000	
	O 2	0.0062	0.0050	0.0078	−0.0024	0.0009	−0.0006	
RVAL	0.023							R因子

3.2 晶体结构的基型

晶体结构基型的划分,主要是根据结构中强化学键及其空间分布,以及原子或配位多面体连接形式来进行的。根据这些标准,可将晶体结构基型划分为配位、岛状、环状、链状、层状、架状等若干类。此外,还有一些过渡类型和特殊类型的结构。下面分别讨论。

3.2.1 配位基型

配位基型结构中,只存在一种化学键,且化学键在三维空间作均匀分布。配位多面体可以共面、共棱或共角顶连接,同一角顶连接的多面体不少于3个。

具有配位基型结构的晶体常常是金属晶体、离子晶体和共价晶体。如自然铜是金属晶体,其结构内只存在金属键,且在三维空间作均匀分布。在自然铜结构中,Cu 的配位多面体为 12 次配位的立方八面体,在三维空间内它们共角顶连接,同一角顶连接的多面体为 6 个。上文的金红石为离子晶体,它是以离子键为主的晶体,其中 Ti 离子的配位多面体为稍有畸变的八面体,TiO_6 八面体共棱沿 z 轴延伸,每个角顶连接了 3 个配位八面体。金刚石是典型的共价晶体,其结构中的每个 C 原子与周围其他 4 个 C 原子以相同的共价键连接,构成标准的正四面体配位,配位多面体之间共角顶在三维空间作均匀分布,每个角顶连接了 4 个正四面体。

3.2.2 岛状基型

岛状基型,主要是指在结构中存在着原子基团,且基团内的化学键强远大于基团外的键强。这些原子基团可成多种形状,如黄铁矿中的$[S_2]$以及毒砂中的$[AsS]$等,原子间以共价键结合,呈 S—S 和 As—S 线状式样,键长在 2.3Å 左右。三角形的原子基团如碳酸根 CO_3^{2-}、硼酸根 BO_3^{3-}、硝酸根 NO_3^{-} 等等,它们皆为平面三角形,且大小随中心原子的大小而有所差异。四面体原子基团更为常见,如硅酸根 SiO_4^{4-}、硫酸根 SO_4^{2-}、磷酸根 PO_4^{3-} 等。八面体原子基团可见于一些钛硅酸盐和锆硅酸盐中,如$[TiO_6]^{8-}$、$[ZrO_6]^{8-}$ 等。上述的这些原子基团的形态类似于某些配位多面体的形态。此外,原子基团也可由 2 个配位多面体组成,如硅酸盐中的双四面体$[Si_2O_7]^{6-}$,硼酸盐中的双三角形$[B_2O_5]^{4-}$;或多个配位多面体组成环状,如自然硫的S_8环,$[SiO_4]$组成的三元环、四元环和六元环,以及不同多面体构成的复杂的环等(图 3-1)。对于配位多面体构成环状的情形,也通常称为环状基型。

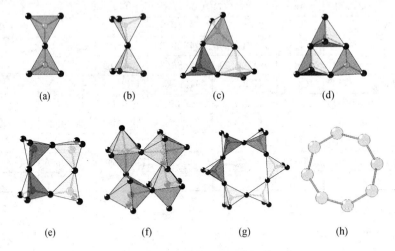

图 3-1　常见岛状基型原子基团的形态

(a) 双三角形$[B_2O_5]^{4-}$,(b) 双四面体$[Si_2O_7]^{6-}$,(c) $[SiO_4]$三元环,(d) 硼酸盐中$[B_3O_3(OH)_5]^{2-}$三元环,(e) $[SiO_4]$四元环,(f) $[TiO_6]$四元环,(g) $[SiO_4]$六元环,(h) S_8环

3.2.3 链状基型

在链状基型结构中,最强化学键趋向单向分布,原子或配位多面体连接成链,链间以弱键或少量强键相连接。链又可以分为单链、双链或多链等。图 3-2 表示了硅酸盐矿物中的单链

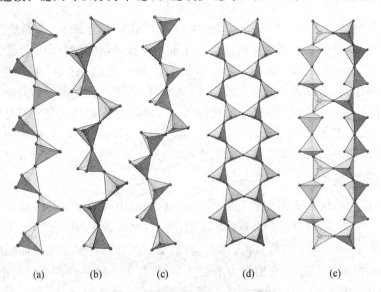

图 3-2　硅酸盐中典型的链状基型

(a) 透辉石式单链$[Si_2O_6]$,(b) 硅灰石式单链$[Si_3O_9]$,(c) 蔷薇辉石式单链$[Si_5O_{15}]$,
(d) 透闪石式双链$[Si_4O_{11}]$,(e) 硬硅钙石式双链$[Si_6O_{17}]$

和双链情况,其中根据硅氧四面体的重复周期和连接方式不同,又可区分出不同形式链体,如透辉石式单链$[Si_2O_6]$、硅灰石式单链$[Si_3O_9]$、蔷薇辉石式单链$[Si_5O_{15}]$等,这三种类型的单链,分别间隔一、二、三个硅氧四面体后才可重复。双链相当于两个单链通过共用一些硅氧四面体的角顶氧拼合而成,其络阴离子可以用$[Si_4O_{11}]_n^{6n-}$表示。与单链类似,双链也有不同的形式,如透闪石式双链$[Si_4O_{11}]$、硬硅钙石式双链$[Si_4O_{17}]$等(图3-2)。

3.2.4 层状基型

层状基型结构中的最强键趋向二维分布。原子或配位多面体连接成平面网层,层间以弱键相连接。典型的例子如石墨和层状硅酸盐等。在石墨结构中,其碳原子成层排布,每层内碳与周围的3个碳以相同的共价键相连,排列成六元环状网,而层间以范德华键相连。层状硅酸盐中的$[SiO_4]$四面体共角顶连接成二维无限延展的层状,由于$[SiO_4]$四面体之间的连接有不同方式,因此层状基型也有多种形式,均可用通式$[Si_4O_{10}]_n^{4n-}$表示。最常见的是滑石型层,它可以看成由一系列闪石式双链在同一平面内拼合而成,呈六方网孔状,活性氧指向同一侧;其他的如鱼眼石型层,其$[SiO_4]$四面体同样以3个角顶相连,却形成四方形的网状,相邻的四方网中硅氧四面体的活性氧分别指向层的两侧(图3-3)。

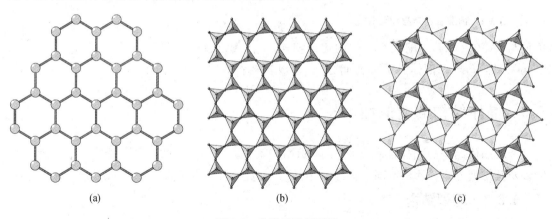

图3-3 典型的层状基型

(a) 石墨中的六方网状C原子层,(b) 滑石型六方网状$[SiO_4]$四面体层,(c) 鱼眼石型四方形$[SiO_4]$四面体

3.2.5 架状基型

架状基型结构中,最强化学键在三维空间作均匀分布;配位多面体主要共角顶连接,同一角顶连接的多面体不多于2个。典型的例子是SiO_2(包括α-石英、β-石英、方石英等)矿物,其结构中Si与O连接成$[SiO_4]$四面体,四面体的四个角顶全部与相邻的四面体共用,在三维空间均匀分布,构成了架状基型的结构。而硅酸盐中的架状基型矿物,一般可视为SiO_2结构的"衍生结构",只是SiO_2中部分Si^{4+}被Al^{3+}替代,替代后化学通式可写为$[Al_xSi_{n-x}O_{2n}]^{x-}$,其中$x \leq 2$。为了保持替代后的电价平衡,于是在结构中会引入金属阳离子。典型的架状硅酸盐矿物,如钠长石$NaAlSi_3O_8$、钙长石$CaAl_2Si_2O_8$、白榴石$KAlSi_2O_6$都是架状基型矿物,它们也称为铝硅酸盐矿物。有的架状基型矿物,由于结构开阔,常可形成贯通的结构孔道,并且其中可充填水分子或附加离子。例如,含H_2O的沸石类矿物便是此类结构基型的典型代表。

表征结构基型的配位多面体,除了常见的$[SiO_4]$四面体外,还可是$[PO_4]$、$[BO_4]$等其他类型的络阴离子多面体。如块磷铝矿$AlPO_4$,其结构中$[PO_4]$和$[AlO_4]$四面体交替共角顶连接,其排列方式与α-石英结构中$[SiO_4]$四面体的排列方式相同。但由于$[PO_4]$和$[AlO_4]$四面体与$[SiO_4]$四面体相比存在大小和位置的差异,与α-石英结构相比,其 c 大约是后者的 2 倍。

需要说明的是,在上述各基型之间,有时可出现过渡形式,即其结构基型是介于上述各典型基型之间的。如葡萄石 $Ca_2Al_2Si_3O_{10}(OH)_2$,便是介于架状和层状基型之间的过渡结构(图 3-4)。在葡萄石结构中,$[(Si,Al)O_4]$四面体连接成平行于(001)分布的特殊层。层内的四面体不在同一平面,而是半数居中,半数分布于上下两侧,处于 3 个不同高度,可以看成三亚层四面体构成了葡萄石的结构骨干层。骨干层内,居中的四面体以全部角顶与相邻四面体相连,表现出典型的架状基型的连接方式,而两侧的半数四面体以两个角顶与居中的四面体相连,另两个

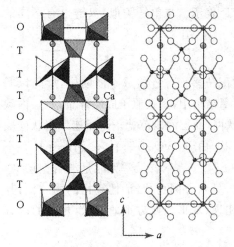

图 3-4 葡萄石的架层状结构层

角顶与$[Al-O_4(OH)_2]$配位八面体的角顶相连。$[Al-O_4(OH)_2]$配位八面体彼此孤立,平行于(001)排布,与四面体骨干层相间分布,形成葡萄石的结构单元层。

3.3 晶体结构的相似性

考察晶体结构的相似性主要从两个方面进行:其一是对称性,其二是原子(离子)占据的位置及其排列方式。认识不同晶体结构之间的相似性,有助于深入了解晶体结构之间的关系。

3.3.1 等型结构

不同晶体的结构,若具有相同的对称性(即具有相同的空间群),并且对应质点的排列方式相同并占据相同的等效位置,只是在晶胞参数上有所差异,这样的化合物结构被称为等型结构(isostructure),即它们属于同一种结构类型。例如,方钍石(ThO_2)与萤石(CaF_2)结构便是等型结构,其空间群为 $Fm3m$,方钍石中的 Th^{4+} 和萤石中的 Ca^{2+} 均占据立方晶胞的顶点及面心位置($4a$ 位置),形成面心立方堆积;而阴离子 O^{2-} 和 F^- 则均占据 $8c$ 位置,填充在单胞划分成的 8 个小立方体的体心(如图 3-5)。又如石盐(NaCl)、方铅矿(PbS)和方镁石(MgO)也是等型结构的矿物,它们的空间群均为 $Fm3m$,阳离子占据立方晶胞的顶点及面心($4a$ 位置),阴离子占据所有的八面体空隙($4b$ 位置)。由上述两例可以看出,对于等型结构的矿物,其差别只是在原子(离子)种类和单胞的大小上面。

3.3.2 反结构

如果两个晶体结构的对称性相同,对应质点占据相同的等效位置,但如果对应质点的原子(离子)半径比有较大的差异,则会引起质点排列方式发生变化,如果这种变化的结果是对应的阴、阳离子位置发生颠倒,那么就称这两个结构互为反结构(antistructure)。例如,萤石和

Li$_2$O便是一例典型的反结构。在CaF$_2$的结构中,四次配位的F$^-$的半径为1.31Å,比八次配位的Ca^{2+}半径(为1.12Å)要大,因此萤石的结构可以看成是F$^-$作密堆积,Ca^{2+}充填立方体空隙,其中Ca^{2+}占据4a位置,F$^-$占据8c位置;而在Li$_2$O结构中,阴、阳离子的占位恰好发生了颠倒,小半径的Li$^+$离子(0.59Å)占据了8c位置,而大半径的O^{2-}离子(1.42Å)占据了4a位置,两种结构的阴阳离子占位情形刚好反置。故可以把Li$_2$O的结构称为反萤石型结构(图3-5)。毫无疑问,反结构代表的是两种不同的结构类型。

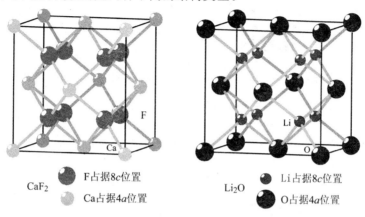

图3-5 CaF$_2$和Li$_2$O的晶体结构

在描述等型结构的矿物时,常以某一种矿物为代表而命名此种结构,这些作为代表的晶体结构就称为典型结构。如上例的等型结构矿物石盐、方铅矿和方镁石,就是以石盐结构为代表,称之为NaCl型结构。这里的NaCl型结构便是典型结构,它代表了一类与石盐等结构的矿物结构。

3.3.3 衍生结构

一些在几何上和原子(离子)连接形式上与某典型结构近似的晶体结构,也可以用此典型结构来描述,我们称之为此典型结构的衍生结构(derived structure)。衍生结构可以分为两种主要类型:"替代型"和"畸变型"的衍生结构。例如,闪锌矿(ZnS)、黄铜矿(CuFeS$_2$)和黄锡矿(Cu$_2$FeSnS$_4$)的结构,都可以视为是金刚石(C)的衍生结构。在金刚石结构中,C原子位于立方体单胞中的角顶、面心以及4个相间排列的小立方体中心,C原子配位数为4,配位多面体为四面体,对称性为$Fd3m$。如果将角顶和面心的C原子换成Zn^{2+},4个小立方体中心的C原子换成S^{2-},则就变成了闪锌矿的结构,此时S周围有4个Zn,单胞形状没有改变,但对称性降低为$F\bar{4}3m$;而黄铜矿的结构可以看成是Cu和Fe相间替代了闪锌矿结构中的Zn,替代后的(2Cu+2Fe)配位四面体沿着四次轴有序交替排列,不仅导致对称性降低为$I\bar{4}2d$,同时也使得单胞参数c增加了一倍。但如果是高温无序的黄铜矿同质多像变体,由于结构中Cu和Fe呈无序分布,则其为闪锌矿的等型结构。黄锡矿的晶体结构几乎与黄铜矿的结构相同,只是半数的Fe由Sn所替代,由于Fe和Sn本身的空间分布呈镜像关系,故黄铜矿结构中的d滑移面在黄锡矿结构中变成了对称面m,相应的空间群变成了$I\bar{4}2m$。这几种结构的衍生关系见图3-6,图中给出了各结构中一个配位四面体中原子(离子)的分布情况。从此例可以看出,衍生结构的空间群,一定与其"母结构"的空间群有某种相似性,多数情况下是"母结构"空间群的子群。

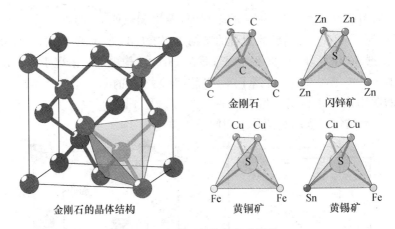

图 3-6 金刚石结构的衍生结构

此外,有些衍生结构可视为某典型结构"畸变"后的产物。这种畸变可以是化学组成不变,由于外界条件(如温度、压力等)的改变而导致结构的畸变,也可以是原子(离子)之间的"替代"导致晶体结构之间的差异。例如石盐和等轴硅铁矿(FeSi),石盐中的 Na 和 Cl 分别占据 $4a(0,0,0)$ 和 $4b(1/2,1/2,1/2)$ 位置,各自的配位数均为 6,单胞分子数为 4;而等轴硅铁矿中,分子数仍为 4,但 Fe 和 Si 的位置改变到了 $4a(0.136,0.136,0.136)$ 和 $4a(0.844,0.844,0.844)$,这使得两者的配位数均增加为 7,空间群也由 $Fm3m$ 降低为 $P2_13$。

实际上,国际晶体学会早在 1990 年的一份报告中,就对晶体结构的相似性进行了规范和说明,这份报告描述了 3 种主要的结构相似度,即等点(isopointal)结构、等构(isoconfigurational)结构和晶体化学等型(crystal-chemical isotypic)结构。但由于过于抽象,在实际应用中并没有被广泛接受。在这里对它们仅作简单介绍。

(1) 两种结构如果空间群相同,且对应原子(离子)部分或全部随机占据相同的等效位置,但单胞轴率和原子配位不同时,则这两种结构为等点结构。

(2) 两种等点结构,当其几何性质,如轴率、轴角等相似时,称为等构结构。前述的 CaF_2 和 Li_2O 就是严格几何意义上的等构结构。

(3) 两种等构结构,当对应原子的物理化学特征相似,如 CaF_2 和 ThO_2,NaCl 和 MgO,橄榄石(Mg_2SiO_4)和金绿宝石(Al_2BeO_4),则为晶体化学等型结构。这里的晶体化学等型结构与前述的等型结构意义相同。

另外,如果作为等型结构的一个或多个条件不能完全满足时,如空间群的一致性、轴率和轴角的相似性、原子坐标参数值、原子配位、同一位置允许不同原子占据等,则称之为同源(homeotypic)结构。这也可以反映结构的相似程度。前面提及的衍生结构闪锌矿-黄铜矿-黄锡矿就属于同源结构的典型例子。

3.4 特殊类型的晶体结构

3.4.1 有序-无序结构

有序-无序(order-disorder)现象指的是晶体结构中,在可以被两种或两种以上不同质点

(原子、离子或空位)所占据的某种(或某几种)配位位置上,如果质点的分布是任意的,即它们占据任何一个等同位置的概率都是相同的,则这种结构称为无序结构;如果质点的分布是有规律的,即各自占据特定的位置,则这种结构称为有序结构。有序和无序实际上是晶体的两种结构状态。

例如,合金 $AuCu_3$ 在 395℃ 以上是无序结构,Au 和 Cu 原子彼此任意地分布于立方面心晶胞的角顶和面心位置,统计上 Au 原子占据任一位置的概率为 1/4,而 Cu 占据 3/4,空间群为 $Fm3m$(图 3-7(a));但若将其缓慢冷却,Au 和 Cu 原子在晶胞中的位置便发生分化,Au 原子只占据晶胞的角顶,而 Cu 原子占据晶胞面的中心(图 3-7(b)),两者分占两套等效位置,且空间群变为了 $Pm3m$。

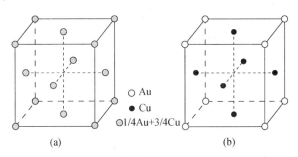

图 3-7 $AuCu_3$ 的高温无序(a)和低温有序结构(b)

再考察黄铜矿的例子。在高温(550℃ 以上)时,黄铜矿具有闪锌矿(ZnS)型结构,即阳离子 Zn 占据立方晶胞的角顶和面心,阴离子 S 呈四次配位,相间地分布于 1/8 晶胞的中心。对高温黄铜矿而言,Cu 和 Fe 离子在原来 Zn 离子所占据的位置上彼此任意地分布,阴离子 S 的位置不变,空间群为 $F\bar{4}3m$,晶胞参数 $a_0=5.29Å$;但如果它的形成温度在 550℃ 以下,则 Cu 和 Fe 离子将规律地相间分布,从而破坏立方对称,形成犹如两个闪锌矿晶胞沿 z 轴重叠而成的四方晶胞,空间群则降低为四方晶系的 $I\bar{4}2d$,且晶胞参数也发生改变,为 $a_0=5.24Å, c_0=10.30Å$。从这个实例可以看出,晶体结构从无序转变为有序,可能使晶胞扩大,对称性一般也会降低,自然,其相应的物理性质也会产生某些变化。

从有序态本身而言,可以分为长程有序(long-range order)和短程有序(short-range order)两大类。前者指的是结构中有关原子之间的有序排布一直延伸到整个晶体范围的有序;后者原子间的有序排布只限于晶体中局部范围内的有序。

容易理解,无序和有序是两个极端状态,在两者之间存在过渡状态,或称之为部分有序,即部分质点占据特定的位置,而另一部分质点则是在任意的位置上。结构有序的程度可用有序度(degree of order)来衡量和计算,是用来表征不同质点在同种配位位置中排布之有序程度的参数。有序度的计算随晶体结构和研究内容的差异可能有所不同。下面我们以长石中 Al 和 Si 的无序-有序分布来说明这些问题。

钾长石($KAlSi_3O_8$)中 Si 和 Al 均占据四面体位置(T 位),其中 Si:Al=3:1。在单胞中 16 个 T 位中,Al 占据其中的 4 个,而 Si 占据 12 个。即在由 T 位组成的四元环中,Al 只能占据其中的一个 T 位。四元环的 T 位有两种不同的等效位置,T1 和 T2,它们相间分布(图 3-8)。设 t_1 和 t_2 分别代表 Al 在 T1 和 T2 位置的占位概率,则恒有

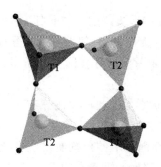

图 3-8 钾长石结构中的 SiO_4 四面体四元环

T1 和 T2 代表不同的等效位置

$$2t_1 + 2t_2 = 1 \qquad (3-1)$$

根据此占位情况,可以得到完全无序、完全有序和部分有序的结构。完全无序的时候,$t_1 = t_2 = 0.25$,四元环中每一个 T 位都是化学等同的,即每一 T 位含有 0.25 个 Al 和 0.75 个 Si。高温透长石便是这样的结构,对称性也最高,为单斜晶系的 $C2/m$;完全有序的时候,只能允许 Al 向一个 T 位(例如 T1)集中,这样两个 T1 位就分化成两个非等同点位,如果用 T1(o) 和 T1(m) 以及 T2(o) 和 T2(m) 来重新标识这 4 个 T 位的话,那么,完全有序时 Al 就占据 T1(o) 位,其他 3 个点位,T1(m)、T2(o) 和 T2(m) 就被 Si 占据。显然有序的结果使得对称性降低,对应具体的长石为最大微斜长石,它属于三斜晶系。显然,最大微斜长石中,占位率 $t_1(o) = 1$,$t_1(m) = t_2(o) = t_2(m) = 0$。如果占位率出现如下关系:

$$t_1(o) > t_1(m) > t_2(o) = t_2(m) \qquad (3-2)$$

则结构属于部分有序的范畴,中间微斜长石就属于这样的结构。当然,有序程度就可根据占位率来衡量了。

有序-无序之间的相互转化也取决于外界物理化学条件的改变,如温度、压力、时间等等。从上面的论述中不难看出,有序-无序之间的转化,实际上也是一种相变。伴随有序度的不同,有序-无序态晶体的物理性质也将产生连续的变化。因此,确定晶体结构的有序、无序,可以直接测定质点的分布,如通过 X 射线衍射、电子衍射、红外等谱学研究方法,也可以通过测定其物理性质,间接地推断有序-无序的情况,如光学性质、热参数测定等。矿物(如长石、辉石、角闪石等)的有序度的研究,已成为矿物学和理论岩石学的重要课题之一。此外,有序度的研究,对材料的微观结构和性质的确定,也具有重要的实际意义。

3.4.2 多型结构

多型(polytype)是指由同种化学成分所构成的晶体,当其晶体结构中的结构单位层相同、但结构单位层之间的堆垛顺序或重复方式不同时,而形成的结构上不同的变体。多型出现在广义的层状结构晶体中,同种物质的不同多型只是说明在结构层的堆积顺序上有所不同,也就是说,多型的各个变体之间仅以堆积层的重复周期不同相区别,从这个角度,也可以说多型也就是一维的同质多像或一维的相变。

结构单位层是构成层状结构晶体以及多型的基本单元。它可以是单独的原子面,如石墨中的单位层就是以六元环状的碳原子构成的面所代表的,沿 c 轴堆垛时,如果周期为两层一重复,那么就是 $2H$ 多型石墨(图 3-9);如果周期是三层,则是 $3R$ 多型石墨。更多的情况下,结构单位层是以多原子(离子)构成的有一定厚度的

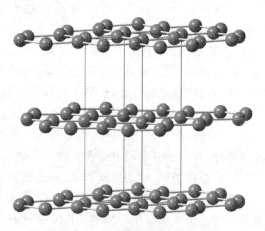

图 3-9 石墨的 $2H$ 多型结构

结构层。如云母中的结构层,就是以上下两层硅氧四面体夹一层八面体构成的。

从几何角度考虑,在平行结构单位层内,同一物质的各多型的晶胞一般是对应相等的,或者存在简单的几何关系;但在垂直结构单位层方向上,各个多型的单胞高度是单位层高度的整数倍,此数值也同时反映了多型结构的重复周期和重复层数。如上述石墨的 $2H$ 和 $3R$ 多型,其重复层数分别为 2 和 3,沿堆垛方向单胞高度(c_0)分别是 6.70Å 和 10.05Å,恰好是一个周期(3.35Å)的 2 倍和 3 倍。显然,这是由于石墨内部的结构单位层都是相同的,仅仅是层的堆积顺序不同而造成的。同时,由于层的堆积顺序不同,还导致了结构的对称性——空间群也不相同。但是由于单位层的相似性,多型之间在外形和物理性质方面表现的差异性却不明显。目前所知的重复层数最多的多型是 α-SiC(碳硅石,Moissanite)的一种,达 594 层,周期约为 1500Å。

在矿物学中,通常把多型的不同变体仍看成是同一个矿物种。书写时,在矿物种名之后加上相应的多型符号,中间用短横线相连。如石墨的 $2H$ 多型和 $3R$ 多型,可分别书写为石墨-$2H$ 和石墨-$3R$。表示多型的符号有多种,这里采用的多型符号是目前国际上常用的形式,它由一个数字和一个字母组成。前面的数字表示多型变体单位晶胞内结构单位层的数目,即重复层数,后面的大写斜体字母指示多型变体所属的晶系。如果有两个或两个以上的变体属于同一个晶系,而且有相等的重复层数时,则在字母右下角再加下标以资区别,如白云母-$2M_1$、白云母-$2M_2$ 等。斜体字母的含义为:C—等轴,Q 或 T_t—四方,H—六方,T—三方,R—三方菱面体格子,O 或 Or—斜方,M—单斜,A 或 Tc—三斜晶系。

对于不同多型的产生,可以归因于多种原因,诸如热力学因素、晶格振动、晶体生长时的位错和堆垛层错等因素。多型现象在许多人工合成的晶体和具有层状结构的矿物中都有广泛的发现,是层状结构晶体的一种普遍现象。因此,对物质多型的研究,在结晶学、矿物学、固体物理学、冶金学和一些材料科学领域中,无论在理论上还是在实用上都具有重要的意义。

3.4.3 多体结构

矿物的多体性(polysomatism):是指以两种(或两种以上)性质不同的结晶学模块(module),按不同比例或堆垛顺序而构筑的结构和化学组成上不相同晶体的特性。所谓结晶学模块,是一相对独立的化学单元,具有稳定的化学组成和结构特征。作为一个完整的理论体系,多体的概念是由 J. B. Thompson 于 1970 年提出的。

自 20 世纪 70 年代以来,利用高分辨透射电镜,人们对链状硅酸盐矿物(辉石和闪石类)和层状硅酸盐矿物(云母类)晶体结构中的相似性有了更加深刻的认识,并提出用辉石结构模块和云母结构模块来构筑这类矿物结构的设想。根据这个设想,以一定方式连接这些模块,就可构筑其他层状和链状硅酸盐矿物的结构。如直闪石的结构可以看成是一个辉石(P)和一个云母(M)模块构筑而成。这种设想也从实验的结果中得到了证实。例如,发现的镁川石(Jimthompsonite)的三链结构,便可解释为由两个 M 模块和一个 P 模块构筑的(如图 3-10)。其中的 M 模块和 P 模块就是多体(polysome),它们共同构筑了一个多体系列(polysomatic series)。

所谓的云辉闪石(Biopyriboles)类矿物,就是基于上述的认识重新定义的,它是指在结构中含有云母、辉石和角闪石结构模块的硅酸盐矿物。如闪川石(Chesterite),可以看成是一个

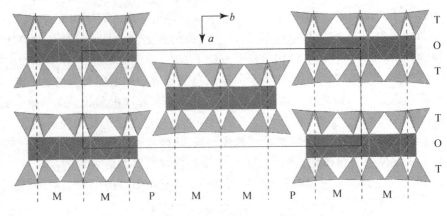

图 3-10 镁川石的三链结构

双链和一个三链结构的组合,构筑其结构的模块为 MMP·MP。也有根据多体理论预测但尚未发现的结构,如单链和双链的结构组合,它的构筑模块应该为 MP·P。

多体理论和结晶学模块的划分,在晶体化学理论方面有其独特的贡献。它不仅把多体作为一个有机的整体来考虑,并揭示看起来结构和化学组成不一致矿物之间的内在联系,而在系统了解已知多体的基础上,还可以预测和发现新化合物的化学式、晶体结构和物理化学性质等。

3.4.4 调制结构

调制结构(modulated structure)是指在基本晶格周期结构上叠加有附加周期的结构,可描述成周期性"畸变"的完美晶体结构,而周期性畸变的"量"的分布可表达为"波"的形式,该"波"即称为"调制波"。如果调制波的波长是基本周期的整数倍,则称之为有公度的周期性结构;若是无公约数的非整数倍,则称为无公度的非周期或准周期结构。广义地说,这种在一定结构层次基础上形成的高于该结构层次的某种复合结构或变异结构,也称为超结构(super-structure),而原来的晶胞就成为超结构中的一个结构基元或者亚结构(substructure)。

调制结构中的附加周期的产生,可源于原子有序排列、周期外延、层间错排或缺陷的规则分布等。其特征表现在电子衍射图上有非布拉格(Bragg)衍射的卫星斑点出现。衍射图中卫星斑点,可表征结构中单胞是增大了整数倍(对周期性的结构而言)或非整数倍(对非周期或准周期结构而言)。

图 3-11 表示的是 CuAu(Ⅱ)的超结构,它的一个超结构的周期包括了 10 个结构基元(或亚单胞),每隔 5 个结构基元沿 $\frac{1}{2}(a+b)$ 错移。即结构可以看成是由两个畴组成的超结构,其中一个畴单胞的中层面心原子是 Au,而另一畴单胞的中层面心由 Cu 组成。在一维方向(y 方向)每一畴长度约 20Å。此结构的电子衍射图中,除了亚单胞的衍射斑点外,卫星斑点的出现便是由于这种超结构的存在。因为超结构周期变大,因此有时也称为长周期结构。

调制结构也可以是准周期的,如图 3-12 表示的是中高压下(8.5 GPa)Te-Ⅲ的波状调制结构。图中显示出 4 个单胞的情形,未发生调制时为单斜体心结构,空间群为 $I2/m$,单胞分子数为 2。由于受压力影响,使得 Te 原子发生规则位移,从而产生波状调制。

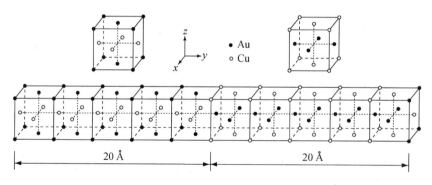

图 3-11　CuAu(Ⅱ)的超结构

(引自郭可信,叶恒强,1985)

波状调制也可以由结构层的失配(misfit)造成。如叶蛇纹石(Antigorite)结构中,往往由于四面体片和八面体片的尺寸差异(八面体片尺寸稍大),导致每隔若干硅氧四面体结构便反向相接,从而产生波状调制(图 3-13)。这些正弦波状的畸变区域宽度常大于 4 nm。

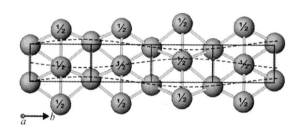

图 3-12　Te-Ⅲ的波状调制结构

标有"1/2"的 Te 原子位于体心位置,实线表示单胞,虚线表示调制波(引自 Hejny et al,2006)

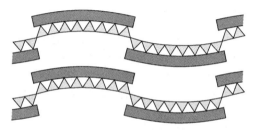

图 3-13　叶蛇纹石的波状调制结构

▬▬ 八面体片;△△△△ 四面体片

图 3-12 和图 3-13 表示的这两个波状调制结构中,其调制周期与亚结构周期不是整数倍关系,但与亚结构有某种联系,故一般不称之为超结构或长周期结构,而一般称之为非公度的或准周期结构。

上述几个例子可视为一维调制结构。在二维情况下,情况就更为复杂一些。图 3-14 表示的是两种不同结构基元层匹配在一起时可能出现的情况。

图 3-14 中,若不考虑层堆垛方向上的情况,两种三维亚单胞可简化为两种二维单胞。在没有失配的"正常"的结构中,两种结构基元层 A 和 B 的单胞是相称(commensurate)的,即在层平面中它们的单位矢量是相称的,且整个结构的周期性可用一个简单单胞来描述。相反,在失配的层状结构中,A 和 B 之间至少有一个单位矢量是半相称(semicommensurate)或不相称(incommensurate)的。前者指两个周期的比值为一个不很大的整数,而后者则为无理数或很大的整数。

实际上,在完全相称和完全不可约之间可以区分出若干相称的程度,用字母 C 代表相称、S 代表半相称、I 代表不相称,则每一对对应的晶格矢量 a_A 和 a_B 及 b_A 和 b_B 之间存在如下的组合:II,IS=SI,IC=CI,SS,SC=CS,CC(图 3-14)。

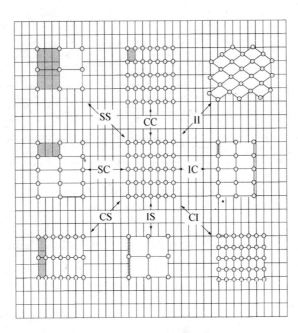

图 3-14 结构基元层匹配示意图

背底和中心为结构基元层 A 的格子,四周为不同类型结构基元层 B 的格子。匹配关系用箭头间字母表示,具有吻合网格用深色区域表示。图中字母含义:C(commensurate)表示相称,S(semicommensurate)表示半相称,I(incommensurate)表示不相称。引自 Makovicky & Hyde,1992

在 SC 和 SS(和 CC)结构中,基元层 A 和 B 单胞可在整数倍上达到"吻合",这种"吻合单胞(coincidence unit cell)"包含了结构和(或)组分调制的内容,即可能出现二维方向上的超结构或长周期结构;对 IS 结构而言,仅具有"吻合点列(coincidence row)",此种情况下即可出现一维方向上的超结构或长周期结构。

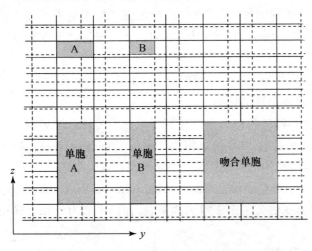

图 3-15 SS 型调制结构层沿堆垛方向投影示意图

实线和虚线网格分别代表结构基元层 A 和 B 的格子,可沿 z 和(或)y 方向出现调制。引自 Makovicky & Hyde,1981

在一个或两个方向具有半相称结构情况下,结构或组分容易发生调制作用,每一个调制矢量与吻合网格中的相等。根据调制周期,可确定调制层 A 和 B 的真实格子和单胞。如图 3-15 所示的 SS 型结构,基元层 A 和 B 的亚单胞分别由包含 A 和 B 的方框来表示,如沿 z 方向发生调制,则在其下面示意出 A 和 B 基元层的调制单胞;如果同时沿 z 和 y 方向出现调制,则 A 和 B 基元层的调制单胞完全相同,也与吻合单胞一致。图 3-15 表示的调制周期是 $5c_A = 6c_B$ 以及 $2b_A = 3b_B$。即使在不吻合的格子中,也有可能出现垂直$(0kl)$面的方向、而不是沿$[0vw]$方向的调制；同时由于不同方向上两层之间作用的强度差异，也可造成所谓的波状调制。

对于由不同结构基元层(基本上是两种)所构成的调制结构，由于所处的角度不同，在过去曾有多种叫法：根据原子排列几何特征，被称为"双层结构(double-layer structure)"，根据化学组成特点，称为"混杂结构(hybrid structure)"，根据层间的匹配关系，可称为"游标结构(vernier structure)"或"适配结构(infinitely adaptive structure)"以及"不相称或错配层状结构(incommensurate or misfit layer structure)"。尽管不同学者所采用的术语不尽相同，但都是描述具有同一特征的结构。

需要说明的是，尽管有的物质在理论上可能出现二维的调制结构，但实际上也许不存在。例如墨铜矿，在墨铜矿的结构中，组成为$(Cu,Fe)S$的硫化物层(S层)和组成为$(Mg,Al)(OH)_2$的氢氧化物层(H层)沿z方向交替相间排列，其中硫化物层为两层硫原子作密堆积，铜、铁原子统计地占据所有四面体空隙，四面体基面平行(001)，相邻的四面体共用三条棱；两层氢氧根作密堆积，镁、铝离子统计地占据所有的八面体空隙。通常认为墨铜矿是由两个亚单胞共同组成一个超晶胞，其中S层亚单胞参数为：$R\bar{3}m$，$a_S=3.792\pm0.005\text{Å}$，$c_S=34.10\pm0.05\text{Å}$；$H$层亚单胞参数：$P\bar{3}m1$，$a_H=3.070\pm0.006\text{Å}$，$c_H=11.37\pm0.02\text{Å}$。组成的超

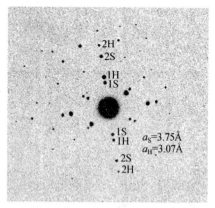

图 3-16 墨铜矿$[011]$带轴电子衍射图
(引自秦善，1997)

晶胞参数为：$R\bar{3}m$ 或 $R3m$ 或 $R32$，$a=64.46\text{Å}=17a_S=21a_H$，$c=34.10\text{Å}=c_S=3c_H$(参见：Evans & Allmann，1968)。但后来的电子衍射研究认为，S层和H层各自出现了自己的衍射，且越远离中心束斑，两套衍射点分离得越开(图 3-16)。据此测量的结果为 $a_H=3.07\text{Å}$，$a_S=3.75\text{Å}$，两套之间不因失配而产生有公度的调制结构或以失配公度因子为单位的大单胞衍射，即墨铜矿属于完全失配的Ⅱ型的结构(参见：秦善，1997)。

无论是一维或二维调制结构基本都与层状结构有关，故它们可作为层状结构来处理。目前尚未见到很好的三维调制结构的实例。此外，调制结构或长周期结构种类繁多，目前尚未有合理和公认的分类方案，但基本可以从周期性的结构变化和周期性的成分变化粗略地分为两大类。

3.5 晶体结构的图示表达

对于一个具体的晶体结构，除了用上述的数据形式表达之外(表 3-1)，往往用几何图形的方式来描述，这样的结果更加直观和清楚。能见到的通常有以下几种方式：显示结构中原子或离子的堆积情况，显示化学键的连接情况，以及显示配位多面体及其连接情况。图 3-17 表示的是一个单胞金刚石结构的立体图形。其中(a)表示的是 C 原子球的堆积，(b)是添加上了 C—C 共价键，(c)则是利用配位多面体的形式来表达金刚石的结构，而(d)则是综合了化学键、球体堆积和配位多面体的表达方式。

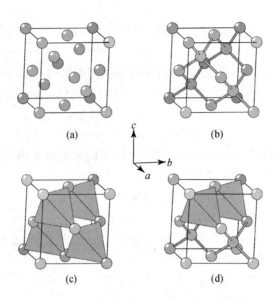

图 3-17　金刚石晶体结构的几种表达方式

一般而言，利用球体的堆积来表示结构似乎不太严格，因为原子或离子只有在单独存在时才呈现球形，如果再考虑热振动以及晶体内各向异性等因素，原子或离子不会保持球形的形态。而利用配位多面体来表达结构可以避免这种情况，同时可以囊括原子或离子周围的各向异性情况，更能反映晶体结构的实质，因而这种表达的应用也越来越广泛。事实上，目前人们往往根据所强调的内容，侧重表达某些特性，可以将球体、多面体或化学键表达在同一图中。目前计算机技术的发展以及相应晶体学软件的开发，使得晶体结构图的绘制变为一种比较简单的事情，上述的各种表达也很容易实现。

晶体结构的稳定性

矿物能够在自然界形成且长期稳定存在,说明其晶体结构非常稳定。控制矿物稳定性的最重要的变量是温度、压力和化学组分,前两者是外部因素,后者则属于内部因素。尽管这些变量之间相互关系的研究主要是化学热力学的内容,超出了矿物学的范畴,但是这些变量之间的基本关系对于我们理解矿物的稳定性具有一定的帮助。自 20 世纪 20 年代以来,人们试图基于已有的晶体结构数据,对晶体结构稳定性的一般规律进行总结。迄今为止,人们仅对离子晶体结构规律总结上有所成就,发现了晶体结构稳定性的一些规律,称之为晶体化学定律。这些定律,从离子晶体的几何构型角度,定性地揭示了晶体结构和结构演变的规律。本章首先介绍晶体结构稳定性的一般性规则,包括晶体化学定律,然后结合晶体结构的相变,讨论温度、压力和化学组分对晶体结构稳定性的影响。

4.1 晶体结构稳定性规则

4.1.1 吉布斯自由能

从热力学角度,矿物晶体结构必须具有最小内能。事实上,一个封闭的物理体系达到相对于最小自由能,即吉布斯(Gibbs)自由能 G 稳定的一般条件是

$$G = U + pV - TS \qquad (4-1)$$

这里 U 是体系的内能,p 是压力,V 是体积,T 是温度,S 是熵(entropy)。当这个原理运用到矿物晶体结构时,就可以理解为,在给定的温度和压力条件下的晶体结构的稳定性,就是要实现结构的内能最小,熵最大。最小内能一般对应的是最小体积,这就意味着原子在晶体中趋向于尽量紧密排列;而最大熵不能解释为最大无序,应该解释为晶体结构内原子分布的最大均匀性,也即原子周期性的有序分布。

式(4-1)的微分形式可写为

$$dG = Vdp - SdT \qquad (4-2)$$

它说明自由能的变化是由 p 和 T 的独立变化引起的,对于具体晶体结构而言,在一定的 p 和 T 条件下,有确定的 S 和 V 与之对应。如果同时考虑温度和压力的影响,则可用自由能的全微分表达式表达

$$dG = (\partial G/\partial p)_T dp + (\partial G/\partial T)_p dT \qquad (4-3)$$

式(4-3)简明地分两部分描述了体系状态的变化,加号前面是压力效应,加号后面是温度效应。

比较式(4-2)和式(4-3),有$(\partial G/\partial T)_p = -S$和$(\partial G/\partial p)_T = +V$。这表明在一定压力时,温度的变化对体系自由能的影响由负熵给出;而恒温时压力对自由能的影响是由矿物的体积所决定的。

4.1.2 戈尔德施密特定律

戈尔德施密特(Goldschmidt)定律可表述为:晶体结构取决于结构基元(原子、离子或原子团)的相对数量、相对大小和极化性能。用公式表示则为

$$S(晶体结构) = f(\sum n, r_c, r_a, \alpha) \tag{4-4}$$

式中$\sum n$为结构基元的数目,r_c和r_a为基元的半径,α是表示基元极化性能参量。

这一定律可以定性揭示一些简单类型离子晶体结构的影响因素。例如,化学式类型不同(即结构基元之间的数目对比不同)时,其晶体结构往往不同。常见的AX、AX_2、ABX_4等化合物,因为组成原子的差异,其结构往往不同。又如氯化铯(CsCl)、石盐(NaCl)和闪锌矿(ZnS),它们均为AX型化合物,但离子半径及其比值差异明显,配位数和配位多面体也截然不同(配位数依次为8、6、4;配位多面体分别是立方体、八面体和四面体)。所以,尽管它们都属于配位基型结构,但晶体结构也差异明显,三者的空间群分别是$Pm3m$、$Fm3m$和$F\bar{4}3m$。离子的极化性能也能对晶体结构产生影响。例如,同样都是AX型化合物的NaCl和CuCl,其半径及其比值也基本相同(分别为0.54和0.53),但由于Cu^+离子的极化力极大,从而导致键长变短,Cu^+离子的配位数降低为4,空间群也由NaCl的$Fm3m$变为CuCl的$F\bar{4}3m$。

必须指出:戈尔德施密特定律中所指的决定晶体结构的三个因素是一个整体,三者不能分离,三者中何者起决定性作用,要看具体情况,不能一概而论。

4.1.3 鲍林规则

鲍林(Pauling)规则也是判断离子化合物晶体结构稳定性的一般性规则,是鲍林在1928年总结大量实验数据的基础上归纳和推引出来的,共有五条规则:

(1) 第一规则(半径规则) 围绕阳离子形成一个阴离子配位多面体,阴阳离子间距取决于它们的半径和,配位数取决于其半径比(相关讨论参见2.3节)。

(2) 第二规则(电价规则) 稳定离子晶体结构的离子电价等于与其相邻异号离子的各静电键强度的总和。在一个稳定的离子晶格中,每一阴离子的电价等于或近乎等于与其相邻的阳离子至该阴离子的各静电键强度(S)的总和。所谓阳离子至阴离子的静电键强度(S),是指阳离子的电荷(Z^+)与其配位数(CN)之比。例如,硅酸盐中,Si^{4+}和O^{2-}成四面体配位时,Si—O的静电键强度为4/4=1。如果两个硅氧四面体共角顶连接,则有一个O^{2-}与两个Si^{4+}配位。所以,O^{2-}离子的电价(-2)与两个Si—O的静电键强度是相等的。这符合鲍林法则,也是稳定的结构。但如果是两个AlO_4四面体共角顶,由于两个Al—O的静电键强度为$2\times 3/4$,则不符合鲍林法则,也是不稳定的结构。

(3) 第三规则(多面体规则) 在晶体结构中,当配位多面体共棱、特别是共面时,会降低结构的稳定性。对于高电价、低配位数的阳离子来说,这个效应尤为明显。这是因为配位多面体共棱和共面时,与其共角顶时相比,其中心阳离子距离变小,斥力增加,从而稳定性降低。如两个配位四面体共角顶、共棱和共面相连时,其中心阳离子间的距离之比为:1∶0.58∶0.33;

而配位八面体则为1∶0.71∶0.58(图4-1)。所以在实际晶体中,共棱相连的配位八面体少见(如金红石的[TiO$_6$]八面体),共面的配位四面体几乎尚未发现。

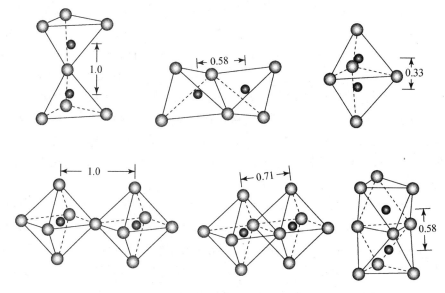

图4-1 配位四面体和配位八面体连接示意图

(4) 第四规则　在含有多种阳离子的晶体结构中,电价高、配位数低的阳离子倾向于互不直接相连。这一法则实际上是第三法则的推论。例如,在镁橄榄石结构中,有[SiO$_4$]四面体和[MgO$_6$]八面体两种配位多面体,但Si^{4+}电价高、配位数低,所以[SiO$_4$]四面体之间彼此无连接,它们之间由[MgO$_6$]八面体隔开。

(5) 第五规则(最简规则)　在晶体结构中,晶体化学上不同的结构组元倾向于最小限度。这条法则意味着,在一种晶体结构中,化学上相同的离子应该尽可能地具有等同的排列位置。例如:镁橄榄石Mg$_2$[SiO$_4$],其结构中O^{2-}呈六方密堆积。在每个O^{2-}周围既有四面体空隙也有八面体空隙。阳离子Mg^{2+}既可充填上述两种空隙之中的一种,也可同时充填两种空隙。但事实上,Si^{4+}只充填于四面体空隙,而Mg^{2+}只充填八面体空隙。它们之间只按特定的方式排列且贯穿于整个晶体。这个规则的晶体学基础是晶体结构的周期性和对称性,如果组成不同的结构基元较多,每一种基元要形成各自的周期性和规则性,则它们之间会相互干扰,不利于形成稳定的晶体结构。

4.2 温度和压力对结构稳定性的影响

4.2.1 晶体相变及其类型

相(phase)是一个热力学概念,指的是物质(聚集态)内部宏观物理性质和化学性质均匀连续的部分。应用到晶体学中,相就是指具有稳定的化学组成和晶体结构的物质。晶体的相变(phase transition)指的是在化学组成不变的情况下,由于温度、压力以及其他化学或物理因素的影响,使得晶体结构或者其宏观物理化学性质发生改变的现象。晶体的相变是在固态条件下进行的,有可逆和不可逆之分。在有些文献中,相变一词的使用范围更宽泛一些,例如,由于化学成分上的替代导致的结构变化(称为型变)也被称为相变。我们这里只作狭义的理解。

从热力学角度,通常根据相变时热力学函数特征,将相变分为两类:一级相变(first order transition)和二级相变(second order transition)。一级相变的特点是:在相变临界点,相的自由能微商是不连续的,熵、焓和摩尔体积等函数出现跃变,其晶体结构也发生跃变。一级相变往往是缓慢而不可逆的,它伴随化学键的破坏和重建,相变前后变体之间的对称性没有必然联系。二级相变则是在相变临界点相的自由能微商连续变化,熵、焓和摩尔体积等函数以及物理化学性质也连续变化,不涉及化学键的破坏和重建,只是原子或离子的位置稍有改变。二级相变快速而可逆,通常相变前后结构之间的对称性存在某种"畸变"关系,或者相变前后的空间群存在某种母群和子群的关系。

从相变的晶体结构变化上看,相变分为两类:位移型相变(displacive transition)和重建型相变(reconstructive transition)。位移型相变指相变时原相中的化学键无需打破,只是结构中原子或离子的位置稍有移动,新相的结构与原相结构有某种畸变关系。而重建型相变则需要打破原相的化学键,原子或离子须进行重新组合,而使结构发生了重大变化。显然,重建型相变与一级相变相似,而位移型相变则相当于二级相变。

4.2.2 温度对结构稳定性的影响

晶体中原子的热运动(即在平衡位置上下振动)是晶体固有的性质。其振动的振幅是温度的函数。当温度足够高时,原子会离开其平衡位置发生相变,甚至可以导致晶体结构的解体而变成熔体。温度对相变的影响非常显著,一般而言,温度升高可导致体积增加、原子配位数减小、比重降低、对称性增高等。

通常温度增加会引起晶体的体积增加,这种现象称为热膨胀。恒定压力晶体的体积热膨胀系数 $\alpha_p(V)$ 可表述为

$$\alpha_p(V) = \frac{\Delta V}{V \Delta T} \tag{4-5}$$

其中 ΔV 和 ΔT 分别是体积和温度的改变量。在有些情况下,晶体的热膨胀性可由晶胞参数(l)随温度的变化来描述,此时称热膨胀系数为线性热膨胀系数 α_p,表示为

$$\alpha_p = \frac{\Delta l}{l \Delta T} \tag{4-6}$$

温度变化(增加)至一定程度,可导致晶体结构发生相变。例如钙钛矿 $CaTiO_3$,在常温常压下是斜方晶系 $Pbnm$ 结构,随着温度的增加,在大约 1500 K 时,相变为四方晶系的 $I4/mcm$ 结构,继续加热至 1580 K 时,则变成了等轴晶系的晶体,结构为 $Pm3m$。图 4-2 是这几种结构沿 z 轴的投影,可以看出,随着温度的增加,$[TiO_6]$ 八面体发生了扭转(即 O^{2-} 离子发生了微小的位移),随着 $[TiO_6]$ 八面体扭转的方向和程度的不同,$CaTiO_3$ 由 $Pbnm$ 结构渐次相变为 $I4/mcm$ 和 $Pm3m$。在此相变序列中,八面体扭转角度(减小)、Ca—O 键长(增加)以及晶胞参数(增加)的变化都是连续的,且这几种空间群之间存在着"畸变"的关系,也即 $Pbnm$ 和 $I4/mcm$ 皆是 $Pm3m$ 的子空间群。因此,该序列相变属于位移型相变。

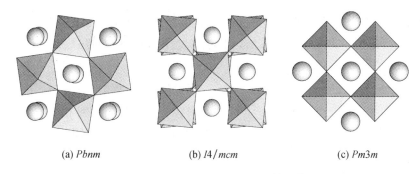

图 4-2　钙钛矿 $CaTiO_3$ 的不同结构相垂直[001]方向的投影

又如在 SiO_2 体系中，α-石英和 β-石英可发生可逆相转变，其临界温度为 573℃。其中 α-石英的 Si—O—Si 键角为 144°(图 4-3(a))，当加温至 573℃ 相变为 β-石英时，O^{2-} 的位置发生了微小位移，从而使得 Si—O—Si 键角变为 180°(图 4-3(b))，对称性也从三方晶系的 $P3_12$ 转变为六方晶系的 $P6_42$。这是一种典型的可逆位移型相变。但比较 β-石英和 β-方石英(是 SiO_2 的另外一个高温同质多像变体，等轴晶系，其临界温度为 1470℃)的结构(图 4-3(c))就可以发现，两者之间不能通过 O^{2-} 的微小位移或硅氧四面体的转动而相互转化，而必须打破 Si—O 键重新组合方能实现。显然，这一相变属于不可逆的重建型相变。

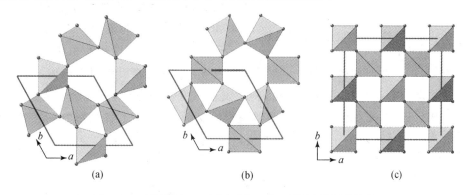

图 4-3　α-石英(a)、β-石英(b) 和 β-方石英(c) 的晶体结构

4.2.3　压力对结构稳定性的影响

通常情况下，压力的增加会使得晶格趋于更加紧密，可导致晶体的体积缩小、结构中原子配位数的增加、比重降低、键长变短。但由于实验技术条件的限制，使得压力与晶体结构关系的研究程度甚低，故从相变的角度，人们对压力的认识远远不及温度深入。

晶体的压缩性可用恒温(通常是 25℃)线性压缩系数 β_T 或体积压缩率 $\beta_T(V)$ 来表达，定义为

$$\beta_T = -\frac{\Delta l}{l \Delta p} \tag{4-7}$$

或

$$\beta_T(V) = -\frac{\Delta V}{V \Delta p} = -\frac{1}{B_T} \tag{4-8}$$

式中负号表示的是压缩；参数 B_T 是体积模量，它直接表示了晶体的压缩性。

一般而言,压力的增高会使得发生相变的温度上升。如常压下 α-石英和 β-石英的相变温度是 573℃。但当施加压力至 0.2 GPa 时,相变临界温度增加到了 626℃;压力为 0.4 GPa 时,相变温度则为 679℃。

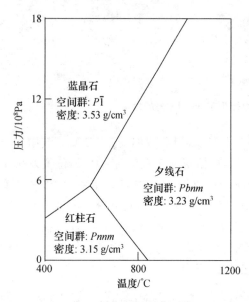

多数情况下,压力的增加会导致相变向低对称方向转变。这与温度对相变的影响正好相反。例如,组成为 Al_2SiO_5 的同质多像变体,从低压到高压其晶体结构相分别为红柱石、夕线石和蓝晶石。图 4-4 是这 3 种结构的 p-T 相图,三者各有其稳定的温度、压力范围,并且结构、密度和离子配位数等各不相同。

又如常见的物质 $MgSiO_3$,在低压条件下是典型的单链硅酸盐矿物,其中 Mg 的配位数是 4,结构为 $Pbca$;而在地幔压力条件下,其结构转变为钙钛矿型结构($Pbnm$),Mg 的配位数增加为 6;而在更高压力下,如核幔边界的压力条件下,则其又转变为"后钙钛矿"型结构,此时的结构变为了 $Cmcm$。三者的结构见图 4-5。

图 4-4 Al_2SiO_5 三种同质多像变体的 p-T 相图

研究温度和压力导致的相变具有十分重要的意义。例如,地表低温和低压条件下形成的一些矿物,在随着板块向地幔俯冲的过程中,由于要经受地球深部高温和高压的作用,将会发生相变甚至分解,这就会大大影响地球深部的物质组成。因此,对晶体和矿物的高温高压相变研究,也是了解地幔物质组成、演化过程以及地球深部物质性质的一个很重要的窗口。

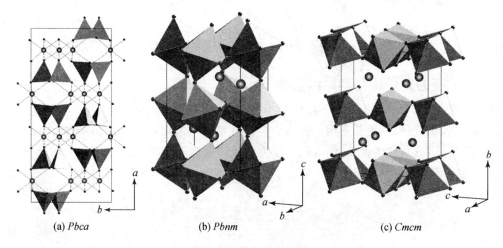

图 4-5 $MgSiO_3$ 在不同压力条件下呈现 $Pbca$,$Pbnm$ 和 $Cmcm$ 结构

4.3 化学组成对结构稳定性的影响

对某一晶体结构而言,如果其化学组成发生了改变,那么将影响其结构的稳定性。视化学组分改变的程度,可导致晶胞参数、物理性质发生系统的变化;而当化学组分替代到达一定程度时也会发生结构的完全改变。

4.3.1 固溶体的概念

固溶体(solid solution),亦称固体溶液,指的是在固态条件下,一种晶态组分内"溶解"了其他的晶态组分,由此所组成的、呈单一结晶相的均匀晶体。一般将含量高的组分看成是固态的溶剂,其他则为溶质。最简单的固溶体的例子就是合金。当两种晶体能以任意比例互相溶解并保持结构不变,这样的固溶体叫完全固溶体。例如橄榄石$(Mg,Fe)_2SiO_4$,可以看成是镁橄榄石Mg_2SiO_4和铁橄榄石Fe_2SiO_4相互溶解而形成的一类完全固溶体。当溶剂晶体只能有限溶解溶质晶体时,此时的固溶体称为不完全固溶体。例如闪锌矿ZnS可以溶解不超过26%的FeS分子,形成ZnS-FeS不完全固溶体。

根据溶质在溶剂中所占据的结构位置,通常将固溶体分为填隙固溶体和替换固溶体两类。前者指作为溶质晶体中的原子或者离子,充填在溶剂晶格内的间隙中所构成的固溶体。例如合金碳钢,就是碳原子充填在金属铁组成的晶格之内的间隙中。后者则是指溶质晶体的原子(离子)占据了溶剂晶体中对应的原子(离子)位置,就好像溶剂的质点被溶质的质点部分替代了一样。多数固溶体属于后面的这种类型,如上述的橄榄石就是典型的替换型固溶体。此外,还有一种称为缺位固溶体的类型,实际上它是替换固溶体的一种特殊情况,即在质点替代的时候,某些位置上并没有质点占据,而是出现了空位。例如磁黄铁矿$Fe_{1-x}S$,其中Fe^{2+}的位置具有空位。

4.3.2 类质同像

类质同像(isomorphism)是指在确定的某种晶体的晶格中,本应全部由某种离子或原子占有的等效位置,一部分被性质相似的他种离子或原子所替代占有,共同结晶成均匀的、呈单一相的混合晶体,但不引起键性和晶体结构型式发生质变的现象。显然,类质同像是属于替代型的固溶体。类质同像替代的前后,虽然键性和晶体结构没有发生质变,但晶格常数一定会发生量的变化。如上述的ZnS-FeS不完全固溶体,当Fe^{2+}代替Zn^{2+}的量增加时,含铁闪锌矿的晶胞参数(a_0)将变大。

可以从不同角度来划分类质同像的类型。根据类质同像替代的范围,可以划分出完全和不完全类质同像系列两种。前者指两种组分之间可以任意比例替代,形成连续的系列,相当于完全互溶的固溶体。其中两端的纯组分称为端元组分,如橄榄石$(Mg,Fe)_2SiO_4$之端元组分分别是镁橄榄石Mg_2SiO_4和铁橄榄石Fe_2SiO_4。如果两种组分之间的替代只能在某有限的范围内,那么此时的类质同像就叫不完全类质同像,它相当于不完全固溶体。上述的$(Zn,Fe)S$便是一例,其中的FeS不可超过26%,否则就会导致晶体结构的破坏。从类质同像替代的离子电价是否相等的角度,可以划分出等价类质和异价类质同像两类。等价类质同像指的是替代的质点具有相等的电价,如前述的橄榄石中的Mg^{2+}和Fe^{2+}之间的替代等。异价类质同像就是指相互替代质点的电价不等,如霓辉石$(Na^+,Ca^{2+})(Fe^{3+},Fe^{2+})[Si_2O_6]$中的$Na^+$、$Ca^{2+}$以及$Fe^{3+}$、$Fe^{2+}$替代等。显然,在异价类质同像替代中,为了保持混晶的电中性,替代和被替代的离子电荷总量是相等的。如在霓辉石中,存在$Fe^{2+}+Ca^{2+}\longrightarrow Fe^{3+}+Na^+$这样的替代,以保持电价平衡。

类质同像替代的发生不是任意的,它需要一定的条件。除了取决于代替质点本身的性质,如原子(离子)半径的大小、电价、离子类型、化学键性等内部原因外,还与外部条件,如形成替代时的温度、压力以及介质条件等有关。显然,要使得类质同像发生而又保持晶格稳定,那么相互替代的原子(离子)至少应是几何上相当的。事实上,如果两种原子(离子或分子)的半径差值小于15%,那么它们之间的类质同像就可能发生。对于离子类型和电价相同的质点,它们之间的类质同像替代能力随着半径差别的减小而增加。

在异价类质同像的情况下,类质同像替代的能力主要取决于电荷的平衡,而离子半径大小的影响退居于次要地位。因此,对于异价类质同像替代,离子半径的限制不起主要的作用。如斜长石是钠长石$Na[AlSi_3O_8]$和钙长石$Ca[Al_2Si_2O_8]$相互替代组成的完全固溶体,替代的形式为$Na^++Si^{4+}\longrightarrow Ca^{2+}+Al^{3+}$。其中四次配位$Al^{3+}$和$Si^{4+}$的半径分别为0.39Å和0.26Å,两者差值高达50%,却仍可以发生类质同像替代。

类质同像是矿物中一个极为普遍的现象,它是引起矿物化学成分变化的一个主要原因。

4.3.3 晶体的型变

类质同像替代所引起的矿物化学成分的规律变化,也必然会导致矿物的一系列物理性质(如颜色、光泽、条痕、折光率、比重、硬度、熔点等等)的规律变化。对于结构而言,类质同像的代换,只引起晶格常数或某些物理性质在量上的变化,结构并不被破坏。但类质同像只能在一定条件下产生,超越这些条件的范围将引起晶体结构的改变而形成具有另一种结构型式的物质。将在化学式属于同一类型的化合物中,随着化学成分的规律变化,而引起晶体结构型式的明显而有规律的变化的现象称为型变(morphotropy),亦称晶变。

晶体结构中,类质同像替代原子(离子)的半径差别是引起型变的最主要原因。例如钙钛矿$CaTiO_3$,Ca^{2+}离子的半径为1.00Å,可以被Sr^{2+}离子(半径为1.18Å)以类质同像的方式替代,且在常温常压下稳定存在。虽然两离子半径差异稍大(为18%),但可以形成完全的类质同像系列,直至另外一个端元锶钛矿$SrTiO_3$。写成通式,即为$Ca_{1-x}Sr_xTiO_3(0\leqslant x\leqslant 1)$。在此完全类质同像系列中,随着Sr代替Ca的量逐渐增加,化合物的结构也发生了改变:在$0\leqslant x\leqslant 0.45$的范围内,固溶体$Ca_{1-x}Sr_xTiO_3$是斜方晶系,空间群为$Pbnm$;在$0.45\leqslant x\leqslant 0.65$范围内,结构转变为$Bmmb$,仍属于斜方晶系;在$0.65\leqslant x\leqslant 0.92$范围时,结构转变为四方晶系,空间群为$I4/mcm$;当$x>0.92$的时候,则结构和锶钛矿端元的结构相同,为等轴晶系的$Pm3m$结构。由于$Ca^{2+}\rightarrow Sr^{2+}$的替代而导致上述的型变,就是由于两者离子半径之间的差异所导致的,且这几种空间群之间很相近,存在某种"衍生"或者子群和母群的关系。该例也说明,类质同像和型变现象体现了事物由量变到质变的规律。

晶体结构和物理性质

矿物的物理性质实际上是该矿物的化学组成和结构特性的外在体现。换句话说,矿物的化学组成和结构决定了矿物的物理性质。从一些同质多像变体的实例,如金刚石和石墨,我们可以充分了解,结构类型和化学键种类是决定物理性质的关键因素;有的时候仅考虑结构特点(化学键类型和键力),就能得到矿物所有主要性质的基本特征。这里我们将主要从晶体的对称性以及晶体结构类型与物理性质的关系进行简单说明。

5.1 晶体对称性与物理性质

毫无疑问,晶体的物理性质是与晶体的微观结构密切相关的;反过来说,晶体的对称性必然影响物理性质的对称性,后者指的是晶体同一物理性质在不同方向上规律重复的性质。为了表述晶体的对称与其物理性质的对称是如何联系的,首先引入晶体物理中的一个基本准则,即诺埃曼(Neumann)原则,它可表述为:晶体的任一物理性质所拥有的对称元素,必须包含晶体所属点群的对称元素。也就是说,晶体的物理性质可以而且经常具有比晶体更高的对称性。例如,四方晶系 $4mm$ 点群的晶体铌酸锶钡是一种光学晶体,其光学性质可以用一个以四次轴为光轴的旋转椭球体来表达,此椭球体包含点群 $4mm$ 所有的对称元素,即四次轴和 4 个对称面,但同时椭球体还具有对称心等 $4mm$ 不具有的对称元素。

晶体的物理性质可以用张量表示,所以,讨论晶体本身对称性对物理性质的影响就可简化晶体对称性对张量的影响。

在晶体的 32 种点群中,具有对称心的点群共有 11 种,其他不具有对称心的 21 种点群中,又可以分"极性"和"非极性"两类,如表 5-1 所示。这里将"极性"理解为具有唯一的、不能借助晶体中存在的对称元素而倒反的方向。从这个角度,我们从中心对称和极性两个方面,来讨论晶体的对称性与用张量表示的晶体物理性质之间的关系。对称心的对称变换矩阵,作用于晶体,同样也作用于晶体的物理性质。

表 5-1 晶体点群分类

11 种具有对称心的点群		$\bar{1}, 2/m, 4/m, \bar{3}, \bar{3}m, 6/m, m3, mmm, 4/mmm, 6/mmm, m3m$
21 种没有对称心的点群	极性(10 种)	$1, 2, 3, 4, 6, m, mm2, 3m, 4mm, 6mm$
	非极性(11 种)	$222, \bar{4}, \bar{6}, 23, 432, \bar{4}3m, 422, \bar{4}2m, 32, 622, \bar{6}m2$

对于一阶张量(矢量)而言,它具有很强的方向性,其描述的所有物理性质都是极性的,因而只有具有极性点群的晶体才具有这些性质。例如,描述晶体的热释电效应的方程为

$$\Delta P_i = p_i \Delta T \tag{5-1}$$

式中,ΔT 为晶体温度的微量变化;ΔP_i 为极化矢量的改变;p_i 为晶体的热释电系数,这显然是具有极性的物理量。根据诺埃曼原则,只有 10 种极性晶体(见表 5-1),才可能具有热释电效应。

凡是二阶和四阶张量描述的物理性质,都是中心对称的,所有晶体都具有这种性质。证明这一点很简单,在二阶张量方程式 $P_i = T_{ij} q_j$ 中,将 P 和 q 改变到相反方向上去,则 P_i 和 q_j 的全部分量的符号都要改变,但 T_{ij} 的符号不变,仍然满足这个方程。因此,由张量 T_{ij} 代表的性质的值并没有变化。四阶张量的情形可以完全类似地加以证明。二阶和四阶张量的这一性质,与晶体是否具有对称心无关。也就是说,所有 32 种点群的晶体,都可以具有用二阶和四阶张量描述的性质(其分量不全为零),这并不违背诺埃曼原则。

凡用三阶张量描述的所有性质,都不是中心对称的,因而只有无对称心的晶体才具有这些性质。可以用类似的方法证明这个结论,因为假设三阶张量具有中心对称,则通过对称心的坐标变换矩阵作用,会得到矛盾的结论。根据诺埃曼原则,晶体物理性质的对称元素应当包含晶体的对称要素。因此,凡是具有对称心的 11 种点群的晶体,不可能具有用三阶张量描述的物理性质。只有无对称心的 20 种点群(由于具有点群 432 的晶体对称性高,是个例外)的晶体才能具有这些物理性质,如压电效应、线性电光效应等。

综上所述,物理性质可以具有一定的固有对称,这种对称与晶体具有何种对称无关。但是,根据诺埃曼原则,在给定的晶体中,晶体的物理性质应该包含该晶体的所有对称元素。对任何晶体,只有在其对称元素包括在所研究晶体的物理性质的对称性之内时,该晶体才可能具有该物理性质。

5.2 结构类型与物理性质

5.2.1 结构类型与光性

早在 1931 年,英国晶体物理学家伍斯特(Wooster)就研究了晶体的光性正负和重折射率大小与其内部结构之间的关系,并提出了著名的六条规律。伍斯特的这六条原则,就是对矿物的结构类型与其光性之间关系的描述。伍斯特原则的内容如下:

(1) 层状结构原则　所有层状结构的晶体,除含氢氧根者外,都是负光性的。一个层状结构的晶体沿层的方向原子排列的密度显著地超过垂直层的方向,很自然,垂直方向应该是快光的方向(即 N_p),平行层的方向是慢光的方向(即 N_g 和 N_m)。既然是层状结构,在层的二维方向上一般差异较小,于是存在 $N_g - N_m < N_m - N_p$,所以晶体总是负光性的。几乎所有的层状硅酸盐矿物和铜铀云母类矿物都是负光性的,就证明了伍斯特这条原则的正确性。

(2) 链状结构原则　所有具有平行光轴的链状结构的晶体都是正光性的。在链状结构的晶体中,平行链的方向的原子排列自然是最紧密的(即慢光的方向 N_g),垂直链的方向则是快光的方向(即 N_m 和 N_p),因为 $N_g - N_m > N_m - N_p$,所以总是正光性的。典型例子是金红石,

结构中存在平行四次轴的共棱的[TiO_6]链。与金红石等结构的矿物,如锡石、氟镁石等,也都是正光性的。

(3) 非等轴对称离子团原则　所有强烈非对称离子团,都引起光的重折射,平行该晶体内最短键长方向有较高的折射率。伍斯特指出,三角形的离子团[CO_3]必然引起强烈的重折射率,当晶体内[CO_3]离子团都平行排列的时候,最短键C—O平行于同一平面,这个方向是慢光方向,垂直这个平面是折射率最低的方向,这就是方解石—文石型碳酸盐有很高重折射率和负光性的原因。

(4) 等轴对称离子团原则　所有等轴对称离子团,只引起较低的重折射率。伍斯特认为,[SO_4]、[SiO_4]、[PO_4]、[ClO_4]等四面体离子团是等轴对称离子团,所以硫酸盐、硅酸盐、磷酸盐和高氯酸盐的重折射率都较低,一般小于0.040。

(5) 架状结构原则　伍斯特指出,由等轴对称的离子团[SiO_4]构成的架状硅酸盐有低的重折射率。石英、长石、副长石和沸石都属于这种情况。这是很容易理解的,对称离子团构成的三维架状结构,各方向原子排列从统计观点上看近于相同,所以重折射率必然是低的。

(6) 铁钛影响原则　铁、钛含量较高的矿物有较高的重折射率,但这不是由于结构有显著的非对称性。伍斯特对比了许多矿物,发现含铁、钛多者的重折射率都显著增加。我们可以在光性矿物学的手册中看到,几乎所有含铁、钛的矿物中都存在此规律。

用伍斯特原则解释晶体的光学异向性,有时会产生例外情况。叶大年(1979)通过大量实际资料分析,对伍斯特原则作了补充。其要点为:

(1) 一维性与二维性共存。三维晶体可以分解为一维和二维两个因素。一维性突出时,晶体为正光性,重折射率大,2V角(晶体光学术语,指低级晶族矿物光率体光轴面内两个光轴之间的夹角,也称为光轴角)小;当二维性突出时,晶体为负光性,重折射率大,2V取决于"层"的均一性,均一性强则2V小,反之2V大。

(2) 多种配位多面体的组合形式对光性的影响。不能仅仅注意一种配位多面体的组合形式,而要注意几种多面体的组合形式。伍斯特只注意到同种配位多面体的组合形式,而忽视了不同配位多面体的组合形式。例如,黄长石族矿物,如果把[AlO_4]、[MgO_4]看成与硅氧四面体[SiO_4]等效的话,它们应属于"层状"结构,层由五元环构成。层与层之间填充了Ca离子,Ca的配位多面体又组成汤姆生立方体层。黄长石族矿物均有平行(001)的解理,就是其层状结构的证明。若按照伍斯特原则,黄长石族矿物应为负光性,重折射率大。实际上,它们的重折射率不大,光性有正有负。也就是说,用伍斯特原则无法解释。如果我们注意不同的配位多面体的组合形式,就不难发现,在层状存在的同时,还有由四面体五元环和汤姆生立方体组成的复合链,这种"链"与"层"是势均力敌的,因此,重折射率小,光性可正可负。

(3) 类比分析法。分析晶体结构的二维性和一维性时,切忌主观性,必须采用"类比分析"的方法。这里所说的"类比分析"的方法是指,在不同晶体结构中,类似的复合链或层应有相似的性质。例如,黄长石—硅铍钇矿的例子。对比黄长石和硅铍钇矿的结构就会发现,前者层内密度大于后者。于是就不难解释,为什么黄长石结构的矿物以负光性为主,而硅铍钇矿型结构的光性可正可负,N_g的方向总是垂直层的方向。硅铍钇矿型的矿物2V较大是由于层的对称性较低造成的。

5.2.2 结构与力学性质

矿物的力学性质包括密度、硬度、解理、裂开等等。这些性质显然与矿物的结构关系密切。

对于矿物的密度而言,其大小主要取决于化学成分和结构紧密程度。从化学组成看,矿物组成成分的相对原子质量及离(原)子半径直接影响密度。相对原子质量增大会使矿物质量增加,而一般说来,相对原子质量大的元素其离(原)子半径也大,这时密度的变化就要看相对原子质量和离(原)子半径哪个变化更明显。例如结构类型相同的菱镁矿 $MgCO_3$、方解石 $CaCO_3$ 和菱铁矿 $FeCO_3$ 比较,其阳离子的相对原子质量分别为 24.3、40.1 和 55.8,而离子半径分别为 0.72、1.00 和 0.78Å,密度分别为 3.00、2.71 和 3.96 g/cm³。可以看出,尽管 Ca 比 Mg 的相对原子质量大,但 Ca^{2+} 比 Mg^{2+} 半径增大更显著,所以方解石密度反而比菱镁矿小,而 Fe^{2+} 与 Mg^{2+} 相比,相对原子质量增大更明显,所以菱铁矿密度更大。

结构堆积紧密程度是决定密度的另一个重要因素。无疑结构越紧密,密度越大。结构紧密程度可由原(离)子的配位数反映。配位数越大,结构越紧密。例如碳的两个常见的同质多像变体金刚石和石墨,其中 C 的配位数分别为 4 和 3,前者密度约 3.52 g/cm³,而后者仅约 2.23 g/cm³。结构的紧密程度与矿物的形成条件有关,高温有利于形成配位数低而密度小的矿物,而高压有利于形成配位数高而密度大的矿物。金刚石的形成就需要比形成石墨更高压的条件。

决定矿物硬度大小的主要因素是晶体结构的牢固程度,这与化学键类型及其强度密切相关。一般说来,典型的共价键矿物硬度大,金属键矿物硬度低,范德华键矿物硬度最小,以氢键为主的矿物硬度也很低。例如金刚石具典型的共价键,是目前所知硬度最大的矿物;而分子晶格的自然硫,硬度仅为 1~2;金属键的自然金硬度 2.5~3;以氢键为主的水镁石硬度也仅为 2.5。对于离子晶格的矿物,由于离子键强度随离子性质不同而变化,因而矿物硬度变化较大。其他影响因素还有离子半径(硬度随离子半径减小而增大)、离子电价(电价高,键力强,硬度大)、结构紧密程度(结构越紧密,硬度越大)等。

矿物的解理是矿物在外力作用下,能沿晶格中特定方向的面网发生破裂的固有性质。由于解理是矿物的固有性质,故解理与晶体结构关系密切。由于晶体具有异向性,不同的结晶方向化学键力有差异,在外力作用下,那些键力弱的面网之间就会产生解理,所以解理总是沿着晶体中连接较弱的面网之间发生。一般说来,原子晶格中,若各个键的强度都相等,其解理会平行于网面密度最大的面网出现,因为,网面密度大之面网间距也大,面网间的引力就小,易于发生破裂,如金刚石的{111}解理就是这个方向。在离子晶体中,同号离子相邻的面网以及由异号离子组成的电性中和的面网之间也是容易发生解理的方向,这是由于这种面网之间存在同号离子的斥力或静电引力弱,前者如萤石的{111}解理,后者如石盐的{100}解理。在存在不同化学键类型的晶体中,解理平行于化学键力最强的方向出现,如石墨为层状结构,层内的 C—C 键是很强的共价键和 π 键,而层间则为很弱的范德华键,因此石墨的解理就沿{0001}平行层的方向产生。对于金属晶格的矿物,由于其原子之间通过弥漫整个晶格的自由电子联系,受力后晶体易于发生晶格滑移而不致引起断键,所以,延展性良好的金属矿物都没有解理,如自然金、自然铜等。

矿物受外力作用时,能发生弯曲形变而不断裂,外力撤除后又能恢复原状的性质称为弹性;而外力撤除后,不能恢复原状的性质称为挠性。弹性和挠性在一些片状和纤维状矿物中表现明显,如云母、石棉等具有弹性,而石墨、辉钼矿、蛭石、水镁石等具有挠性。具有明显的弹性和挠性的矿物应具有层状或链状结构,而表现为弹性还是挠性与结构层或链之间键力的强弱有关。如果键力较强,矿物将表现为脆性;若键力较弱但又有一定强度,如离子键,则矿物在受力时,层或链之间可以发生相对的晶格位移,当外力撤去后,其键力可以使之恢复原状,就表现为弹性;若键力很弱,如分子键,则矿物变形后将无力促使晶格复原,从而表现为挠性。

矿物在外力拉引或煅压下,能形成细丝或薄片而不断裂的性质称为延展性。延展性是金属键矿物的特征之一。由于金属晶格内部以金属键连接金属原子,其化学键无方向性,同时其化学组成和晶体结构都很简单,对称程度高,这使得金属晶格矿物在外力作用下,容易发生晶格滑移,一系列的晶格滑移使得晶格伸长或变薄,并能保持结构上的完整性而不断裂。如自然金、自然银、自然铜等都有良好的延展性。其他晶格的矿物,如一些硫化物也具有一定的延展性。延展性通常会随温度升高而增强。如常温下表现为脆性的石英,在高温下也会表现出较大的延展性。

5.2.3 晶格类型与物理性质

事实上,不同晶格类型的矿物,其物理性质也存在着显著的差异。我们将不同晶格类型的化学键性和结构特点与其物理性质之间的关系,简单总结于表5-2。

表5-2 晶格类型、键性、结构和物理性质的关系

	离子晶体	共价晶体	金属晶体	分子晶体
键性	由阴阳离子之间的静电力维系;无饱和性,无方向性;键力中等至强,主要取决于离子的半径和电价	由共用电子对维系;有饱和性和方向性;键力中等至强,主要取决于原子间距和极化强度	由弥散的自由电子维系;无饱和性,无方向性;键力一般较弱	由分子的偶极之间的引力维系;无饱和性,无方向性;键力一般较弱
结构特点	一般阴离子呈密堆积,阳离子充填空隙,配位数较高,主要取决于阴阳离子半径比	原子一般不呈密堆积,配位数偏低,取决于键的饱和性和方向性	原子通常呈最紧密堆积,具有最高或高配位数	非球形分子作密堆积
光学性质	透明,折射率低至中等,反射率低	透明,折射率中等至高,反射率中等偏低	不透明,反射率高	与其分子处于气态或液态时的性质相同
电学性质	中等绝缘体,成熔体时导电	良绝缘体,成熔体时也不导电	良导体	绝缘体
热学性质	熔点高,热膨胀系数小	熔点高,热膨胀系数小	熔点高低不一,热膨胀系数小	熔点低,易升华,热膨胀系数大
力学性质	硬度中等至高	硬度中等至高,典型共价晶格具有很高的硬度	硬度一般较低,延展性较好	硬度低

6 自然元素及类似物

6.1 单质

6.1.1 配位基型

自然铜 Copper Cu

立方晶系，空间群 $Fm3m$(no. 225)；$a=3.6130Å$，$b=3.6130Å$，$c=3.6130Å$，$α=β=γ=90°$，$Z=4$。

铜红色，表面常因氧化呈棕黑色，条痕铜红色，金属光泽，不透明。无解理，锯齿状断口，硬度 2.5～3，比重 8.4～8.95，具强延展性。导电、导热性良好。

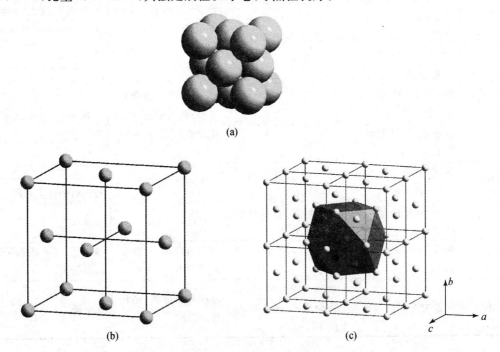

图 6-1 自然铜的晶体结构

(a) 密堆积模式；(b) 球棍模式；(c) 8 个单胞，中心为 Cu 的配位多面体，12 次配位的立方八面体

自然铜为一典型结构。结构中 Cu 占据立方单胞的角顶和面心，Cu 呈立方最紧密堆积，即 ABCABC…式堆积，堆积方向为立方单胞的[111]。每个 Cu 原子周围都和 12 个相同的 Cu 原子连接，配位多面体为立方八面体。立方最紧密堆积的空间占有率约为 74.05%。

等结构矿物：自然金 Au Gold，自然银 Ag Silver，自然铅 Pb Lead，自然铝 Al Aluminum，自然铂 Pt Platinum，自然铱 Ir Iridium，自然铑 Rh Rhodium，自然钯 Pd Palladium，自然镍 Ni Nickel。

自然锇　Osmium　Os

六方晶系，空间群 $P6_3/mmc$ (no.194)；$a=2.7341$Å，$c=4.3197$Å，$\alpha=\beta=90°$，$\gamma=120°$，$Z=2$。

颗粒度通常小于 1 mm。暗灰色，金属光泽。硬度在 6.25～6.5 之间，性脆。自然锇在我国产于超基性岩铬铁矿型铂矿床的原生矿及砂矿，以及基性-超基性岩钛磁铁矿矿床中。

自然锇的结构中，Os 呈六方最紧密堆积，即 ABAB…式堆积，堆积方向为[0001]。Os 原子的配位数也为 12，但其配位多面体为反立方八面体。六方最紧密堆积的空间占有率约为 74.05%。

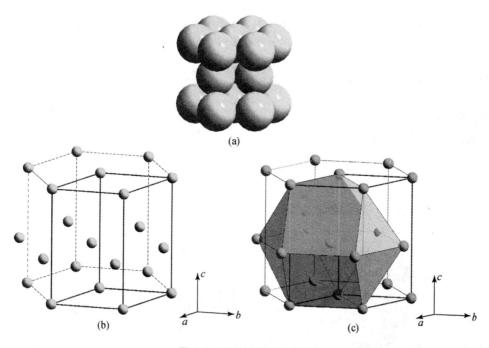

图 6-2　自然锇的晶体结构
(a) 密堆积模式；(b) 球棍模式，粗线条表示单胞大小；(c) 显示其 12 次配位的反立方八面体

等结构矿物：自然钌 Ru Ruthenium，钌铱锇矿 (Ir, Os, Ru) Rutheniridosmine，自然锌 Zn Zinc，自然镉 Cd Cadmium。

自然铁 Iron Fe

立方晶系,空间群 $Im3m$(no.229);$a=b=c=2.8860$Å,$α=β=γ=90°$,$Z=2$。

钢灰色至铁黑色,条痕钢灰色,新鲜断口呈金属光泽。硬度 4,比重 7.3~7.87,具有延展性和强磁性。能溶于盐酸和硝酸,在空气中易被氧化。

自然铁的结构中,Fe 占据立方单胞的角顶和体心,呈立方体心式的密堆积,堆积方向为 [111]。此种密堆积的空间占有率约为 68.02%,较立方和六方最紧密堆积的空间占有率 (74.05%)稍低。结构中 Fe 的配位数为 8,配位多面体为立方体。

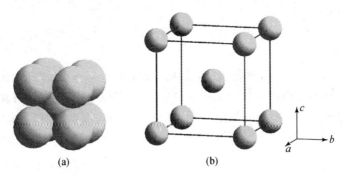

图 6-3 自然铁的晶体结构

(a)密堆积模式;(b)球棍模式,线条表示单胞大小

等结构矿物:自然钼 Mo Molybdenum,自然钨 W Tungestun。

自然镧 Lanthanum La

六方晶系,空间群 $P6_3/mmc$ (no.194);$a=b=3.770$Å,$c=12.1300$Å,$α=β=90°$,$γ=120°$,$Z=4$。

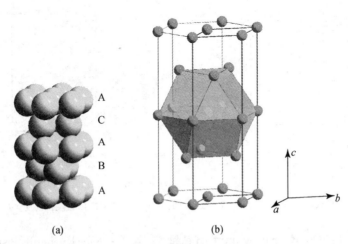

图 6-4 自然镧的晶体结构

(a)密堆积模式,显示沿[0001]方向的 ABACABAC…堆积顺序;(b)球棍模式,显示其 12 次配位的立方八面体配位多面体

银白色。有延展性,密度 6.7。熔点 920℃,沸点 3469℃。化学性质活泼,能与水作用。易溶于稀酸,在空气中易氧化。加热能燃烧生成氧化物和氮化物,在氢气中加热生成氢化物。

自然镧具有特殊的密堆积结构,其密堆积层的堆积形式为 ABACABAC…,堆积方向为[0001]。结构中 La 的配位数为 12,配位多面体为立方八面体。

6.1.2 环状基型

自然硫 Sulphur S

斜方晶系,空间群 $Fddd$(no. 70);$a=10.4646$Å,$b=12.8660$Å,$c=24.4860$Å,$\alpha=\beta=\gamma=90°$,$Z=16$。

黄色,因含杂质常带各种不同色调,条痕白色或淡黄色,晶面金刚光泽,断面油脂光泽。贝壳状断口,解理不完全,硬度 1~2。熔点低,易燃,有硫臭味。

自然硫有三个同质多像变体,即斜方晶系的 α-硫及单斜晶系的 β-硫和 γ-硫。常温常压条件下只有 α-硫稳定。通常所说的自然硫即指 α-硫。自然硫为分子结构。晶体结构中 8 个 S 原子以共价键连接,组成环状硫分子 S_8,16 个这样的 S_8 分子彼此以微弱的范德华键联系,组成自然硫的单位晶胞。在 S_8 分子环内部,S—S 之间以共价键连接,相邻 S—S 键长约 2.05Å,相间 S 原子的间距约 3.31Å。

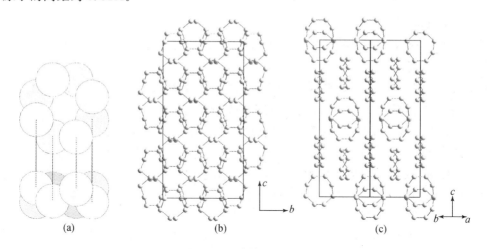

图 6-5 α-硫的晶体结构

(a) S_8 分子的八原子环,上面是顶视图,下面是侧视图;(b) α-硫晶体结构平行(100)面的投影;
(c) α-硫晶体结构平行(110)面的投影

6.1.3 链状基型

自然硒 Selenium Se

三方晶系,空间群 $P3_12$(no. 152);$a=3.910$Å,$c=5.080$Å,$\alpha=\beta=90°$,$\gamma=120°$,$Z=3$。

灰色,红色条痕,金属光泽。晶体易弯曲,具挠性,硬度 2.25~3,比重 4.8。

图 6-6 为自然硒的晶体结构。Se 原子之间以 sp^2 杂化的共价键相连,沿 c 轴呈螺旋状链。链内 Se 原子间距为 2.39Å,链间最短 Se 原子间距为 3.095Å,链之间以范德华键相连。

等结构矿物:自然碲 Te Tellurium。

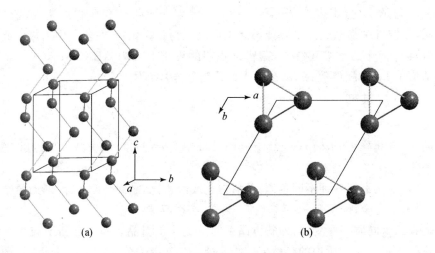

图 6-6 自然硒的晶体结构
(a) Se 原子沿 c 轴呈螺旋状链；(b) 沿 c 轴投影，螺旋状链投影为三角形

6.1.4 层状基型

石墨　Graphite　C

六方晶系，空间群 $P6_3/mmc$（no.194）；$a=2.464\text{Å}$，$c=6.711\text{Å}$，$\alpha=\beta=90°$，$\gamma=120°$，$Z=4$。

铁黑至钢灰色，条痕光亮黑色，金属光泽，隐晶集合体呈土状光泽，不透明。硬度 1～2，性软，有滑腻感，染指，比重 2.09～2.23。具有良好的导电性。

石墨是典型的层状结构，C 原子 sp^2 杂化构成 C 原子的六方网状层。层内 C 原子的配位数为 3，C—C 之间以共价键为主，键长 1.42Å，层与层之间以范德华键相连，间距 3.40Å。通常石墨有 2H 和 3R 两种多型，2H 型石墨结构中，第三层碳原子位置与第一层的重复，而 3R 型石墨中，第四层碳原子位置才与第一层的重复。

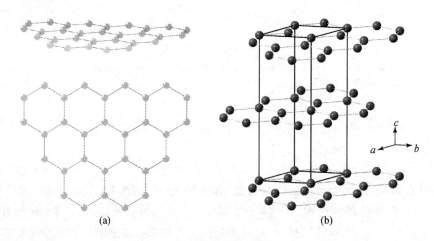

图 6-7 石墨的晶体结构
(a) 石墨结构中的碳原子层，排列成六方网状层，上图为侧视图，下图为顶视图；(b) 2H 型石墨的晶体结构

自然砷 Arsenic As

三方晶系,空间群 $R\bar{3}m$ (no.166);$a=b=3.7598$Å,$c=10.5475$Å,$\alpha=\beta=90°$,$\gamma=120°$,$Z=6$。

新鲜面为锡白色,在空气中逐渐变暗黑,条痕锡白色。硬度 3.5,比重 5.63~5.78,性脆,断口参差状。

As 原子形成平行(0001)面的波状层。波状层内 As—As 之间为共价键,键长约 2.52Å,As 原子形成三方单锥状的配位多面体;层间为共价-金属键相连,键长约 3.76Å。整个结构可视为 NaCl 型结构的畸变,沿 NaCl 的三次轴变形而来。

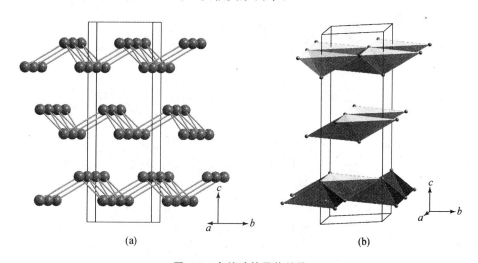

图 6-8 自然砷的晶体结构

(a) As 原子形成平行(0001)面的波状层;(b) As 原子波状层可视为指向相反的三方锥状配位多面体的组合

等结构矿物:自然锑 Sb Antimony,自然铋 Bi Bismuth,砷锑矿 SbAs Stibarsen,锑锡矿 SnSb Stistaite。

6.1.5 架状基型

金刚石 Diamond C

等轴晶系,空间群 $Fd3m$(no.227);$a=b=c=3.567$Å,$\alpha=\beta=\gamma=90°$,$Z=8$。

无色透明,通常带深浅不同的黄褐色调,也有少数呈蓝、黄、褐、粉红和黑色者,强色散,折射率 $N=2.40$~2.48。平行{111}解理中等,硬度 10,比重 3.50~3.52,性脆。导热性良好。

金刚石的结构为典型结构,具有立方面心晶胞。碳原子除位于立方体晶胞的 8 个角顶和 6 个面的中心外,在立方体被分割出的 8 个小立方体中心有一半也相间分布有 C 原子。每个碳原子与周围 4 个碳原子以 sp^3 杂化结合成相同的共价键,原子间距 1.54Å,键角 109°28′16″。

等结构矿物:自然硅 Si Silicon。

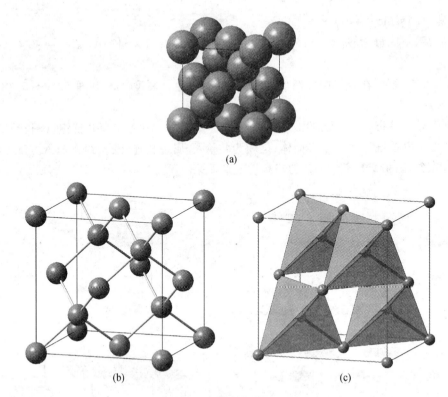

图 6-9 金刚石的晶体结构

(a)密堆积形式,实线表示单胞大小;(b)原子-化学键模式;(c)多面体形式,显示 C 原子四面体配位多面体

6.2 碳化物、硅化物、磷化物

6.2.1 配位基型

硅铁矿 Fersilicite FeSi

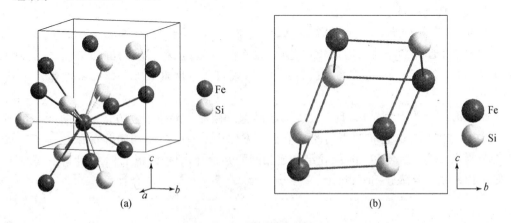

图 6-10 硅铁矿的晶体结构

(a)显示 Fe 原子有 6 个 Fe 和 7 个 Si 原子与之配位;(b)沿 b 轴投影,单胞内有 4 个 Fe 和 4 个 Si,连接成似菱面体形状

等轴晶系,空间群 $P2_13$ (no. 198);$a=b=c=4.495$Å,$\alpha=\beta=\gamma=90°$,$Z=4$。

锡白色,不透明,金属光泽。无解理,断口贝壳状,性脆。硬度 6.5,比重 6.18。

在硅铁矿的结构中,Fe 原子周围有 6 个 Fe 和 7 个 Si 与之配位,Fe—Fe 键长为 2.756Å,Fe—Si 键长有 3 种,分别为 2.52Å(3 个)、2.346Å(3 个)和 2.288Å。单胞内 4 个 Fe 和 4 个 Si 连接成似菱面体形状。自然界中存在四方晶系的变体四方硅铁矿(Ferdisilicite)。

磷铁矿　Barringerite　Fe$_2$P

六方,空间群 $P\bar{6}2m$ (no. 189);$a=b=5.868$Å,$c=3.456$Å,$\alpha=\beta=90°$,$\gamma=120°$,$Z=3$。

灰白色,不透明,金属光泽。密度 6.92。

磷铁矿是陨石矿物。在其晶体结构中,P 原子周围有 9 个 Fe 原子与之配位,Fe—P 键长为 2.29Å(7 个)和 2.382Å(2 个),[PFe$_9$]多面体彼此间共棱连接。Fe 的配位多面体有两类,分别为[FeP$_4$]四面体(Fe—P 键长为两个 2.29Å 和两个 2.218Å)和[FeP$_5$]正四方锥(Fe—P 键长为 4 个 2.482Å 和一个 2.382Å)。

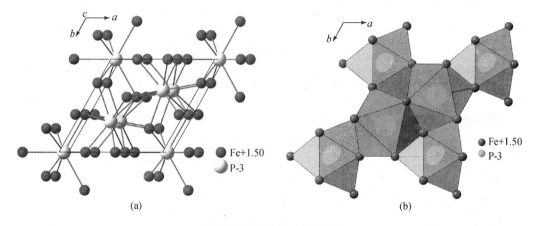

图 6-11　磷铁矿的晶体结构

(a) 显示 P 原子周围有 9 个 Fe 原子与之配位;(b) 沿 c 轴投影,显示[PFe$_9$]配位多面体共棱连接

6.2.2　层状基型

陨碳铁矿　Cohenite　Fe$_3$C

斜方晶系,空间群 $Pnma$ (no. 62);$a=5.090$Å,$b=6.748$Å,$c=4.523$Å,$\alpha=\beta=\gamma=90°$,$Z=4$。

锡白色,不透明,反射率高。具有{010}解理,性脆,硬度 6~6.5,比重 7.68。具强磁性。

晶体结构特点为 CFe$_6$ 呈似三方柱状,彼此之间以两棱和两角顶连接,形成平行{010}的似三方柱状层,故而可出现{010}解理。

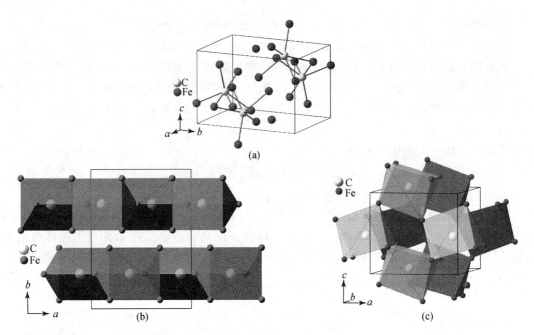

图 6-12 陨碳铁矿的晶体结构

(a) C 原子与 6 个 Fe 原子构成似三方柱状配位多面体；(b) 沿 c 轴投影,CFe_6 似三方柱连接成层平行 (010)；(c) 相邻 CFe_6 似三方柱共棱和共角顶连接,深色和浅色多面体表示在 b 轴方向不同高度的似三方柱层

陨磷铁矿　Schreibersite　$(Fe,Ni)_3P$

四方,空间群 $I\bar{4}$(no.82);$a=b=9.081$Å, $c=4.4631$Å, $\alpha=\beta=\gamma=90°$, $Z=8$。

银白色至锡白色,不透明,强金属光泽。解理{001}完全,性脆,硬度 6.5~7,比重 7~7.8。具强磁性。

陨磷铁矿的结构中,P 原子周围有 9 个 Fe、Ni 原子与之配位,P—(Fe,Ni)键长在 2.303~2.401Å 之间。相邻[P(Fe,Ni)$_9$]多面体共一个三角形面和角顶连接。

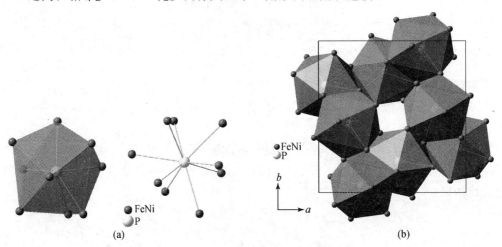

图 6-13 陨磷铁矿的晶体结构

(a)[PFe_9]配位多面体(左侧)和配位原子的分布；(b)[PFe_9]配位多面体共面和共角顶连接

7 硫化物及其类似化合物

7.1 配位基型

红砷镍矿　Nickeline (Niccolite)　NiAs

六方晶系,空间群 $P6_3/mmc$(no.194);$a=b=3.619$Å,$c=5.025$Å,$\alpha=\beta=90°$,$\gamma=120°$,$Z=2$。

淡铜红色,常具灰、黑锈色,条痕褐黑色,不透明,金属光泽。解理平行$\{10\bar{1}0\}$不完全,断口不平坦,性脆,硬度 5~5.5,比重 7.6~7.8。导电性好。

可视为阴离子作六方密堆积,阳离子充填八面体空隙。配位八面体上下共面连接,平行 c 轴连接成直线形链。阴离子呈六次配位,其配位多面体为三方柱。

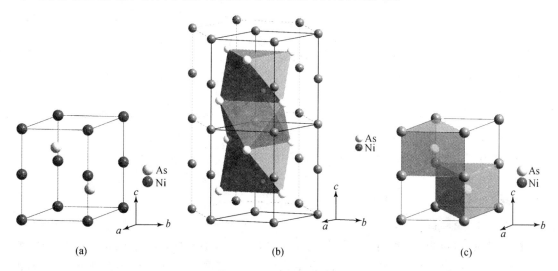

图 7-1　红砷镍矿晶体结构

(a) 单胞内的原子排布;(b) 显示[NiAs$_6$]配位八面体沿 c 轴方向共面连接呈链状,实线示单胞;(c) 显示[AsNi$_6$]三方柱配位多面体在单胞中的分布

等结构矿物:砷镍钴矿(Ni,Co)As Langisite,红锑镍矿 NiSb Breithauptite,块硫钴矿 CoS Jaipurite,硒铁矿 FeSe Achavalite,六方硒钴矿 CoSe Freboldite,伊碲镍矿 NiTe Imgreite,黄碲钯矿 PdTe Kotulskite,六方锡铂矿 PtSn Niggliite,六方锑钯矿 PdSb Sudburyite,陨硫铁 FeS Troilite。

闪锌矿　Sphalerite　ZnS

等轴晶系,空间群 $F\bar{4}3m$(no.216);$a=b=c=5.434$Å,$\alpha=\beta=\gamma=90°$,$Z=4$。

颜色变化较大,由无色到浅黄、棕褐至黑色,视其成分中含铁量的增多而变深,也有呈绿、红、黄等色,条痕由白色至褐色,金刚光泽至半金属光泽,透明至半透明。解理{110}完全,硬度 3～4.5,比重 3.9～4.2。不导电。

立方面心格子,Zn^{2+} 离子分布于晶胞之角顶及面心,S^{2-} 离子位于晶胞所分成的四个 1/8 小立方体的中心。从配位多面体角度,闪锌矿结构可视为 S^{2-} 离子作立方密堆积,Zn^{2+} 离子位于半数四面体空隙中,ZnS_4 四面体共角顶连接。Zn—S 键长约 2.35Å,为具有 sp^3 杂化特征的共价键。因此,不能用离子晶体的阴阳离子半径比值来衡量其配位多面体。

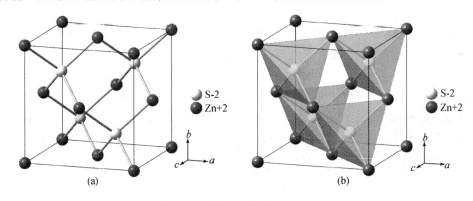

图 7-2　闪锌矿晶体结构

(a) 显示一个单胞内的原子排布;(b) Zn 和 S 的配位数均为 4,图中显示一个单胞内 [Zn_4S]配位四面体共角顶连接

等结构矿物:方硫镉矿 CdS Hawleyite,黑辰砂 HgS Metacinnabar,方硒锌矿 ZnSe Stilleite,硒汞矿 HgSe Tiemannite,碲汞矿 HgTe Coloradoite,铜盐 CuCl Nantokite,碘铜盐 CuI Marshite,黄碘银矿 AgI Miersite。

黄铜矿　Chalcopyrite　CuFeS$_2$

四方晶系,空间群 $I\bar{4}2d$ (no.122);$a=b=5.289$Å,$c=10.423$Å,$\alpha=\beta=\gamma=90°$,$Z=4$。

黄铜绿色,绿黄色,常带有杂斑状锖色,绿黑色条痕,不透明,金属光泽。解理{112}和{101}不完全,贝壳状至不平坦状断口,性脆,硬度 3～4,比重 4.1～4.3。导电性良好,随着温度上升,电阻率降低。

黄铜矿结构与闪锌矿结构类似,若将闪锌矿结构中的 Zn 换成是 Cu 和 Fe,且两者有序分布,即为黄铜矿结构,其单胞好似两个闪锌矿晶胞叠加而成。也可视为 S 作密堆积,Cu 和 Fe 占据半数的四面体空隙。黄铜矿在 550℃时形成高温同质多像变体,结构中 Cu 和 Fe 无序分布,此时与闪锌矿等结构。

等结构矿物：硫镓铜矿 CuGaS$_2$ Gallite，硫铟铜矿 CuInS$_2$ Roquesite，AgInS$_2$ Laforetite（无中文译名，下文同）。

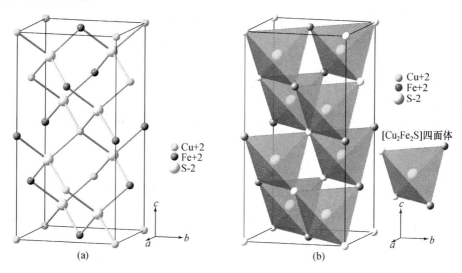

图 7-3　黄铜矿的晶体结构
(a) 单胞内的原子排布；(b) 显示单胞内共角顶连接的[Cu$_2$Fe$_2$S]四面体

黄锡矿　Stannite　Cu$_2$FeSnS$_4$

四方晶系，空间群 $I\bar{4}2m$ (no.121)；$a=b=5.46$Å，$c=10.725$Å，$\alpha=\beta=\gamma=90°$，$Z=2$。

微带橄榄绿色调的钢灰色，黑色条痕，不透明，金属光泽。解理{110}和{001}不完全，不平坦状断口，性脆，硬度3～4，比重4.3～4.52。

黄锡矿与黄铜矿结构类似，可视为黄铜矿结构中半数的 Fe 被 Sn 替代，垂直 c 轴方向 Sn 原子层和 Cu 原子层相间排列。黄锡矿在高温条件下(大于420℃)，Cu，Sn 和 Fe 原子完全无序，形成等轴黄锡矿($a=10.35$Å)，此时与闪锌矿等结构。

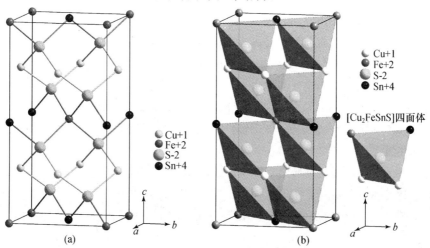

图 7-4　黄锡矿的晶体结构
(a) 单胞内的原子排布；(b) 显示单胞内共角顶连接的[Cu$_2$FeSnS]四面体

等结构矿物：锌黄锡矿 Cu_2ZnSnS_4 Kesterite，银黄锡矿 Ag_2FeSnS_4 Hocartite，灰锗矿 $Cu_2(Fe,Zn)GeS_4$ Briartite，硫锡铜矿 Cu_3SnS_4 Kuramite，铜镉黄锡矿 Cu_2CdSnS_4 Cernyite。

纤锌矿　Wurtzite　ZnS

六方晶系，空间群 $P6_3mc$ (no.186)；$a=b=3.777$Å，$c=6.188$Å，$\alpha=\beta=90°$，$\gamma=120°$，$Z=2$。

浅色至棕色和浅褐黑色，条痕白色至褐色，油脂光泽。解理$\{11\bar{2}0\}$完全，$\{0001\}$不完全，性脆，硬度 3.5～4，比重 4.0～4.1。

纤锌矿结构中 S^{2-} 作六方最紧密堆积，Zn^{2+} 占据 1/2 四面体空隙，Zn^{2+} 和 S^{2-} 离子的配位数均为 4。结构可视为由 Zn^{2+} 和 S^{2-} 离子各一套六方格子穿插而成。规则的 $[ZnS_4]$ 四面体彼此以 4 个角顶连接，形成方位相同的四面体层。具有纤锌矿结构的物质在热释电、半导体等领域具有广泛的用途。纤锌矿多型复杂，有 $2H$、$4H$、$6H$、$8H$、$3R$、$9R$、$12R$、$15R$ 等。

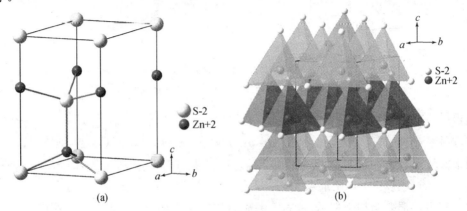

图 7-5　纤锌矿的晶体结构
(a) 实线示单胞，Zn 和 S 皆呈四次配位；(b) $[ZnS_4]$ 四面体方位相同，呈层状特征

等结构矿物：硫镉矿 CdS Greenockite，硒镉矿 CdSe Cadmoselite，红锌矿 ZnO Zincite，铍石 BeO Bromellite，碘银矿 AgI Iodargyrite，碳硅石 SiC Moissanite。

镍黄铁矿　Pentlandite　$(Fe,Ni)_9S_8$

等轴晶系，空间群 $Fm3m$ (no.225)；$a=b=c=10.093$Å，$\alpha=\beta=\gamma=90°$，$Z=4$。

古铜黄色，条痕绿黑色，金属光泽。解理平行$\{111\}$完全，性脆，硬度 3～4，比重 4.5～5.0。无磁性，导电性强。

镍黄铁矿结构中 S^{2-} 作立方最紧密堆积，化学式中 9 个阳离子中的 8 个充填半数的四面体空隙，配位数为 4；另外一个阳离子充填八面体空隙，配位数为 6。整个结构可视为$[(Fe,Ni)S_6]$八面体和$[(Fe,Ni)S_4]$四面体组成的星射体，按照 NaCl 型结构作规律性交替排列而成。S 的配位数有 4 和 5 两种。

等结构矿物：钴镍黄铁矿 $(Co,Ni,Fe)_9S_8$ Cobaltpentlandite，银镍黄铁矿 $Ag(Ni,Fe)_8S_8$ Argentopentlandite，硫铁铅矿 $(Pb,Cd)(Cu,Fe)_8S_8$ Shadlunite，硫铜锰矿 $(Mn,Pb)(Cu,$

Fe)$_8$S$_8$ Manganese-shadlunite,盖硒铜矿（Cu,Fe,Ag)$_9$(Se,S)$_8$ Geffroyite。

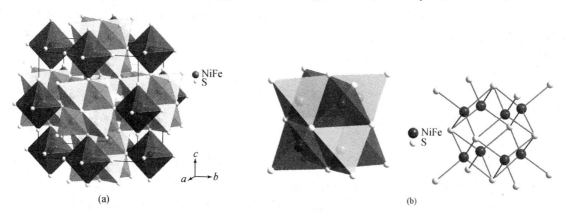

图 7-6　镍黄铁矿的晶体结构

(a) 在一个立方体单胞（实线）内，[(Fe,Ni)S$_6$]八面体分布在棱中间，而[(Fe,Ni)S$_4$]四面体组成的星射体分布在单胞的面心；(b) 镍黄铁矿结构中的[(Fe,Ni)S$_4$]四面体星射体，由8个共棱连接的[(Fe,Ni)S$_4$]四面体组成

7.2　岛状基型

黄铁矿　Pyrite　FeS$_2$

等轴晶系，空间群 $Fa3$（no.205）；$a=b=c=5.3900$Å，$\alpha=\beta=\gamma=90°$，$Z=4$。

浅黄铜色，表面常带有黄褐锈色，条痕绿黑色，不透明，金属光泽。无解理，断口参差状，性脆，硬度 6～6.5，比重 4.9～5.27。

黄铁矿结构中，Fe 占据立方体晶胞的角顶与面心，S 原子组成哑铃状的对硫 S_2^{2-}，其中心位于立方体中心和晶胞棱的中心。对硫 S_2^{2-} 离子的轴向与相当于单胞 1/8 小立方体对角线方向一致，但彼此不切割。Fe 呈六次配位形成配位八面体共角顶连接，而 S 的配位数为 3。黄铁矿结构与 NaCl 结构类似，不同的是其哑铃状的对硫 S_2^{2-} 和 Fe^{2+} 代替了后者的 Cl^- 和 Na^+。

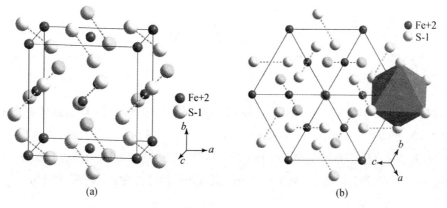

图 7-7　黄铁矿的晶体结构

(a) 立方体单胞（实线），虚线示 S—S 共价键；(b) 沿(111)的投影，显示了配位多面体的形状

等结构矿物：方硫镍矿 NiS_2 Vaesite，方硫钴矿 CoS_2 Cattierite，褐硫锰矿 MnS_2 Hauerite，硫钌矿 RuS_2 Laurite，硒铜镍矿 $(Ni,Co,Cu)Se_2$ Penroseite，硬硒钴矿 $CoSe_2$ Rogtalite，方硒铜矿 $CuSe_2$ Krutaite，方锑金矿 $AuSb_2$ Aurostibite，砷铂矿 $PtAs_2$ Sperrylite，锑铂矿 $Pt(Sb,Bi)_2$ Geversite，马营矿 IrBiTe Mayingite。

白铁矿 Marcasite FeS_2

斜方晶系，空间群 $Pnnm$(no.58)；$a=4.4430Å$，$b=5.4240Å$，$c=3.3860Å$，$α=β=γ=90°$，$Z=2$。

淡黄铜色，稍带浅灰或浅绿的色调，条痕暗灰绿色，不透明，金属光泽。解理平行{101}不完全，断口参差状，性脆，硬度 6~6.5，比重 4.85~4.9。

白铁矿的晶体结构表现为 Fe 占据斜方晶胞的角顶与体心，配位数为 6；哑铃状 S_2^{2-} 的轴向平行于(001)面，其二端近乎位于 Fe^{2+} 围成的两个三角形的中点，S 的配位数为 3。白铁矿结构也可视为 S_2^{2-} 呈立方密堆积(若单独考虑 S 原子的堆积，则其类似于六方密堆积)，密堆积方向平行(010)，Fe 占据八面体中心。与黄铁矿相比，其 S—S 间距增大为 2.21Å(黄铁矿的为 2.10Å)、Fe—S 间距变小(黄铁矿的为 2.26Å)。因此，虽然白铁矿与黄铁矿具有十分相似的八面体配位关系，但晶体结构的对称程度却完全不同。

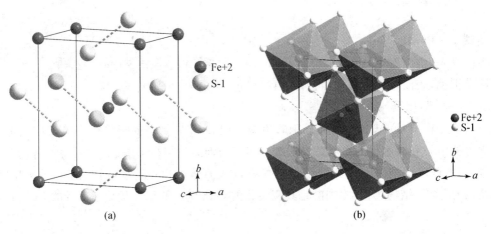

图 7-8 白铁矿的晶体结构

(a) Fe 原子位于立方体单胞(实线)的角顶和体心，虚线示 S—S 共价键；(b) 显示[FeS_6]八面体共角顶连接，虚线示 S—S 共价键

等结构矿物：白硒铁矿 $FeSe_2$ Ferroselite，白硒钴矿 $CoSe_2$ Hastite，斜方碲铁矿 $FeTe_2$ Frohbergite，斜方碲钴矿 $CoTe_2$ Mattagamite，斜方硒镍矿 $NiSe_2$ Kullerudite，峨眉矿 $(Os,Ru)As_2$ Omeiite，安多矿 $(Ru,Os)As_2$ Anduoite，斜方砷铁矿 $FeAs_2$ Lollingite，斜方锑铁矿 $(Fe,Ni)(Sb,As)_2$ Seinajokite，斜方砷镍矿 $NiAs_2$ Rammelsbergite，斜方锑镍矿 $NiSb_2$ Nisbite。

毒砂 Arsenopyrite FeAsS

单斜晶系，空间群 $C2_1/d$ (no.14)；$a=6.5456Å$，$b=9.451Å$，$c=5.6492Å$，$α=γ=90°$，

$\beta=89.84°$, $Z=8$。

锡白色，表面常带浅黄的锈色，条痕灰黑，不透明，金属光泽。解理平行{101}和{010}不完全，性脆，硬度5.5~6，比重5.9~6.3。锤击之发蒜臭味，灼烧后具有磁性。

毒砂与白铁矿的晶体结构相似，可视为[AsS]$^{2-}$作密堆积，Fe充填八面体空隙。As—S以共价键连接成对，其轴向平行(100)。Fe的配位数为6，由3个S和3个As围绕构成畸变的配位八面体，[FeAs$_3$S$_3$]配位八面体共棱沿a轴方向延伸成链，链间则共角顶连接。

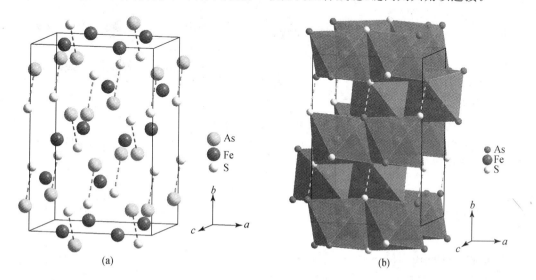

图7-9 毒砂的晶体结构

(a)实线示单胞，虚线示As—S共价键，其轴向平行(100)；(b)[FeAs$_3$S$_3$]配位八面体共棱沿a轴方向延伸成链，链间则共角顶连接

等结构矿物：硫锑铁矿 FeSbS Gudmundite。

7.3 环状基型

雄黄 Realgar AsS

单斜晶系，空间群$P2_1/n$ (no.14)；$a=9.27$Å，$b=13.5$Å，$c=6.56$Å，$\alpha=\gamma=90°$，$\beta=106.62°$，$Z=16$。

橘红色，条痕淡橘红色，晶面金刚光泽，断面树脂光泽，透明-半透明。解理平行{010}完全，性脆，硬度1.5~2，比重3.56。

雄黄具有与自然硫类似的分子构型，由As$_4$S$_4$构成环状分子，环内As与S以共价键相联系，环间则以范德华键连接。对于As$_4$S$_4$分子，4个S排列成四边形，4个As呈四面体状，S四边形和As四面体的中心重合，每个S与两个As成键，每个As与两个S和一个As相连。

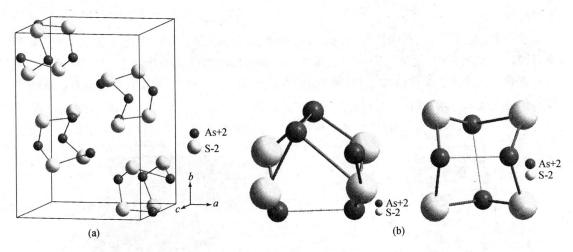

图 7-10 雄黄的晶体结构

(a) 结构的基本单元是 As_4S_4 分子,实线示单胞;(b) 雄黄结构中的 As_4S_4 分子,4 个 S 排列的正方形和 4 个 As 构成的四面体中心重合

7.4 链状基型

辉锑矿　Stibnite　Sb_2S_3

斜方晶系,空间群 $Pbnm$ (no.62);$a=11.25$Å,$b=11.33$Å,$c=3.83$Å,$\alpha=\beta=\gamma=90°$,$Z=4$。

铅灰色,表面常带有暗蓝锖色,条痕黑色,不透明,金属光泽。解理平行$\{010\}$完全,解理面上常有横的聚片双晶纹,性脆,硬度 $2\sim2.5$,比重 $4.51\sim4.66$。

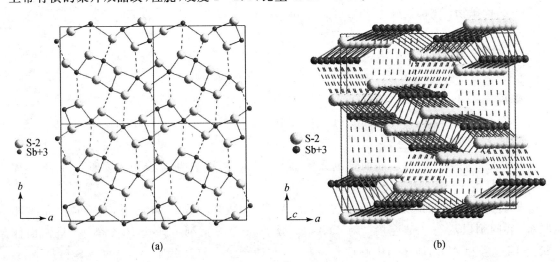

图 7-11 辉锑矿的晶体结构

(a) 沿 c 轴投影,方框示 4 个单胞,实线示 Sb—S 键长较短,虚线表示 Sb—S 键长较长;(b) 显示 $[SbS_3]$ 链带成层沿 c 轴延伸,链带之间键力较弱

辉锑矿结构为由紧密衔接的[SbS₃]三方锥构成锯齿状链平行于 c 轴排列,链内 S 与 Sb 为较强的离子-金属键联系,而链间以较弱的范德华键联系。链带平行(010)排列成层,因而表现出平行于链体方向的完全解理{010},晶体的形态亦呈沿链体方向延伸的平行 c 轴的柱状。

等结构矿物:辉铋矿 Bi_2S_3 Bismuthinite,硒锑矿 Sb_2Se_3 Antimonselite,硒铋矿 Bi_2Se_3 Guanajuatite。

辰砂　Cinnabar　HgS

三方晶系,空间群 $P3_12$ (no. 152); $a=b=4.146$ Å, $c=9.497$ Å, $\alpha=\beta=90°$, $\gamma=120°$, $Z=3$。

鲜红色,表面常见铅灰的锖色,条痕红色,金刚光泽,半透明。解理平行$\{10\bar{1}0\}$完全,性脆,硬度 2～2.5,比重 8.05。具有旋光性。

辰砂的晶体结构为—Hg—S—Hg—S—螺旋状链(左旋或右旋)平行 c 轴无限延伸。螺旋状链的排列方位一致,在垂直 c 轴的投影面上为弧形三角形。Hg 的配位数为 6,其配位多面体为畸变的八面体。

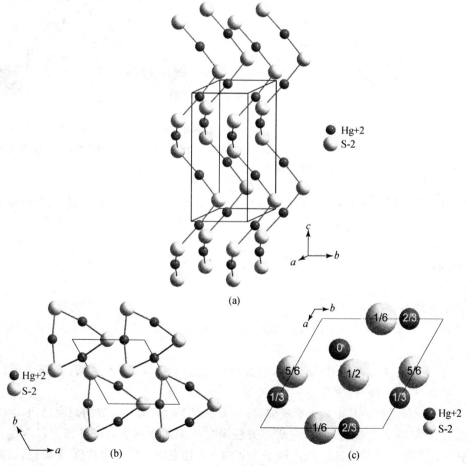

图 7-12 辰砂的晶体结构

(a) 方框示单胞,可见—Hg—S—Hg—螺旋状链沿 c 轴延伸;(b) —Hg—S—Hg—螺旋状链投影为弧形三角形;(c) 沿 c 轴投影,数字表示在单胞内 c 轴方向的高度

脆硫锑铅矿　Jamesonite　FePb₄Sb₆S₁₄

单斜晶系，空间群 $P2_1/a$ (no. 14)；$a=15.57\text{Å}$，$b=18.98\text{Å}$，$c=4.03\text{Å}$，$\alpha=\gamma=90°$，$\beta=91.8°$，$Z=2$。

铅灰色，有时有蓝红杂色的锖色，条痕暗灰色或灰黑色，不透明，金属光泽。解理{001}中等，不平坦状断口，性脆，硬度2～3，比重5.5～6。具检波性。

脆硫锑铅矿的晶体结构为一复杂链状结构。三种形式的Sb原子形成具2.55Å平均间距的[SbS₃]单锥，这些单锥连接起来，构成复杂的[Sb₃S₇]ₙ链，平行c轴；[FeS₆]呈歪曲八面体，也共棱沿c轴延伸。Pb原子配位数为7和8两种形式，[PbS₇]及[PbS₈]配位多面体以棱相连平行于c轴，同时由复杂链中的[SbS₃]锥连接起来。

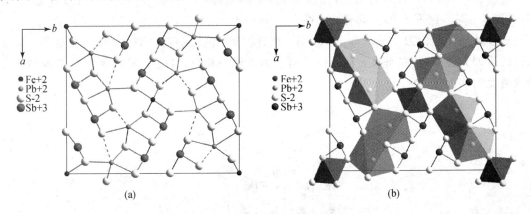

图7-13　脆硫锑铅矿的晶体结构

(a) 沿c轴的投影，方框示单胞，短实线为原子间化学键，短虚线为弱化学键；(b) 沿c轴的投影，显示[FeS₆]歪曲八面体和[PbS₇]及[PbS₈]配位多面体

等结构矿物：脆硫铋铅矿 FePb₄(Bi,Sb)₆S₁₄ Sakharovaite，硫锰铅锑矿 MnPb₄Sb₆S₁₄ Benavidesite。

7.5　层状基型

辉钼矿　Molybdenite　MoS₂

六方晶系，空间群 $P6_3/mmc$（no. 194）；$a=b=3.15\text{Å}$，$c=12.3\text{Å}$，$\alpha=\beta=90°$，$\gamma=120°$，$Z=2$。

铅灰色，条痕在素瓷板上为亮灰色，在涂釉瓷板上为黄绿色，不透明，金属光泽。解理{0001}极完全，薄片有挠性，硬度1～1.5，比重4.7～5。

辉钼矿为层状结构。其钼离子组成的面网，夹在上下由硫离子组成的面网之间，共同构成一个结构层。Mo为六次配位，与S构成三方柱形配位多面体。结构层可视为以Mo为中心的三方柱彼此共棱连接而成，Mo只占据了1/2的三方柱空隙。层内为共价-金属键，层间为弱的范德华键。辉钼矿在自然界有2H和3R两种多型，彼此的物理性质极为相似。

等结构矿物：辉钨矿 WS₂ Tungstenite，硒钼矿 Mo(Se,S)₂ Drysdallite。

7 硫化物及其类似化合物

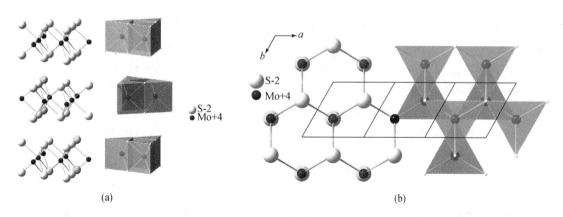

图 7-14 辉钼矿的晶体结构

(a) Mo 的配位数为 6,左边为球棍模式,右边为配位多面体模式;(b) 沿 c 轴的投影,菱形框线为单胞

雌黄　Orpiment　As_2S_3

单斜晶系,空间群 $P2_1/n$（no. 14）;$a=1.46$Å,$b=9.57$Å,$c=4.22$Å,$\alpha=\gamma=90°$,$\beta=90.5°$,$Z=4$。

柠檬黄色,条痕鲜黄色,油脂光泽至金刚光泽,解理面为珍珠光泽,薄片透明。解理{010}极完全,薄片具挠性,硬度 1～2,比重 3.4～3.5。不导电。

晶体结构为层状,每一个 As 原子与 3 个 S 成键,每一个 S 原子与 2 个 As 相连,As 的配位多面体呈矮三方单锥状,这种配位多面体由硫共角顶连成平行于{010}的折皱层[As_2S_3]。层内为共价键,层间为分子键,因此雌黄具{010}极完全解理。

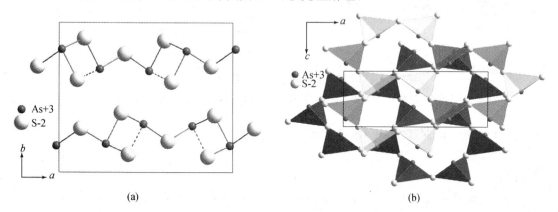

图 7-15 雌黄的晶体结构

(a) 沿 c 轴的投影,显示单胞内[As_2S_3]层沿 b 轴分布,虚线表示弱化学键;(b) 沿 b 轴的投影,框线示单胞,[AsS_3]三方锥连接成层并位于 b 轴不同高度（深色和浅色多面体层）

等结构矿物:硒雌黄 $As_2(Se,S)_3$ Laphamite。

铜蓝　Covellite　CuS

六方晶系,空间群 $P6_3/mmc$（no. 194）;$a=b=3.7917$Å,$c=16.342$Å,$\alpha=\beta=90°$,$\gamma=120°$,$Z=6$。

靛蓝色，条痕灰黑色，光泽暗淡至树脂光泽，不透明。解理平行{0001}完全，性脆，硬度 1.5~2，比重 4.59~4.67。

铜蓝为层状结构。结构中具有两种类型的 S（S^{2-} 和 S_2^{2-}）以及两种价态的 Cu（Cu^+ 和 Cu^{2+}）。Cu^{2+} 为组成等边三角形的 3 个 S^{2-} 所围绕，这种三角形（图 7-16 中黑色三角形）以角顶相连接呈六方平面网。另一方面组成三角形的 S^{2-} 也是六方网上下两边的四面体所共用的角顶。这些四面体的底面彼此相对，以直立的对硫 S_2^{2-} 相连接。四面体中心则为 Cu^{2+} 所占据。

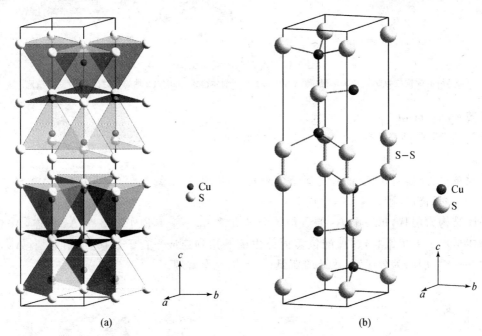

图 7-16 铜蓝的晶体结构
(a) [CuS_3] 等边三角形和 [CuS_4] 四面体皆呈层状垂直 c 轴分布，实线示单胞；(b) 粗实线为 S_2^{2-} 的化学键

等结构矿物：硒铜蓝 CuSe Klockmannite。

碲镍矿　Melonite　$NiTe_2$

三方晶系，空间群 $P\bar{3}m1$（no. 164）；$a=b=3.848$Å，$c=5.251$Å，$\alpha=\beta=90°$，$\gamma=120°$，$Z=1$。

铅灰色，条痕在素瓷板上为亮灰色，在涂釉瓷板上为黄绿色，不透明，金属光泽。解理 {0001} 极完全，薄片有挠性，硬度 1~1.5，比重 4.7~5。

碲镍矿的晶体结构中，Te 呈六方最紧密堆积，Ni 充填 1/2 八面体空隙。Ni 的配位数为 6，与 6 个 Te 组成配位八面体，这些配位八面体共棱连接成二维延伸的层。也可视为碲镍矿结构中有两种沿 c 轴方向相间排列的八面体层，Ni 只充填其中一种八面体空隙，而另一种八面体位置为空。

7 硫化物及其类似化合物

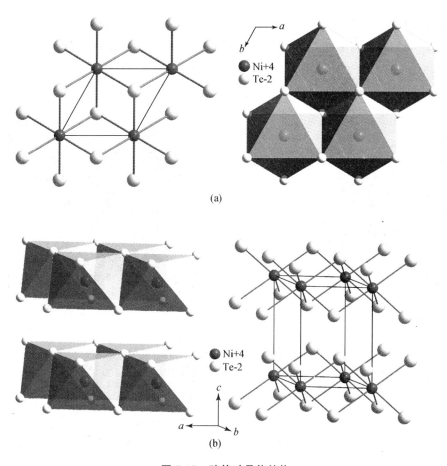

图 7-17 碲镍矿晶体结构

(a) 在(0001)面上的投影,左侧是球棍模式,右侧是多面体模式,显示[NiTe$_6$]八面体共棱连接成平行(0001)的层状;(b) 侧视图

等结构矿物:硒碲镍矿 NiTeSe Kitkaite,碲铂矿 PtTe$_2$ Moncheite,碲钯矿 PdTe$_2$ Merenskyite,三方硫锡矿 SnS$_2$ Berndtite,双封矿 IrTe$_2$ Shuangfengite, PtSe$_2$ Sudovikovite,水镁石 Mg(OH)$_2$ Brucite,羟钙石 Portlandite Ca(OH)$_2$,羟锰矿 Mn(OH)$_2$ Pyrochroite。

7.6 架状基型

黝铜矿 Tetrahedrite Cu$_{12}$Sb$_4$S$_{13}$

等轴晶系,空间群 $I\bar{4}3m$ (no.217);$a=b=c=10.3678$Å,$\alpha=\beta=\gamma=90°$,$Z=2$。

钢灰色至铁黑色,钢灰至铁黑色条痕,有时带褐色,砷黝铜矿的条痕常带樱桃红色调,金属至半金属光泽,在不新鲜的断口上变暗,不透明。无解理,硬度 3~4.5,比重 4.6~5.4。弱导电性。

黝铜矿的晶体结构与闪锌矿的结构相似,单位晶胞为闪锌矿的两倍,即黝铜矿的晶胞由 8 个闪锌矿的晶胞所组成。黝铜矿的结构中,[CuS$_4$]四面体共角顶连接成骨架,在其构成的大空洞中,电价平衡的 S 原子位于中心,且分布着 6 个[CuS$_3$]三角形以及 4 个[SbS$_3$]三方锥状配位多面体。从 S 原子的角度看,黝铜矿结构中有两种以 S 为中心离子的配位多面体:一种是[SCu$_6$]八面体,它们位于立方单胞的角顶和体心;另一种是[SCu$_3$Sb]四面体,其共角顶连接成骨架,并与[SCu$_6$]八面体共角顶相连。

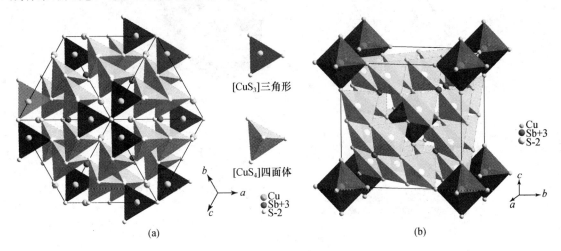

图 7-18 黝铜矿的晶体结构

(a) 沿(111)面的投影,显示了[CuS$_4$]四面体骨架以及[CuS$_3$]三角形的分布;(b) 以 S 为中心离子的配位八面体和配位四面体连接成骨架结构

等结构矿物:砷黝铜矿 Cu$_{12}$Sb$_4$S$_{13}$ Tennantite,银黝铜矿(Ag,Cu,Fe)$_{12}$(Sb,As)$_4$S$_{13}$ Freibergite,硒黝铜矿(Cu,Hg)$_{12}$(Sb,As)$_4$(Se,S)$_{13}$ Hakite,碲黝铜矿 Cu$_{12}$(Te,Sb,As)$_4$S$_{13}$ Goldfieldite,银砷黝铜矿(Ag,Cu)$_{10}$(Zn,Fe)$_2$(As,Sb)$_4$S$_{13}$ Argentotennantite。

8 氧化物和氢氧化物

8.1 氧化物

8.1.1 配位基型

刚玉 Corundum Al_2O_3

三方晶系,空间群 $R\bar{3}c$(no.167);$a=b=4.7599Å$,$c=12.994Å$,$\alpha=\beta=90°$,$\gamma=120°$,$Z=6$。

纯净刚玉无色透明,但因含有各种杂质而颜色多样,透明-半透明,玻璃光泽。无解理,常因含聚片双晶或细微包裹体产生$\{0001\}$或$\{10\bar{1}1\}$的裂理,硬度9,比重3.94~4.10。刚玉是重要的高档宝石材料。宝石学上将红色宝石级刚玉称为红宝石(Ruby),其他颜色者称为蓝宝石(Sapphire)。有些红宝石和蓝宝石的$\{0001\}$面上可以看到成定向分布的六射针状金红石包裹体而呈六射状星光图案,称为星光红宝石(Star-ruby)或星光蓝宝石(Star-sapphire)。

刚玉的晶体结构中,O^{2-}作六方最紧密堆积,堆积层垂直于三次轴,Al^{3+}充填于由O^{2-}形成的八面体空隙数的2/3,$[AlO_6]$八面体以共棱连接成层。Al为六次配位,$[AlO_6]$八面体稍微有变形。O为四次配位,为4个Al所围绕。在平行于三次轴方向上,以共棱或共角顶方式连接,构成两个实心的$[AlO_6]$八面体和一个空心的由O围成的八面体相间排列的柱体,$[AlO_6]$八面体沿c轴方向呈三次螺旋对称。由于共面八面体中的Al^{3+}之间距离较近,存在一定的斥力,因而同一层内的Al^{3+}并不处于同一水平面内,而是分别偏向相邻未被充填的八面体空隙一侧。

等结构矿物:赤铁矿 Fe_2O_3 Hematite,绿铬矿 Cr_2O_3 Eskolaite,三方氧钒矿 V_2O_3 Karelianite。

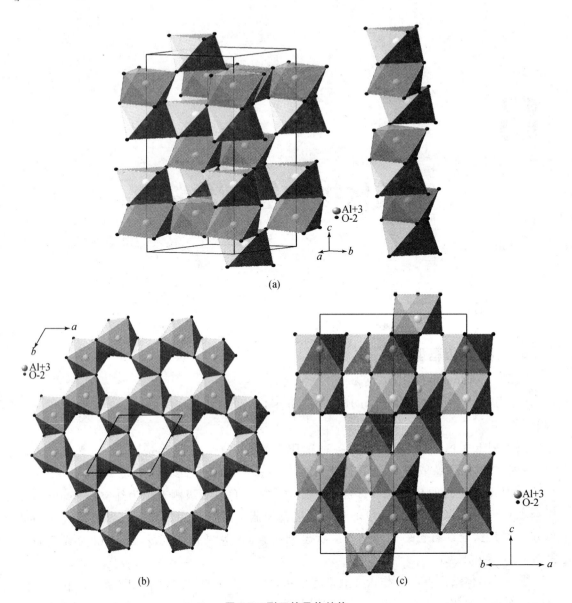

图 8-1 刚玉的晶体结构

(a) [AlO₆]八面体在垂直 c 轴方向共棱连接成层(左),沿 c 轴方向共面和共角顶连接(右);(b) 刚玉结构中 [AlO₆]八面体层沿 c 轴的投影,[AlO₆]八面体层平行密堆积层;(c) 刚玉结构平行(11$\bar{2}$0)面的投影,[AlO₆]八面体层中 1/3 八面体位置没有被 Al 占据

钛铁矿　Ilmenite　FeTiO₃

三方晶系,空间群 $R\bar{3}$(no. 148);$a = b = 5.183$Å,$c = 13.877$Å,$\alpha = \beta = 90°$,$\gamma = 120°$,$Z = 6$。

铁黑色或钢灰色,条痕钢灰色或黑色;当含有赤铁矿包裹体时,呈褐色或带褐红色。金属-半金属光泽,不透明。无解理,有时出现沿{0001}或{10$\bar{1}$1}的裂理,性脆,硬度 5~5.5,比重 4.0~5.0。具弱磁性。

钛铁矿可视为刚玉型结构的衍生结构。O^{2-}作六方最紧密堆积,堆积层垂直于三次轴,Al^{3+}的位置分别被Fe^{3+}和Ti^{4+}交替取代,充填于由O^{2-}形成的八面体孔隙数的2/3,$[FeO_6]$和$[TiO_6]$八面体以共棱连接成层。但由于Fe^{3+}和Ti^{4+}的交替出现,导致原刚玉结构中的c滑移面消失,空间群随之发生改变,对称程度降低,由$R\bar{3}c$降低为$R\bar{3}$。

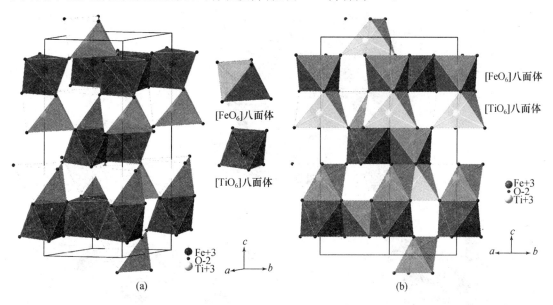

图 8-2 钛铁矿的晶体结构

(a) $[AlO_6]$八面体层和$[TiO_6]$八面体层在c轴方向交替排列;(b) 平行$(11\bar{2}0)$面的投影,显示Fe和Ti占据2/3的八面体空隙

等结构矿物:镁钛矿 $MgTiO_3$ Geikielite,红钛锰矿 $MnTiO_3$ Pyrophanite,艾锌钛矿 $ZnTiO_3$ Ecandrewsite,黑锑锰矿 $Mn(Sb^{5+},Fe^{3+})O_3$ Melanostibite,$NaSb^{5+}O_3$ Brizziite,$(Mg,Fe)SiO_3$ Akimotoite。

尖晶石　Spinel　$MgAl_2O_4$

等轴晶系,空间群$Fd3m$(no.227);$a=b=c=8.0806Å$,$\alpha=\beta=\gamma=90°$,$Z=8$。

尖晶石颜色多样,无色者少见,通常呈红色(含Cr^{3+})、绿色(含Fe^{3+})或褐黑色(含Fe^{2+}和Fe^{3+})等,玻璃光泽。无解理,偶见平行(111)裂理,硬度8,比重3.55。

尖晶石是矿物族名,此族矿物均属于AB_2X_4型化合物。其中A代表二价离子,如Mg、Fe、Zn、Mn、Ni等;B是三价的Al、Fe、Cr等,类质同像替代发育。尖晶石结构中O^{2-}呈立方最紧密堆积,堆积层与三次轴方向,即[111]方向垂直,在单位晶胞中形成64个四面体空隙和32个八面体空隙。单位晶胞中8个Mg^{2+}占据四面体位置,呈$[MgO_4]$四面体;16个Al^{3+}离子占据八面体位置,呈$[AlO_6]$八面体。沿三次轴方向,$[MgO_4]$四面体与$[AlO_6]$八面体共同组成的层与单纯的$[AlO_6]$八面体层交替排列;$[MgO_4]$四面体与上、下八面体层中$[AlO_6]$八面体以共角顶的方式连接。单位晶胞的每一角顶为一个$[MgO_4]$四面体和三个$[AlO_6]$八面体所共用。此外,还有一种倒置尖晶石型结构,它与正常尖晶石型结构的差别在于:其半数的三价阳离子充填 1/8 的四面体空隙，另外半数的三价阳离子和二价阳离子一起充填 1/2 的八面体空隙。如磁铁矿（$Fe^{2+}Fe_2^{3+}O_4$）便是倒置尖晶石结构，其半数 Fe^{3+} 充填单胞中 1/8 的四面体空隙，另外半数 Fe^{3+} 和 Fe^{2+} 一起充填 1/2 的八面体空隙。

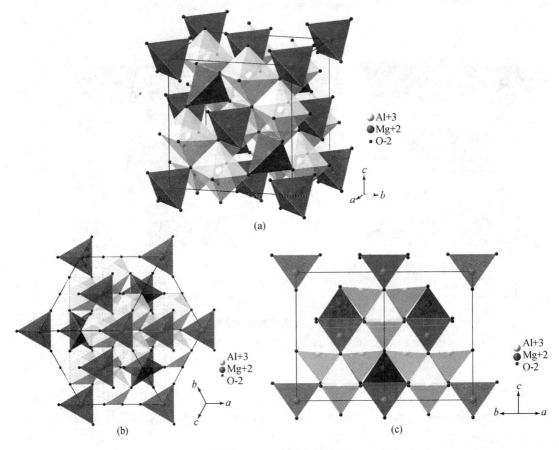

图 8-3 尖晶石的晶体结构

(a) [MgO_4]四面体与[AlO_6]八面体共角顶连接；(b) 平行(111)的投影；(c) 平行(110)的投影

等结构矿物：锰尖晶石 $MnAl_2O_4$ Galaxite，铁尖晶石 $FeAl_2O_4$ Hercynite，锌尖晶石 $ZnAl_2O_4$ Gahnite，镁铁矿 $MgFe_2^{3+}O_4$ Magnesioferrite，锰铁矿 $MnFe_2O_4$ Jacobsite，磁铁矿 $Fe^{2+}Fe_2^{3+}O_4$ Magnetite，锌铁尖晶石 $ZnFe_2O_4$ Franklinite，镍磁铁矿 $NiFe_2O_4$ Trevorite，铜铁尖晶石 $CuFe_2O_4$ Cuprospinel，镁铬铁矿 $MgCr_2O_4$ Magnesiochromite，锰铬铁矿 $MnCr_2O_4$ Manganochromite，铬铁矿 $FeCr_2O_4$ Chromite，镍铬铁矿 $NiCr_2O_4$ Nichromite，钴铬铁矿 $CoCr_2O_4$ Cochromite，锌铬铁矿 $ZnCr_2O_4$ Zincochromite，沃钒锰矿 MnV_2O_4 Vuorelainenite，钒磁铁矿 FeV_2O_4 Coulsonite，钛铁晶石 $TiFe_2^{2+}O_4$ Ulvospinel，镁铬钒矿 MgV_2O_4 Magnesiocoulsonite，铁钛镁尖晶石 $(Ti,Fe^{3+})Mg_2O_4$ Qandilite，硫钴矿 $Co^{2+}Co_2^{3+}S_4$ Linnaeite，硫铜钴矿 $CuCo_2S_4$ Carrollite，硫铜镍矿 $CuNi_2S_4$ Fletcherite，硒铜钴矿 $(Cu,Co,Ni)_3Se_4$ Tyrrellite，方硒钴矿 $Co^{2+}Co_2^{3+}Se_4$ Bornhardtite，硫镍矿 $NiNi_2S_4$ Polydymite，紫硫镍矿 $FeNi_2S_4$ Violarite,方硒镍矿 Ni_3Se_4 Trustedtite,硫复铁矿 $Fe^{2+}Fe_2^{3+}S_4$ Greigite,陨硫铬铁矿 $FeCr_2S_4$ Daubreelite,硫铁铟矿 $FeIn_2S_4$ Indite,硫铬锌矿 $ZnCr_2S_4$ Kalininite,硫铬铜矿 $Cu(Cr,Sb)_2S_4$ Florensovite,硫铱铜矿 $CuIr_2S_4$ Cuproiridsite,硫铑铜矿 $CuRh_2S_4$ Cuprorhodsite,马兰矿 $Cu(Pt,Ir)_2S_4$ Malanite,$(Fe,Cu)(Rh,Ir,Pt)_2S_4$ Ferrorhodsite。

8.1.2 岛状基型

砷华　Arsenolite　As_2O_3

等轴晶系,空间群 $Fd3m$(no.227);$a=b=c=11.074$Å,$\alpha=\beta=\gamma=90°$,$Z=16$。

白色,有时带有天蓝、黄或红色色调,也见无色,条痕白色或淡黄色,玻璃光泽至金刚光泽,或油脂光泽或丝绢光泽。解理{111}完全,断口呈贝壳状,性脆,硬度1.5,比重3.72~3.88。不导电。

在砷华的晶体结构中,As 原子具有扁平的三方锥状配位[AsO_3],As 位于顶点,4 个[AsO_3]三方锥共用 O 原子形成[As_4O_6]分子。而每个[As_4O_6]分子为另外 4 个相同的[As_4O_6]分子环绕,其在晶格中的分布类似于碳原子在金刚石晶体结构中的分布一样。[As_4O_6]分子之间以范德华键连接。砷华与白砷石(claudetite,也称砒霜)呈同质二像,后者为单斜晶系的 $P2_1/n$ 对称,具有层状结构特点。

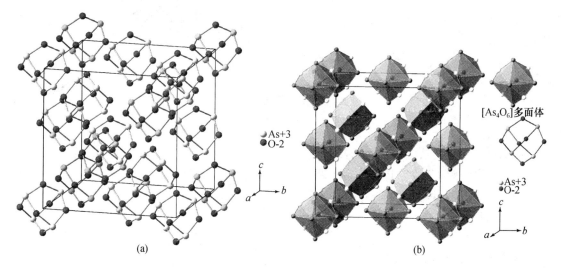

图 8-4　砷华的晶体结构

(a) [As_4O_6]分子的分布类似于碳原子在金刚石结构中的分布;(b) 用多面体的形式表现[As_4O_6]分子

等结构矿物:方锑矿 Sb_2O_3 Senarmontite。

8.1.3 链状基型

金红石　Rutile　TiO_2

四方晶系,空间群 $P4_2/mnm$(no.136);$a=b=4.593$Å,$c=2.961$Å,$\alpha=\beta=\gamma=90°$,$Z=2$。

常呈暗红色、褐红色、黄色、橘黄色,富铁者黑色,条痕浅黄色至浅褐色,金刚光泽,铁金红石呈半金属光泽。解理{110}完全、{100}中等,裂开平行于{011},性脆,比重4.2~4.3,富铁或铌、钽者比重增高,有些可达 5.5 以上。

O^{2-} 近似作六方最紧密堆积，Ti^{4+} 离子位于近乎规则的八面体空隙中，配位数为 6；O^{2-} 离子位于以 Ti^{4+} 离子为角顶所组成的平面三角形的中心，配位数为 3。$[TiO_6]$ 八面体彼此以棱相连形成沿 c 轴方向延伸的比较稳定的 $[TiO_6]$ 八面体链，链间则是以 $[TiO_6]$ 八面体的共用角顶相连接，形成以 $[TiO_6]$ 八面体为基础的链状晶体结构。$[TiO_6]$ 八面体稍有畸变，这是由于中心阳离子斥力的影响，使得 $[TiO_6]$ 八面体共用棱缩短、非共用棱增长所致。

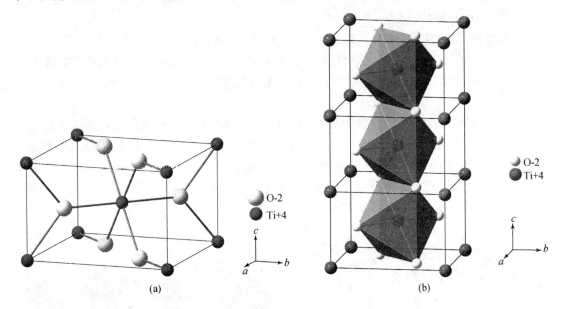

图 8-5 金红石的晶体结构

(a) Ti 离子的配位数为 6，O 离子的配位数为 3；(b) $[TiO_6]$ 八面体沿 c 轴方向共棱连接成链状

等结构矿物：铌铁金红石 $(Ti, Nb, Fe^{3+})O_2$ Ilmenorutile，钽铁金红石 $(Ti, Ta, Fe^{3+})O_2$ Struverite，软锰矿 β-MnO_2 Pyrolusite，锡石 SnO_2 Cassiterite，块黑铅矿 β-PbO_2 Plattnerite，锗石 GeO_2 Argutite，钛锡锑铁矿 $(Fe, Sb, Sn, Ti)O_2$ Squawcreekite，斯石英 SiO_2 Stishovite，氟镁石 MgF_2 Sellaite。

锑华　Valentinite　Sb_2O_3

斜方晶系，空间群 $Pccn$ (no.56)；$a=12.46Å$，$b=4.92Å$，$c=5.42Å$，$\alpha=\beta=\gamma=90°$，$Z=2$。

无色，白色，有时带淡灰、淡黄、黄褐或红色色调，条痕白色，金刚光泽，解理面现珍珠光泽。解理{110}完全、{010}不完全，性脆，硬度 2.5～3，比重 5.70～5.76。不导电。

在锑华的晶体结构中，Sb 原子与 O 原子形成 $[SbO_3]$ 三方锥状，Sb 位于角顶，$[SbO_3]$ 三方锥共角顶相互连接并沿[001]方向无限延伸呈链状。锑华与方锑矿（Senarmontite）呈同质二像，后者为等轴晶系的 $Fd3m$ 对称。

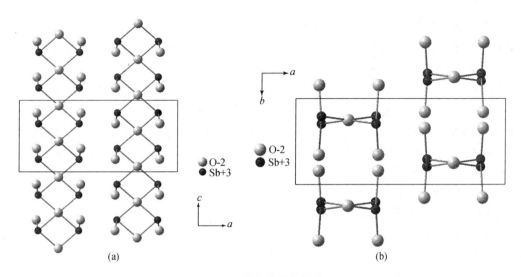

图 8-6 锑华的晶体结构

(a) 沿 b 轴的投影,方框示单胞;(b) 沿 c 轴的投影,方框示单胞

钨锰铁矿(黑钨矿)　Wolframite　(Fe,Mn)WO₄

单斜晶系,空间群 $P2/c$ (no.13);$a=4.753$Å,$b=5.72$Å,$c=4.968$Å,$\alpha=\gamma=90°$,$\beta=90.08°$,$Z=2$。

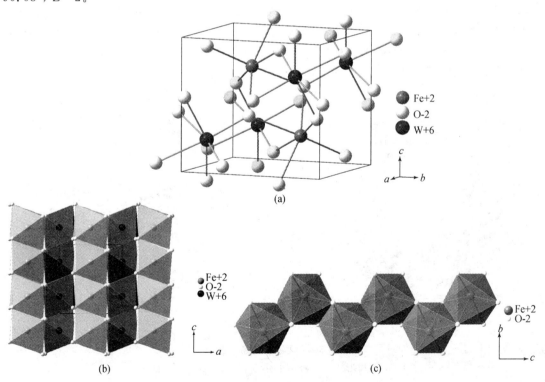

图 8-7 钨锰铁矿的晶体结构

(a) Fe 和 W 的配位数皆为 6;(b) 沿 b 轴的投影,[(Fe,Mn)O₆]和[WO₆]八面体在 a 轴方向上呈类似交替层状的排列;(c) 其中的锯齿形的[(Fe,Mn)O₆]八面体链沿 c 轴延伸

颜色和条痕随 Fe、Mn 的含量增加而变化，含铁越多，颜色越深，条痕较颜色稍浅，金刚光泽至半金属光泽。解理{010}完全，性脆，硬度 4～5.5，比重也随含铁量的增加而加大，钨铁矿 7.08～7.60，钨锰矿 6.7～7.3。

钨锰铁矿的晶体结构可视为 O 原子作六方密堆积，(Fe,Mn)原子和 W 原子占据半数的八面体空隙，[(Fe,Mn)O_6]八面体和[WO_6]八面体本身都是共棱连接，平行 c 轴方向成锯齿形的链体，两者在 a 轴方向上呈类似交替层状的排列。链间通过八面体 3 个角顶彼此连接。

等结构矿物：钨锰矿 MnWO_4 Hubnerite，钨铁矿 FeWO_4 Ferberite，钨锌矿 ZnWO_4 Sanmartinite。

锰钡矿　　Hollandite　　Ba$_2$Mn$_8$O$_{16}$

单斜晶系，空间群 $I2/m$ (no.12)；$a=10.006$Å，$b=2.866$Å，$c=9.746$Å，$\alpha=\gamma=90°$，$\beta=91.17°$，$Z=1$。

亮灰色，灰黑色至黑色，条痕黑色，半金属光泽至金属光泽。解理{110}，晶体较大时还可见{001}解理，由于解理磨光时(110)易于破碎，磨光性较其他面差，断口参差状，性脆，硬度 6，比重 4.95。

锰钡矿为单斜晶系，也见有四方晶系的变体（$I4/m$），两者晶体结构相似。在锰钡矿的晶体结构中，[MnO_6]八面体共棱连接，形成沿 b 轴延伸的双链，单胞内 4 个这样的双链通过共角顶形成中间具有孔道的近四方形的空柱，大阳离子 Ba^{2+} 充填在孔道中。这是由于四方空柱中的 8 个 Mn^{4+} 的一个被 Mn^{2+} 替代，不足的正电荷由大阳离子 Ba^{2+} 来平衡。相对于沸石类矿物"分子筛"是由[(Si,Al)O_4]四面体构成的孔道，锰钡矿的孔道则是由八面体构成，因此，锰钡矿类结构的矿物也称为"八面体分子筛"。

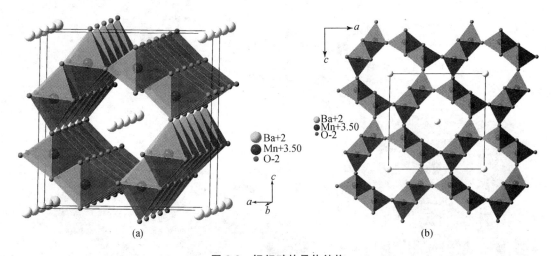

图 8-8　锰钡矿的晶体结构
(a) 显示结构孔洞；(b) 沿 b 轴的投影，Ba 离子充填在结构孔洞中

等结构矿物：锰钾矿 K$_2$Mn$_8$O$_{16}$ Cryptomelane，锰铅矿 Pb$_2$Mn$_8$O$_{16}$ Coronadite。

8.1.4 层状基型

板钛矿　Brookite　TiO_2

斜方晶系，空间群 $Pbca$ (no. 61); $a=9.166$Å, $b=5.436$Å, $c=5.1350$Å, $\alpha=\beta=\gamma=90°$, $Z=8$。

淡黄、淡红、淡红褐色、铁黑色等，条痕为无色到淡黄、淡黄灰、淡灰、淡褐等色，金刚光泽至金属光泽，近乎不透明。解理{110}不完全，断口参差状，性脆，硬度 5.5～6，比重 3.9～4.14。

板钛矿是金红石的同质多像变体之一。板钛矿的晶体结构可视为 O 原子作近似的四层式最紧密堆积（ABCD…式），密堆积层平行于(100)，Ti 充填在半数的八面体间隙中。每个 $[TiO_6]$ 八面体有 3 个棱同周围 3 个 $[TiO_6]$ 八面体共用，这些共用的棱比其他棱稍短。Ti 稍微偏离配位八面体中心，形成歪曲的 $[TiO_6]$ 八面体。$[TiO_6]$ 八面体平行于 c 轴组成锯齿形链，链与链平行(100)连接成层。

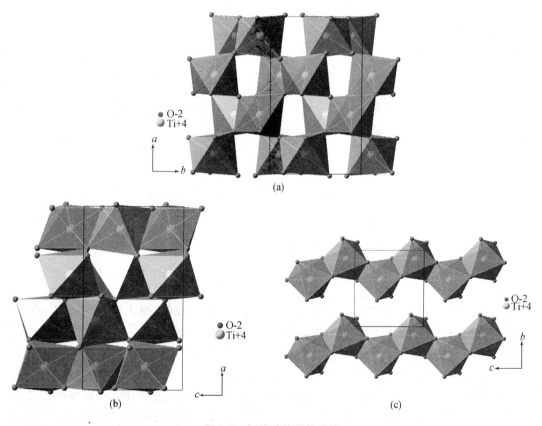

图 8-9　板钛矿的晶体结构

(a) 沿 c 轴的投影，$[TiO_6]$ 八面体平行(100)成层，一个单胞（矩形框）内有四层；(b) 沿 b 轴的投影，$[TiO_6]$ 八面体平行(100)成层，矩形框示单胞；(c) 在平行(100)面上，共棱的 $[TiO_6]$ 八面体构成锯齿形链沿 c 轴延伸

白砷石（砒霜）　Claudetite　As_2O_3

单斜晶系，空间群 $P2_1/n$ (no. 14); $a=5.25$Å, $b=12.87$Å, $c=4.54$Å, $\alpha=\gamma=90°$, $\beta=93.88°$, $Z=4$。

无色、白色,玻璃光泽,解理面上珍珠光泽,透明或半透明。解理{010}完全,断口呈纤维状,有挠性,硬度2.5,比重4.14。不导电,摩擦发光。

白砷石与砷华(Arsenolite)呈同质二像。白砷石的结构中,As原子与O原子的配位关系类似于砷华,即,As位于扁平三方锥[AsO₃]的顶点,彼此之间共用O构成沿c轴无限延伸的锯齿状链,这些链彼此连接呈波状的不规则层平行于(010)。层与层之间以弱化学键连接。

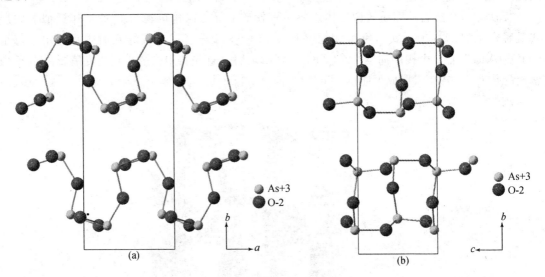

图 8-10 白砷石的晶体结构

(a) 沿c轴的投影,[AsO₃]三方锥构成的波状层平行于(010);(b) 沿a轴的投影,[AsO₃]三方锥构成的锯齿状链沿c轴方向延伸

黑稀金矿　Euxenite-(Y)　Y(Nb,Ti)₂O₆

斜方晶系,空间群 $Pbcn$ (no.60);$a=14.6432$Å,$b=5.5528$Å,$c=5.1953$Å,$\alpha=\beta=\gamma=90°$,$Z=4$。

颜色为黑色、灰黑色、褐黑色、深褐色、褐色、褐黄色、深红棕色、橘黄色,有时带有绿色调,条痕褐色、浅红褐色、浅黄褐色、黄色、浅黄灰色。半透明至不透明,半金属光泽,金刚光泽或油脂光泽。无解理,贝壳状断口,性脆,硬度5.5~6.5,比重4.1~5.87(随含铌量的增加而增大)。具有电磁性,有时具有强放射性。

黑稀金矿晶体结构中,(Nb,Ti)呈六次配位形成[(Nb,Ti)O₆]八面体,八面体彼此之间以棱相连沿c轴成锯齿状的链,链与链之间共角顶连接构成八面体波形层,也称为双八面体层,且平行(100)。层与层之间通过八次配位的Y^{3+}离子连接起来。配位多面体强烈畸变。结构中 Ti 与 Nb 的分布是无序的。

等结构矿物:复稀金矿-(Y) Y(Ti,Nb)₂O₆ Polycrase-(Y),铌钙矿 CaNb₂O₆ Fersmite,钽黑稀金矿-(Y) (Y,Ce,Ca)(Ta,Nb,Ti)₂O₆ Tanteuxenite-(Y),铀复稀金矿 (U,Y)(Ti,Nb)₂O₆ Uranopolycrase。

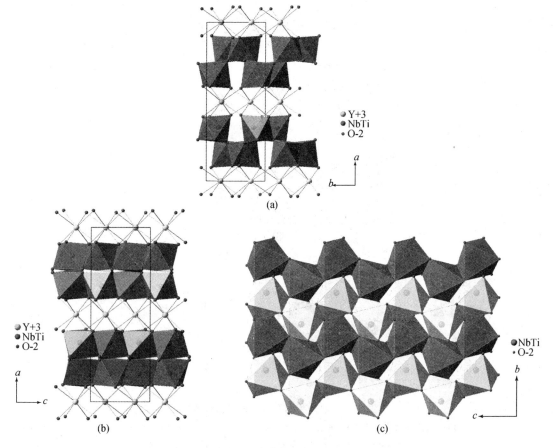

图 8-11 黑稀金矿的晶体结构

(a) 沿 c 轴的投影,[(Nb,Ti)O$_6$]双八面体层平行于(010),Y 离子八次配位;(b) 沿 b 轴的投影,[(Nb,Ti)O$_6$]双八面体层平行于(010),Y 离子八次配位;(c) 沿 a 轴的投影,[(Nb,Ti)O$_6$]八面体共棱形成锯齿状链沿 c 轴延伸,图中两种八面体链代表了在双八面体层中的不同高度

8.1.5 架状基型

冰-Ⅰh　Ice-Ⅰh　H$_2$O

六方晶系,空间群 $P6_3/mmc$(no.194),$P6_3cm$(no.185);$P6_3/mmc$:$a=b=4.511$Å,$c=7.351$Å,$α=β=90°$,$γ=120°$,$Z=4$。$P6_3cm$:$a=b=7.82$Å,$c=7.36$Å,$α=β=90°$,$γ=120°$,$Z=12$。

无色,大块体微带浅蓝色或浅绿色调,因含气泡或裂隙常呈白色,条痕无色,透明,玻璃光泽。无解理,硬度 1.5(−5℃左右时)、4(−44℃左右时)、6(−78.5℃时),比重 0.92。电导率很小。

冰系族名,包含一系列成分为 H$_2$O 的固相物质,其个体的表达命名以后缀罗马字母的形式表示,如冰-Ⅰ,冰-Ⅱ,……,冰-Ⅷ。罗马字母后面的 h 和 c 分别表示六方和等轴晶系,如冰-Ⅰh、冰-Ⅰc 等。天然产出的主要为冰-Ⅰ和冰-Ⅳ,其他多为高压和低温下的合成产物。迄今已发现 H$_2$O 的固相结构约有 20 种,其主要的物相见图 8-12(a)。

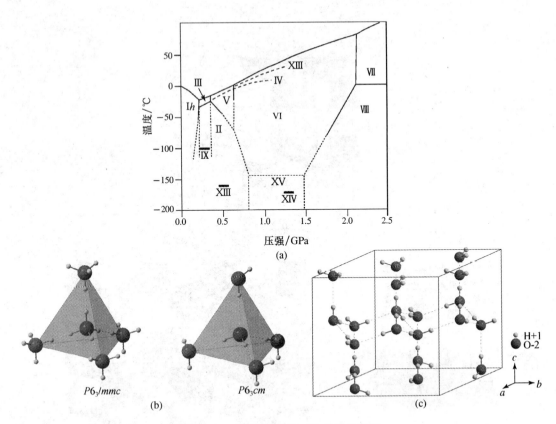

图 8-12 水的相图及冰-Ih的晶体结构

(a) H_2O 的相图,点线表示外推的结果,短划线表示亚稳态(引自 Salzmann et al,2009);(b) 冰-Ih 结构中 O 原子周围 H 的无序分布(左图,H 的占位度为 0.5)和有序分布(右图);(c) 冰-Ih 的晶体结构($P6_3cm$),结构中 H 原子有序分布

冰-Ih 就是常见的冰,其结构与 β-鳞石英的结构相似,可视为冰-Ih 中的 O 替代了 β-鳞石英结构中的 Si。结构中的每一个 O 的周围都有呈四面体状配位的 4 个 O,O—O 键长约 2.76Å,在 O—O 连线上只有一个 H 原子,位于连线的 1/3 处,OH 键长分别为 0.96Å 和 1.80Å。O 原子周围的 H 原子的分布可以是无序的,也可以是有序的。如果 H 原子分布无序,则一个 O 周围分布有 4 个占位度为 0.5 的 H 原子,此时结构的对称性较高,为 $P6_3/mmc$;如果分布有序,则一个 O 周围有两个 H,对称性为 $P6_3cm$。

石英 Quartz SiO_2

三方晶系,空间群 $P3_121$ (no. 152) 或 $P3_221$ (no. 154)。$P3_121$:$a=b=4.9158$Å,$c=5.4091$Å;$P3_221$:$a=b=4.9148$Å,$c=5.4067$Å。$α=β=90°$,$γ=120°$,$Z=3$。

石英常呈无色、乳白色,常由于含有不同的混入物而呈不同颜色。无色透明者称为水晶;紫色者称为紫水晶(含 Mn 和 Fe^{3+});金黄色或柠檬黄色者称黄水晶(含 Fe^{2+});浅玫瑰色者称蔷薇水晶(含 Mn 和 Ti);烟色者称为烟水晶;褐色透明者称茶晶;黑色透明者称为墨晶。因含有鳞片状赤铁矿或云母而呈褐红色者或微黄色者称砂金石。因交代纤维石棉而呈各色不同色调,具色绢光泽,似猫眼者称虎睛石或鹰睛石。有色水晶经热处理和紫外线或放射线元素射线作用后颜色能产生变化。显微镜下无色透明,玻璃光泽,断口油脂光泽。无解理,贝壳状断口,硬度 7,比重 2.25。其电学、热学和某些机械性能具有明显的异向性。

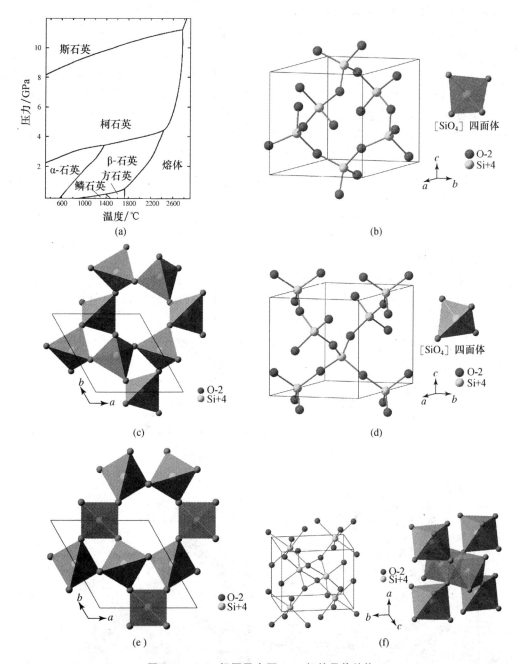

图 8-13 SiO₂ 相图及主要 SiO₂ 相的晶体结构

(a) SiO₂ 的相图(引自 Swamy et al,1994);(b) 石英($P3_121$)的晶体结构,[SiO₄]四面体共角顶连接成架状结构;(c) 石英($P3_121$)晶体结构沿 c 轴的投影,[SiO₄]四面体组成的六元环具有三次轴对称;(d) β-石英($P6_222$)的晶体结构,[SiO₄]四面体共角顶连接成架状结构;(e) β-石英($P6_222$)晶体结构沿 c 轴的投影,[SiO₄]四面体组成的六元环具有六次轴对称;(f) Seifertite 的晶体结构,[SiO₆]八面体共棱和共角顶连接成架状结构

石英通常指的是α-石英（或低温石英），与之相对的是β-石英（或高温石英），两者同属于石英族。除此之外，SiO_2的同质多像变体还有多种，SiO_2的相图见图8-13(a)。在石英的晶体结构中，Si和O组成$[SiO_4]$四面体，彼此间以4个角顶相连，在空间排列呈三维架状。晶体结构中$[SiO_4]$四面体在c轴方向上作螺旋形排列，视沿螺旋轴为3_2或3_1，其空间群分别为$P3_221$或$P3_121$。β-石英与石英的晶体结构类似，也存在着平行于c轴的螺旋轴，只是β-石英中螺旋轴为6_2或6_4。石英的结构则相当于由β-石英的结构有规律地发生一定程度的扭曲，使得沿c轴方向上Si—O—Si的键角由β-石英的150°左右变为石英的140°左右，同时六次螺旋轴蜕变为三次螺旋轴，围绕螺旋轴的Si在(0001)面上投影连接成复三角形而不再是正六边形。SiO_2物相中，柯石英和斯石英是高压相，其中斯石英结构中Si的配位数为6，与金红石等结构。近来又发现了另外一个SiO_2高压相Seifertite，其Si的配位数也为6，与斯石英类似，其$[SiO_6]$八面体共角顶和共棱连接呈三维架状结构。Seifertite的晶体结构参数为：空间群$Pbcn$(no.60)，$a=4.097Å$，$b=5.0462Å$，$c=4.4946Å$，$\alpha=\beta=\gamma=90°$，$Z=4$。Si原子占据$4c$位置，坐标为(0, 0.1522, 0.25)，O原子占据$8d$位置，坐标为(0.7336, 0.6245, 0.9186)。

方石英　Cristobalite　SiO_2

四方晶系，空间群$P4_12_12$(no.92)；$a=b=4.9877Å$，$c=6.9697Å$，$\alpha=\beta=\gamma=90°$，$Z=4$。方石英常呈无色或乳白色，玻璃光泽。无解理，具弯曲断口，硬度6~7，比重2.33。

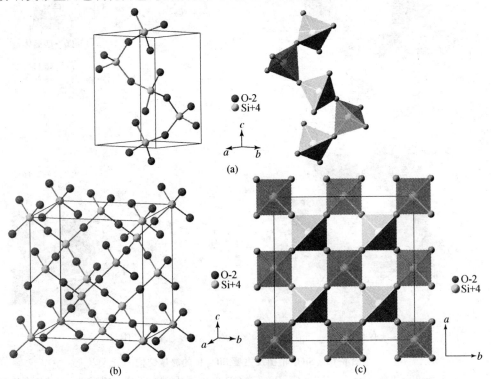

图8-14　方石英的晶体结构

(a) α-方石英的晶体结构，单胞内$[SiO_4]$四面体共角顶连接成链，而链与链也共角顶连接成架状结构；(b) β-方石英的晶体结构，$[SiO_4]$四面体共角顶连接成三维架状结构；(c) β-方石英晶体结构沿c轴的投影，$[SiO_4]$四面体构成四方形

8 氧化物和氢氧化物

与 α- 和 β-石英一样,方石英的高温变体称为 β-方石英。方石英的结构可视为 Si 和 O 组成 [SiO$_4$] 四面体,彼此共角顶连接并沿 c 轴方向形成螺旋状的链(方石英的四次螺旋轴即在此方向),链与链之间也共角顶连接,空间排列呈三维架状。β-方石英的结构与之类似,但其为等轴对称(空间群 $Fd3m$),Si 离子在单胞中的配置类似 C 在金刚石结构中一样。方石英较 β-方石英更致密,沿 c 轴方向 Si—O—Si 键角约 150°,而在 β-方石英中 Si—O—Si 键角近 180°。

鳞石英 Tridymite SiO$_2$

斜方晶系,空间群 $C222_1$(no. 20);$a=8.730(3)$Å,$b=5.000$Å,$c=8.201$Å,$\alpha=\beta=\gamma=90°$,$Z=8$。

鳞石英常呈无色或白色,玻璃光泽。硬度 6.5~7,比重 2.26~2.3。

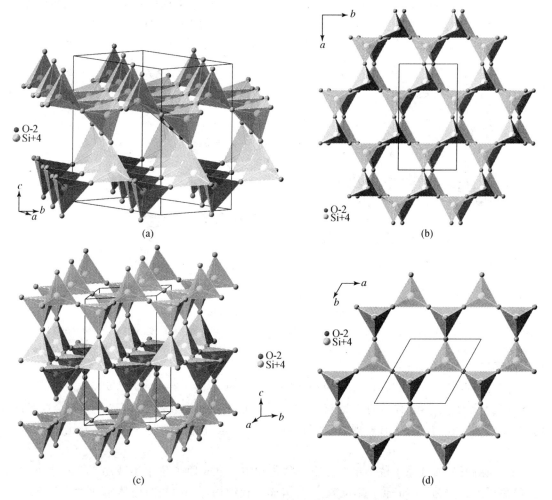

图 8-15 鳞石英的晶体结构

(a) 鳞石英的晶体结构,[SiO$_4$] 四面体共角顶相互连接呈三维架状结构;(b) 鳞石英晶体结构沿 c 轴的投影,[SiO$_4$] 四面体连接成六方网状层,沿 c 轴方向上下层稍有错开;(c) β-鳞石英的晶体结构,[SiO$_4$] 四面体共角顶相互连接呈三维架状结构;(d) β-鳞石英晶体结构沿 c 轴的投影,[SiO$_4$] 四面体连接成六方网状层,沿 c 轴方向上下层重合

鳞石英的高温相是β-鳞石英。两者晶体结构类似,均以[SiO₄]四面体为基本单元,彼此间以4个角顶相连,空间排列呈三维架状,只是两者的对称性有所不同(β-鳞石英的空间群为$P6_3/mmc$)。在垂直c轴的平面上,[SiO₄]四面体彼此连接呈六方网状层排列,其中半数[SiO₄]四面体角顶向上,半数向下,网状层之间再通过[SiO₄]四面体上下角顶相连。

柯石英 Coesite SiO₂

单斜晶系,空间群$C2/c$ (no.15);$a=6.9897$Å, $b=12.233$Å, $c=7.1112$Å, $\alpha=\gamma=90°$, $\beta=120.74°$, $Z=16$。

无色透明,玻璃光泽。无解理,比重2.93。

Si 和 O 组成[SiO₄]四面体,彼此间以4个角顶相连,在空间排列呈三维架状,其连接方式类似于长石结构中的[(Al,Si)O₄]四面体的连接。柯石英晶体结构中每4个[SiO₄]四面体共角顶连接成四元环,环与环之间以角顶相连接,呈链状沿c轴方向延伸。

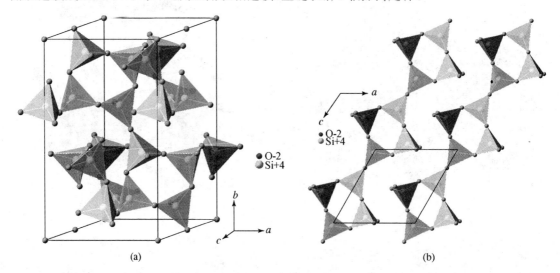

图 8-16 柯石英的晶体结构
(a) [SiO₄]四面体共角顶连接成架状结构;(b) [SiO₄]四面体四元环以角顶相连接,呈链状沿c轴方向延伸

赤铜矿 Cuprite Cu₂O

等轴晶系,空间群$Pn3m$ (no.224);$a=b=c=4.250$Å, $\alpha=\beta=\gamma=90°$, $Z=2$。

红色至近于黑色,表面有时有铅灰色,条痕为深浅不同的棕红色,金刚光泽至半金属光泽。解理{111}不完全,偶见{100}解理,断口贝壳状至不平坦,性脆,硬度3.5~4.5,比重5.85~6.15。

立方原始格子,O 原子位于单位晶胞的角顶和中心,Cu 原子位于半数的1/8小立方体中心,O 原子配位数为4,Cu 原子配位数为2,构成架状结构,[Cu₄O]四面体组成两个彼此不连接的四面体体系。

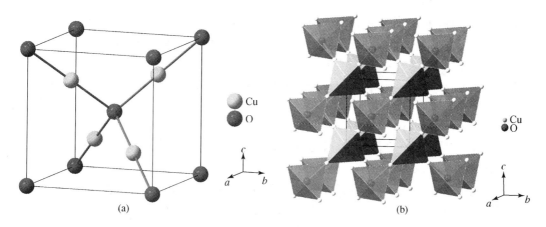

图 8-17 赤铜矿的晶体结构
(a) O 原子四次配位，Cu 原子二次配位；(b) [Cu₄O] 四面体共角顶连接成架状

锐钛矿　Anatase　TiO₂

四方晶系，空间群 $I4_1/amd$（no. 141）；$a=b=3.7845\text{Å}$，$c=9.5143\text{Å}$，$\alpha=\beta=\gamma=90°$，$Z=4$。

颜色变化大，褐、黄、浅蓝绿、浅紫、灰黑甚至偶见近于无色，条痕无色至淡黄色，透明至近于不透明，金刚光泽。解理 {001} 及 {011} 完全，硬度 5.5～6.5，比重 3.82～3.97（实测值）或 4.08（计算值）。

锐钛矿的晶体结构类型近似架状，O 原子作立方最紧密堆积，Ti 原子位于八面体空隙中。[TiO₆] 八面体围绕每个四次螺旋轴，形成平行于 c 轴的螺旋状链，链内共棱连接，链与链共角顶相连，形成三维架状结构。Ti 的配位数为 6，O 为 3。

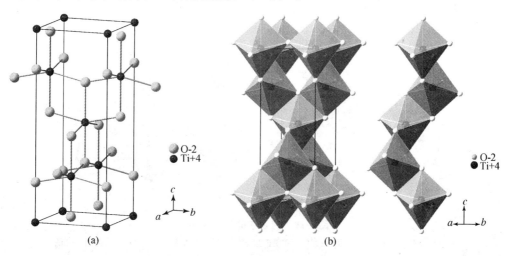

图 8-18 锐钛矿的晶体结构
(a) Ti 的配位数为 6，形成 [TiO₆] 八面体；(b) 沿 c 轴方向 [TiO₆] 八面体共棱呈螺旋状链，链与链之间共角顶相连而成架状

钙钛矿 Perovskite CaTiO₃

斜方晶系,空间群 $Pbnm$ (no.62); $a=5.3796$Å, $b=5.4423$Å, $c=7.6401$Å, $\alpha=\beta=\gamma=90°$, $Z=4$。

灰黑色至红褐色,条痕白色至灰色或灰黄色,金刚光泽至半金属光泽。具有平行于{100}的中等或不完全解理,硬度 5.5~6,比重 3.98~4.26。成分中含有 Nb 及稀土元素时,可导致其颜色加深、光泽增强和比重增大。

常温常压下钙钛矿($CaTiO_3$)为斜方晶系,整个结构可视为 O 原子和 Ca 原子一起作立方最紧密堆积,Ti 充填八面体空隙。从配位角度,Ti 与 6 个 O 配位成[TiO_6]八面体,所有[TiO_6]八面体共角顶连接成三维架状结构;Ca 的配位数为 12,位于架状结构的空洞中。$CaTiO_3$ 在高温时(大于 1580 K)为等轴晶系,空间群为 $Pm3m$,此时 Ca 占据 $1a$ 位置(0,0,0),Ti 占据 $1b$ 位置(0.5,0.5,0.5),O 占据 $3c$ 位置(0.5,0.5,0),Ca 的配位多面体为立方八面体(cuboctahedron)。在温度和压力等条件改变时,$CaTiO_3$ 还能以其他多种结构状态存在,如 $Cmcm$、$I4/mcm$、$P2_1/m$ 等。

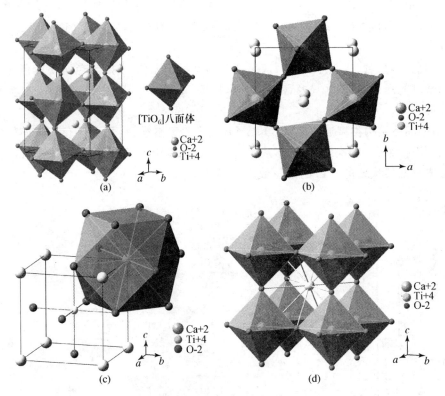

图 8-19 钙钛矿的晶体结构

(a) $Pbnm$ 结构中[TiO_6]八面体共角顶连接而成三维架状结构;(b) $Pbnm$ 结构沿 c 轴的投影,Ca 位于结构空洞中;(c) $Pm3m$ 结构中,Ca 的配位数为 12,配位多面体为[CaO_{12}]立方八面体;(d) $Pm3m$ 结构中[TiO_6]八面体共角顶连接成三维架状,Ca 位于结构空洞中

等结构矿物:铌钙钛矿 (Ca,Na)(Nb,Ti)O_3 Latrappite,斜方钠铌矿 $NaNbO_3$ Lueshite,铈铌钙钛矿-(Ce) (Ce,Na,Ca)(Ti,Nb)O_6 Loparite-(Ce),锶钛石 $SrTiO_3$ Tausonite。

8.2 氢氧化物和含水氧化物氢氧化物

8.2.1 链状基型

针铁矿　Goethite　FeO(OH)

斜方晶系，空间群 $Pbnm$(no.62)；$a=4.6048$Å，$b=9.9595$Å，$c=3.0230$Å，$\alpha=\beta=\gamma=90°$，$Z=4$。

红褐色、暗褐色至黑色，经风化而成的粉末状、赭石状者呈黄褐色，针铁矿条痕红褐色，金刚至半金属光泽。解理{010}完全、{100}中等，参差状断口，性脆，硬度5～5.5，比重4～4.3。

在针铁矿晶体中，O 和 OH 作六方最紧密堆积，密堆积层垂直于 a 轴，Fe^{3+} 位于半数八面体空隙中。Fe^{3+} 的配位数为6，O 的配位数为3。由[Fe(O,OH)$_6$]八面体组成的双链沿 c 轴延伸，双链内八面体共棱连接，双链之间则以角顶相连。

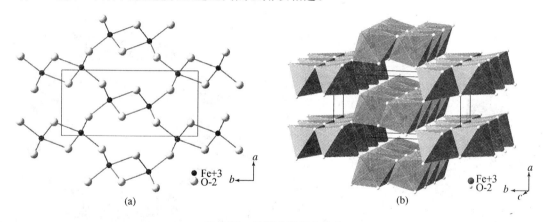

图 8-20　针铁矿的晶体结构

(a) 沿 c 轴的投影；(b) [Fe(O,OH)$_6$]八面体双链沿 c 轴延伸，链间共角顶连接

等结构矿物：硬水铝石 AlO(OH) Diaspore，斜方水锰矿 MnO(OH) Groutite，黑铁矾矿 VO(OH) Montroseite，羟铬矿 CrO(OH) Bracewellite。

硬锰矿　Psilomelane　(Ba,H$_2$O)$_2$Mn$_5$O$_{10}$

单斜晶系，空间群 $A2/m$(no.12)；$a=9.56$Å，$b=2.88$Å，$c=13.85$Å，$\alpha=\gamma=90°$，$\beta=92.5°$，$Z=2$。

黑色至暗钢灰色，条痕褐色至黑色，不透明，半金属光泽，土状者为土状光泽。硬度4.6，比重4.7。

广义的硬锰矿是指颗粒细小的多矿物集合体，在化学组成上为含 Mn 等元素的氧化物和氢氧化物。狭义的理解是一个独立的矿物种，此时与钡硬锰矿(Romanechite)同义。硬锰矿晶体结构主要由[MnO$_6$]八面体组成的三重链和双链相连接，它们围成中空的通道，链与通道平行于 b 轴延伸，通道中为较大的 Ba 离子和水分子(两者无序分布)占据。在三重链或双链内

[MnO$_6$]八面体共棱连接。结构中具有中空通道的这类矿物也可称为"孔道结构"矿物。硬锰矿的结构孔道是由[MnO$_6$]八面体的三重链和双链围成的,故称为 2×3 型孔道结构。在锰的氧化物和氢氧化物中,除了硬锰矿的 2×3 型外,还有拉锰矿(Ramsdellite)的 1×2 型、锰钡矿(Hollandite)的 2×2 型,以及钙锰矿(Todorokite)的 3×3 型等。

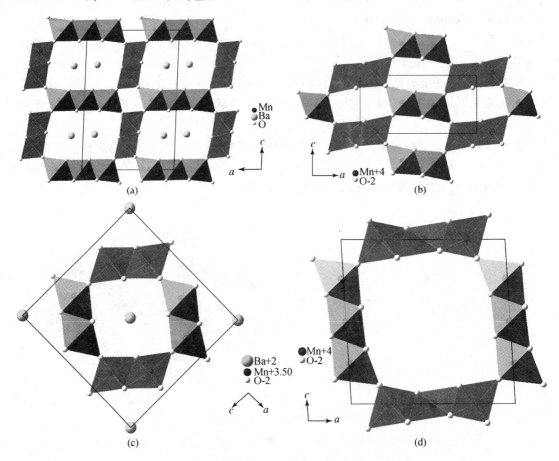

图 8-21 硬锰矿、拉锰矿、锰钡矿和钙锰矿的晶体结构

(a) 硬锰矿晶体结构沿 b 轴的投影,[MnO$_6$]八面体三重链和双链围成 2×3 型结构孔道;(b) 拉锰矿晶体结构沿 b 轴的投影,[MnO$_6$]八面体单链和双链围成 1×2 型结构孔道;(c) 锰钡矿晶体结构沿 b 轴的投影,[MnO$_6$]八面体双链围成 2×2 型结构孔道;(d) 钙锰矿晶体结构沿 b 轴的投影,[MnO$_6$]八面体三重链围成 3×3 型结构孔道

8.2.2 层状基型

三水铝石　Gibbsite　Al(OH)$_3$

单斜晶系,空间群 $P2_1/n$ (no.14);$a=8.742$Å, $b=5.112$Å, $c=9.801$Å, $\alpha=\gamma=90°$, $\beta=94.54°$, $Z=8$。

纯净的三水铝石呈土白色或近白色;自然界中常呈灰色、浅绿色、浅白色或浅红黄色,与所含杂质有关。条痕白色,玻璃光泽,解理面呈珍珠光泽,透明至半透明。解理{001}极完全,性脆,硬度 2.5~3.5,比重 2.30~2.43。具泥土味。

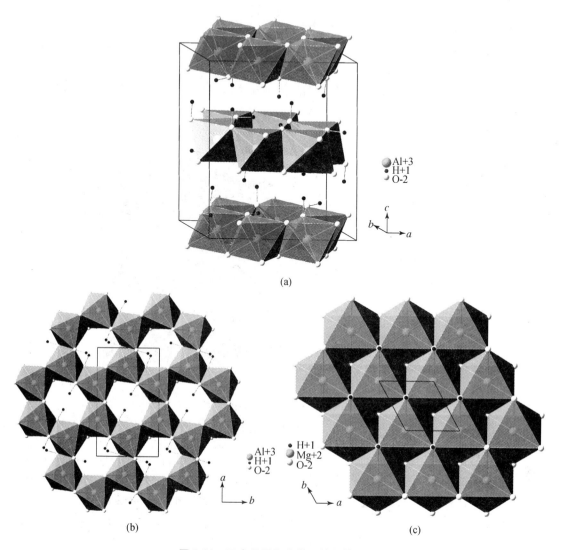

图 8-22 三水铝石和水镁石的晶体结构

(a) 三水铝石的晶体结构,在(001)平面[Al(OH)$_6$]八面体形成六方网格状层;(b) 三水铝石六方网格状[Al(OH)$_6$]八面体层在(001)面的投影;(c) 水镁石[Mg(OH)$_6$]八面体层在(0001)面的投影

Al(OH)$_3$存在4个同质多像变体,除了最常见的三水铝石外,还有拜三水铝石(Bayerite,$P2_1/a$)、督三水铝石(Doyleite,$P\bar{1}$)和诺三水铝石(Nordstrandite,$I\bar{1}$)。在三水铝石结构中,OH作近似六方最紧密堆积,Al^{3+}充填其中相隔一层的2/3八面体空隙中,配位数为6。[Al(OH)$_6$]八面体在(001)平面以共棱方式形成六方网格状并连接成层。[Al(OH)$_6$]为歪曲的八面体,由于相邻[Al(OH)$_6$]八面体层的位移,使每个OH与邻层的OH成相对排列。每个OH的周围围绕着两个Al^{3+}和一个空隙。三水铝石结构与水镁石Mg(OH)$_2$结构(参见碲镍矿Melonite)相似,但水镁石中Mg^{2+}充填了相隔层的所有八面体空隙,[Mg(OH)$_6$]八面体在(0001)平面以共棱方式连接成层,对称程度也较高($P\bar{3}m1$),且每个OH周围有3个Mg,相邻上层底面的OH$^-$与下层顶面的OH$^-$在水镁石中相互错开。

锂硬锰矿　Lithiophorite　$(Al,Li)MnO_2(OH)_2$

单斜晶系,空间群 $C2/m$ (no.12);$a=5.05$Å,$b=2.91$Å,$c=9.55$Å,$\alpha=\gamma=90°$,$\beta=100.5°$,$Z=2$。

铁黑色具蓝色调,条痕绿色。一组解理,呈云母片状,解理片具挠性和可切性,硬度 $2.5\sim3$,比重 3.37(实测值)。

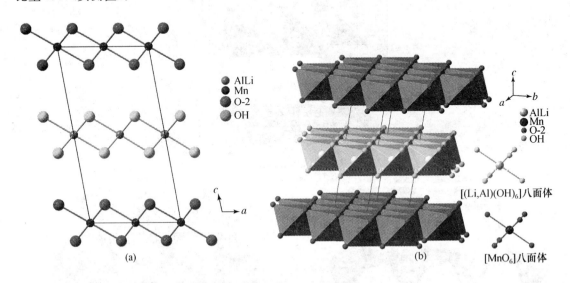

图 8-23　锂硬锰矿的晶体结构
(a) 沿 b 轴的投影;(b) $[MnO_6]$ 和 $[(Li,Al)(OH)_6]$ 八面体层垂直 c 轴相间叠置

在锂硬锰矿的晶体结构中,氧化物 $[MnO_6]$ 八面体层和氢氧化物 $[(Li,Al)(OH)_6]$ 八面体层在垂直于 c 轴方向上彼此相间叠置,层与层之间以氢键联系。两种八面体的畸变较小,在各自的层内八面体皆彼此以棱相连。$[(Li,Al)(OH)_6]$ 八面体层中 Al 和 Li 的分布是无序的。近来也有研究认为,锂硬锰矿结构中的层堆垛方式不变,但对称性为 $R\bar{3}m$,晶胞参数为 $a=b=2.9247$Å,$c=28.169$Å,$Z=3$(Post and Appleman,1994)。

8.2.3　架状基型

羟锗铁石　Stottite　$FeGe(OH)_6$

四方晶系,空间群 $P4_2/n$ (no.86);$a=b=7.594$Å,$c=7.488$Å,$\alpha=\beta=\gamma=90°$,$Z=4$。

深棕色,条痕灰白色。解理 $\{100\}$ 和 $\{010\}$ 中等,解理面上具油脂光泽,硬度 4.5,比重 3.596。

在羟锗铁石的晶体结构中,Fe 和 Ge 周围皆为 6 个 OH 所围绕,分别构成 $[Fe(OH)_6]$ 八面体和 $[Ge(OH)_6]$ 八面体,八面体之间彼此间共角顶连接形成三维架状结构。两种八面体畸变程度差异较大,平均键长分别为 Fe—OH=2.18Å,Ge—OH=1.91Å。

等结构矿物:四方羟锡锰石 $Mn^{2+}Sn^{4+}(OH)_6$ Tetrawickmanite,津羟锡铁矿 $(Fe,Mn)Sn(OH)_6$ Jeanbandyite,羟锑钠石 $NaSb(OH)_6$ Mopungite。

8 氧化物和氢氧化物

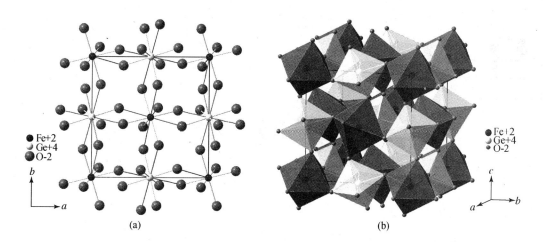

图 8-24 羟锗铁石晶的体结构
(a) 沿 c 轴的投影；(b) $[Fe(OH)_6]$ 和 $[Ge(OH)_6]$ 八面体共角顶连接成三维架状结构

9 硅 酸 盐

9.1 岛状基型

锆石 Zircon Zr[SiO$_4$]

四方晶系,空间群 $I4_1/amd$(no. 141);$a=b=6.5531$Å,$c=5.9519$Å,$\alpha=\beta=\gamma=90°$,$Z=4$。

通常呈黄色至红棕色,灰色、绿色或无色者少见,金刚光泽,有时现油脂光泽,透明至半透明。解理{001}不完全,性脆,硬度 7.5,比重 4.6～4.7。当其中 Th、U 等放射性元素含量较高时,具放射性,并常引起非晶质化。

在锆石的晶体结构中,Si 呈四次配位形成[SiO$_4$]四面体,Zr 呈八次配位构成[ZrO$_8$]"三角十二面体"(可视为四方四面体与四方偏三角面体的聚形,或者畸变的八面体)。整个结构可看成是孤立的[SiO$_4$]四面体与[ZrO$_8$]多面体连接而成,[SiO$_4$]四面体只与[ZrO$_8$]多面体相连,而[ZrO$_8$]多面体既与[SiO$_4$]四面体共棱相连,也与相邻的[ZrO$_8$]多面体共棱相连。

等结构矿物:铪石 HfSiO$_4$ Hafnon,钍石 ThSiO$_4$ Thorite,铀U(SiO$_4$)$_{1-x}$(OH)$_{4x}$ Coffinite,羟钍石 Th(SiO$_4$)$_{1-x}$(OH)$_{4x}$ Thorogummite,铬钙石 CaCrO$_4$ Chromatite,磷钇矿 YPO$_4$ Xenotime-(Y),砷钇石 YAsO$_4$ Chernovite-(Y),钒钇矿 YVO$_4$ Wakefieldite-(Y),钒铈矿 CeVO$_4$ Wakefieldite-(Ce),磷钪矿 ScPO$_4$ Pretulite,磷镱矿 YbPO$_4$ Xenotime-(Yb),硼钽石 (Ta,Nb)BO$_4$ Behierite,硼铌石(Nb,Ta)BO$_4$ Schiavinatoite。

石榴子石 Garnet

矿物族名。本族矿物的一般化学式可用 X$_3$Y$_2$[SiO$_4$]$_3$ 表示,其中 X 代表二价阳离子,主要为 Ca^{2+}、Mg^{2+}、Fe^{2+}、Mn^{2+} 等;Y 代表三价阳离子,主要为 Al^{3+}、Fe^{3+}、Cr^{3+} 等,也可以有 Ti^{4+}、Zr^{4+} 等四价离子。Y 位阳离子之间因半径接近,容易产生类质同像替代,而 X 位阳离子中 Ca^{2+} 与 Mg^{2+}、Fe^{2+}、Mn^{2+} 的半径相差较大,难于发生置换。

依据 X、Y 以及络阴离子特点,石榴子石分为 4 个系列:① 铝榴石(Pyralspite)系列,包括镁铝榴石(Pyrope)Mg$_3$Al$_2$[SiO$_4$]$_3$、铁铝榴石(Almandite)Fe$_3$Al$_2$[SiO$_4$]$_3$、锰铝榴石(Spessaritite)Mn$_3$Al$_2$[SiO$_4$]$_3$、镁铁榴石(Majorite)Mg$_3$Fe$_2$[SiO$_4$]$_3$、镁铬榴石(Knorringite)Mg$_3$Cr$_2$[SiO$_4$]$_3$ 和锰铁榴石(Calderite)Mn$_3$Fe$_2$[SiO$_4$]$_3$ 等。② 钙榴石(Ugrandite)系列,包括钙铁

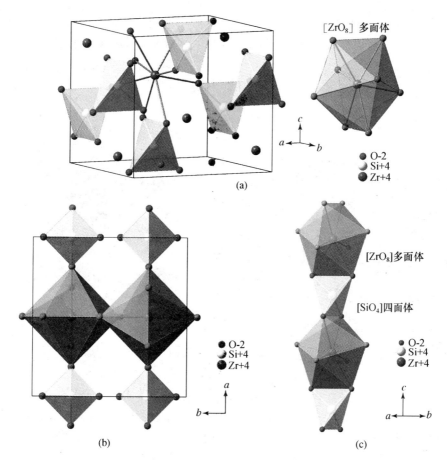

图 9-1 锆石的晶体结构

(a) [SiO$_4$]四面体孤立岛状分布和[ZrO$_8$]多面体的形状；(b) 沿 c 轴的投影，在 a 轴方向上[SiO$_4$]四面体和[ZrO$_8$]多面体共角顶连接；(c) [SiO$_4$]四面体和[ZrO$_8$]多面体共棱连接沿 c 轴延伸

榴石(Andradite) Ca$_3$Fe$_2$[SiO$_4$]$_3$、钙铝榴石(Grossular) Ca$_3$Al$_2$[SiO$_4$]$_3$、钙铬榴石(Uvarovite) Ca$_3$Cr$_2$[SiO$_4$]$_3$、钙钒榴石(Goldmanite) Ca$_3$V$_2$[SiO$_4$]$_3$ 等。③ 钛榴石(Schorlomite)系列，包括钙钛铁榴石(Morimotoite) Ca$_3$TiFe[SiO$_4$]$_3$、钛榴石(Schorlomite) Ca$_3$Ti$_2$[(Si,Fe)O$_4$]$_3$、钙锆榴石(Kimzeyite) Ca$_3$Zr$_2$[(Si,Al,Fe)O$_4$]$_3$ 等。④ 水榴石(Hydroxygarnet)系列，包括水钙铝榴石(Hibschite 或 hydrogrossular) Ca$_3$Al$_2$[(SiO$_4$)$_{>1.5}$((OH)$_4$)$_{<1.5}$]、加藤石(Katoite) Ca$_3$Al$_2$[(SiO$_4$)$_{<1.5}$((OH)$_4$)$_{>1.5}$]、水钙铁榴石(Hydroandradite) Ca$_3$Fe$_2$[(SiO$_4$)$_{>1.5}$((OH)$_4$)$_{<1.5}$]等。上述这些矿物种皆为等结构矿物。下面以镁铝榴石为例来说明石榴子石族矿物的结构特点。

镁铝榴石　Pyrope　Mg$_3$Al$_2$[SiO$_4$]$_3$

等轴晶系，空间群 $Ia3d$ (no. 230)；$a=b=c=11.318$Å，$\alpha=\beta=\gamma=90°$，$Z=8$。

颜色以紫红色为主，玻璃光泽，断口油脂光泽。解理平行{110}不完全或无解理，断口不平坦，有脆性，硬度 6.5～7.5，比重 3.58。

石榴石族矿物的晶体结构表现为孤立的硅氧[SiO_4]四面体由 X 和 Y 位的金属阳离子联系,结构紧密。以镁铝榴石为例,其 Mg 离子呈八次配位,形成畸变的配位立方体;Al 离子作六次配位,形成配位[AlO_6]八面体,[SiO_4]四面体则由[AlO_6]八面体所连接,一个[AlO_6]八面体周围与 6 个[SiO_4]四面体以角顶相连接,并与 Mg 的畸变立方体以共棱方式连接。

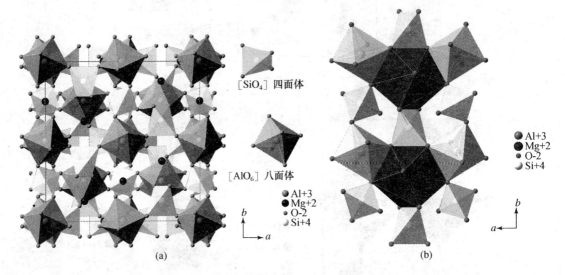

图 9-2 镁铝榴石的晶体结构

(a) 沿 c 轴的投影,孤立[SiO_4]四面体和[AlO_6]八面体共角顶连接;(b) 显示在(001)面上三种配位多面体的连接方式

橄榄石　Olivine

橄榄石为矿物族名,此族矿物的化学式可用 $X_2[SiO_4]$ 表示。其中 X 主要为 Mg^{2+}、Fe^{2+} 等,还可有 Mn^{2+}、Ni^{2+}、Co^{2+}、Zn^{2+} 等。视阳离子特点,橄榄石族矿物划分为两个系列,即镁铁橄榄石系列和钙橄榄石系列。前者包括的矿物种有镁橄榄石(Forsterite) $Mg_2[SiO_4]$、铁橄榄石(Fayalite) $Fe_2[SiO_4]$、镍橄榄石(Liebenbergite) $Ni_2[SiO_4]$、锰橄榄石(Tephroite) $Mn_2[SiO_4]$ 等;后者包括钙镁橄榄石(Monticellite) $CaMg[SiO_4]$、钙铁橄榄石(Kirschsteinite) $CaFe[SiO_4]$、钙锰橄榄石(Glaucochroite) $CaMn[SiO_4]$ 等。上述矿物种皆为等结构矿物。此外,莱河矿(Laihunite, $P2_1/b$) $Fe^{2+}Fe_2^{3+}[SiO_4]_2$、瓦兹利石(Wadsleyite, $Imma$)和尖晶橄榄石(Ringwoodite, $Fd3m$)(化学组成皆为 $(Mg,Fe)[SiO_4]$,是高压相矿物),也可视为橄榄石族矿物,但它们的对称性与上述的矿物种不同。

狭义地理解,通常所称的橄榄石是指以镁橄榄石和铁橄榄石为两个端元组分的完全类质同像的中间组分。这里只作狭义的理解,即橄榄石$(Mg,Fe)[SiO_4]$。

斜方晶系,空间群 $Pbnm$ (no.62); $a=4.7645$Å, $b=10.2347$Å, $c=5.9973$Å, $\alpha=\beta=\gamma=90°$, $Z=4$。

镁橄榄石为白色或浅黄、浅绿色,铁含量增高,绿色加深,常见者为黄绿或橄榄绿色,玻璃光泽。$\{010\}$解理不完全,断口次贝壳状,硬度 6.5～7,比重 3.2～4.4。

9 硅酸盐

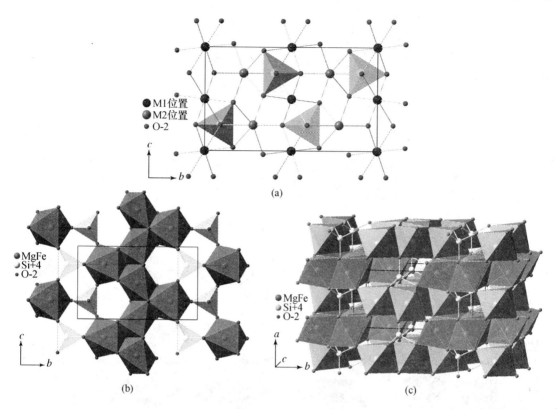

图 9-3 橄榄石的晶体结构

(a) 沿 c 轴的投影,显示了[SiO_4]四面体以及 M1 和 M2 八面体位置;(b) 橄榄石结构中[(Mg,Fe)O_6]八面体和[SiO_4]四面体在 a 轴同一高度的连接情况;(c) 显示了[(Mg,Fe)O_6]八面体的连接方式

橄榄石的晶体结构表现为孤立的[SiO_4]四面体由金属阳离子 Mg^{2+} 和 Fe^{2+} 联系起来。也可视为 O 作近似六方最紧密堆积,Si 充填 1/8 四面体空隙,Mg 和 Fe 充填 1/2 八面体空隙,[(Mg,Fe)O_6]八面体沿 c 轴共棱连接成锯齿状链。(Mg,Fe)占据两种八面体结构位置(M1 和 M2),其中 M1 畸变较大。在其他具有不同六次配位阳离子的橄榄石矿物中,往往是半径大者占据 M1 位置。

等结构矿物:除了上述的本族等结构矿物外,还有硼铝镁石 $MgAlBO_4$ Sinhalite,金绿宝石 $BeAl_2O_4$ Chrysoberyl。

红柱石 Andalusite AlAl[SiO_4]O

斜方晶系,空间群 $Pnnm$ (no. 58);$a = 7.8976$Å,$b = 7.9735$Å,$c = 5.5695$Å,$\alpha = \beta = \gamma = 90°$,$Z = 4$。

常为灰色、黄色、肉红色,无色者少见,玻璃光泽。解理{110}中等、{100}不完全,硬度6.5~7.5,比重 3.13~3.16。

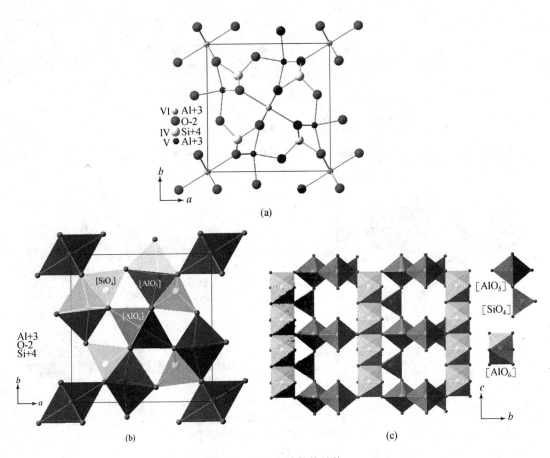

图 9-4 红柱石的晶体结构

(a) 沿 c 轴的投影,显示五次和六次配位的 Al、Si 的配位数均为 4;(b) 沿 c 轴的投影,显示 $[AlO_6]$ 八面体、$[AlO_5]$ 三方双锥和 $[SiO_4]$ 四面体连接的方式;(c) 红柱石结构(100)面上,$[AlO_6]$ 八面体沿 c 轴方向成链并为 $[AlO_5]$ 和 $[SiO_4]$ 四面体连接

红柱石与蓝晶石(Kyanite)和夕线石(Sillimanite)呈同质三像。在红柱石的晶体结构中,1/2 的 Al 配位数为 6,组成 $[AlO_6]$ 八面体,它们以共棱方式沿 c 轴连接成链;链与链之间由另外 1/2 的 Al(配位数为 5)组成的 $[AlO_5]$ 三方双锥以及 $[SiO_4]$ 四面体相连接。

等结构矿物:锰红柱石(Mn,Al)Al$[SiO_4]$O Kanonaite,橄榄铜矿 $Cu_2[AsO_4](OH)$ Olivenite,羟砷锌石 $Zn_2[AsO_4](OH)$ Adamite,羟砷锰矿 $Mn_2[AsO_4](OH)$ Eveite,磷铜矿 $Cu_2[PO_4](OH)$ Libethenite。

蓝晶石 Kyanite Al$_2$[SiO$_4$]O

三斜晶系,空间群 $P\bar{1}$(no. 2);$a=7.1582$Å,$b=7.8821$Å,$c=5.6089$Å,$\alpha=89.9°$,$\beta=101.21°$,$\gamma=105.98°$,$Z=4$。

蓝色、青色或白色,亦呈灰色、绿色等,玻璃光泽,解理面上有珍珠光泽。解理{100}完全、{010}中等,{001}有裂开,性脆。硬度随方向不同而异,平行 c 轴方向为 4.5,垂直 c 轴为 6,比重 3.53~3.65。

蓝晶石的晶体结构可视为 O 作近似立方最紧密堆积，O 的密堆积面平行于(110)。Al 充填 2/5 的八面体空隙，Si 充填 1/10 的四面体空隙。[AlO_6]八面体以共棱的方式连接成链平行 c 轴，链间是以共角顶并以与 3 个八面体共棱的方式连接成平行(100)层，其层间以[SiO_4]四面体与[AlO_6]八面体相连接。不同于蓝晶石的同质多像变体(红柱石和夕线石)，蓝晶石中的 Al 都是六次配位的。

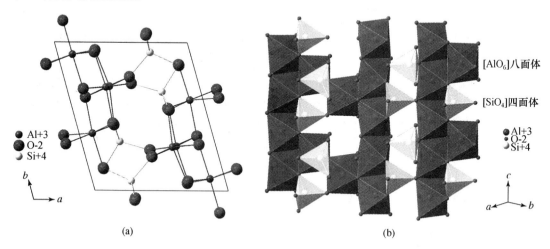

图 9-5 蓝晶石的晶体结构

(a) Al 为六次配位，Si 为四次配位；(b) [AlO_6]八面体链沿 c 轴方向延伸，并由[SiO_4]四面体连接

黄玉 Topaz Al_2[SiO_4]F_2

斜方晶系，空间群 $Pbnm$ (no. 62)；$a=4.652$Å, $b=8.801$Å, $c=8.404$Å, $\alpha=\beta=\gamma=90°$, $Z=4$。

无色或淡黄、黄褐等色，透明，玻璃光泽。{001}解理完全，硬度 8，比重 3.52～3.57。

黄玉晶体结构中存在着成对的[AlO_4F_2]八面体连接成的弯曲链，链体沿 c 轴延伸，链与链之间由[SiO_4]四面体连接。与[AlO_4F_2]八面体配位的两个 F，只与两个 Al 相连接，位于两

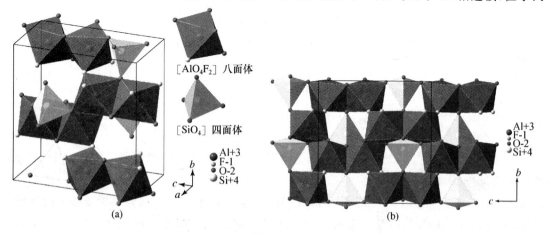

图 9-6 黄玉的晶体结构

(a) [AlO_4F_2]八面体和[SiO_4]四面体共角顶连接；(b) 沿 a 轴的投影，[AlO_4F_2]八面体链沿 c 轴延伸

个八面体的平行于(001)的共用棱上。F 常常被部分 OH 所代替。从密堆积的角度,可视为 F 和 O 一起作四层式最紧密堆积,Al 占据八面体空隙,Si 占据四面体空隙。

十字石　Staurolite　$Fe_2Al_9[SiO_4]_4O_7(OH)$

单斜晶系,空间群 $C2/m$ (no. 12);$a=7.82Å$, $b=16.52Å$, $c=5.63Å$, $α=γ=90°$, $β=90.1°$, $Z=2$。

深褐、红褐色,玻璃光泽,但变化后常呈暗淡无光或如土状光泽。解理{010}中等,硬度 7.5,比重 3.74~3.83。

十字石的晶体结构与蓝晶石的相似,可看做在(010)面上蓝晶石的结构层与氢氧化铁层交互排列组成。从密堆积的角度,也可看做 O 和(OH)一起作立方最紧密堆积,Al 占据八面体空隙,Fe 和 Si 占据四面体空隙。H^+ 离子位于单胞中心和 4 条棱的中心。

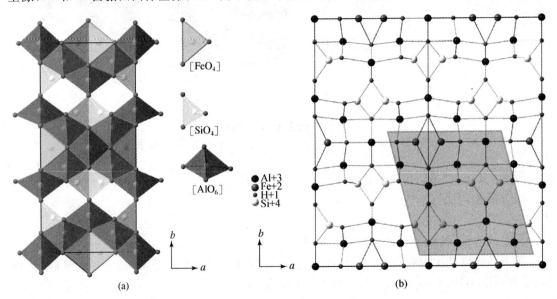

图 9-7　十字石的晶体结构

(a) 沿 c 轴的投影,显示 3 种多面体的连接方式;(b) 沿 c 轴的投影(1×2 倍单胞),显示十字石与蓝晶石的结构关系,灰色区域为蓝晶石的单胞轮廓

榍石　Titanite(Sphene)　$CaTi[SiO_4]O$

单斜晶系,空间群 $C2/c$ (no. 15);$a=6.607Å$, $b=8.775Å$, $c=7.110Å$, $α=γ=90°$, $β=113.53°$, $Z=4$。

米黄色、褐色、绿色等,透明至半透明,金刚光泽、油脂光泽或玻璃光泽。解理{110}中等,硬度 5~6,比重 3.29~3.60。

榍石的晶体结构中,Ti 呈六次配位形成[TiO_6]八面体,它们共角顶连接沿 c 轴方向成链,链与链间由[SiO_4]四面体以及呈七次配位的[CaO_7]多面体连接成三维架状结构。[SiO_4]四面体呈孤立状分布,每个[SiO_4]四面体与 3 条[TiO_6]八面体链相连接。

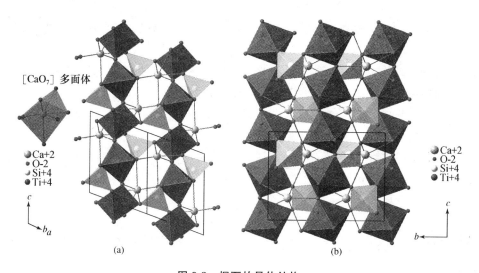

图 9-8 榍石的晶体结构

(a) [TiO$_6$]八面体链沿 c 轴延伸；(b) 在(100)面上的投影，矩形框示单胞

等结构矿物：马来亚石 CaSn[SiO$_4$]O Malayaite，钒马来亚石 CaV[SiO$_4$]O Vanadomalayaite，氟砷钙镁石 CaMg[AsO$_4$]F Tilasite，氟磷钙镁石 CaMg[PO$_4$]F Isokite，羟氟磷钙镁石 CaMg[PO$_4$](OH,F) Panasqueiraite，锥晶石 NaAl[PO$_4$]F Lacroixite，橙砷钠石 NaAl[AsO$_4$]F Durangite，马克斯威石 NaFe[AsO$_4$]F Maxwellite。

蓝线石 Dumortierite (Al,Fe,□)$_7$[SiO$_4$]$_3$[BO$_3$]O$_3$

斜方晶系，空间群 $Pmcn$（no.62）；$a=11.828$Å，$b=20.243$Å，$c=4.7001$Å，$\alpha=\beta=\gamma=90°$，$Z=4$。

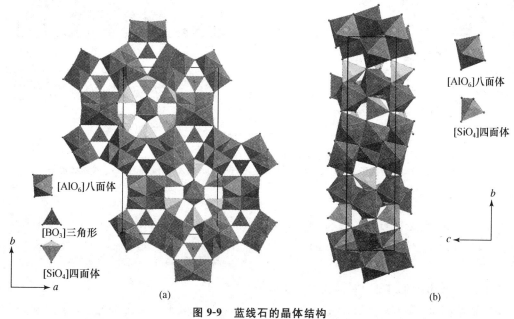

图 9-9 蓝线石的晶体结构

(a) 沿 c 轴的投影，[SiO$_4$]四面体围绕共面连接的[AlO$_6$]八面体链分布，矩形框示单胞；(b) 沿 a 轴的投影

青绿至绿蓝色,透明,玻璃光泽。解理{100}中等、{110}不完全、{210}极不完全,具{001}裂开,硬度7,比重3.35。

蓝线石的晶体结构中存在两种[AlO_6]八面体链,一类是共面连接,另一类是共棱连接,两者皆平行 c 轴延伸。[SiO_4]四面体围绕共面连接的八面体链分布,与4个[AlO_6]八面体共角顶连接。[BO_3]呈平面三角形,垂直于 c 轴。蓝线石结构中 Al 的位置可被 Mg、Fe 等其他离子替代,或存在空位。

等结构矿物:镁蓝线石 $Al_4(Al,Mg)_2[SiO_4]_3(BO_3)(O,OH)_3$ Magnesiodumortierite,锑线石 $Al_6(Al,Ta)[(SiO_4,SbO_4,AsO_4)]_3(BO_3)(O,OH)_3$ Holtite。

钪钇石 Thortveitite $(Sc,Y)_2[Si_2O_7]$

单斜晶系,空间群 $C2/m$ (no.12);$a=6.5304$Å, $b=8.5208$Å, $c=4.6806$Å, $\alpha=\gamma=90°$, $\beta=102.63°$, $Z=2$。

带灰的绿色,条痕浅灰绿色,半透明到透明,玻璃光泽。解理{110}中等,有{001}裂开,断口呈贝壳状到不平坦状,性脆,硬度 6.5~7,比重 3.6。

钪钇石的晶体结构与刚玉的结构类似,可视为 O 作近似的六方最紧密堆积,Sc 充填八面体空隙。从配位角度,Sc 作六次配位形成[$(Sc,Y)O_6$]八面体,它们在垂直 c 轴的平面上彼此共棱形成具有六元环的层,层与层之间由双四面体[Si_2O_7]连接起来。

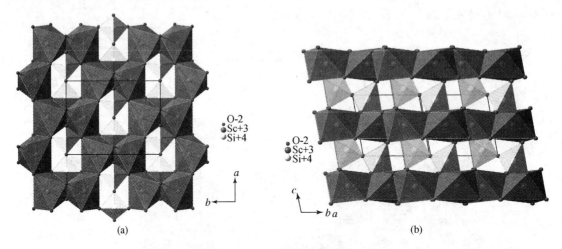

图 9-10 钪钇石的晶体结构

(a) 在(001)面上的投影,[$(Sc,Y)O_6$]八面体层平行于(001);(b) [$(Sc,Y)O_6$]八面体层由[Si_2O_7]双四面体所连接

等结构矿物:硅锆钙石 $CaZr[Si_2O_7]$ Gittinsite,硅钇石 $(Y,Yb)_2[Si_2O_7]$ Keiviite-(Y),硅镱石 $(Yb,Y)_2[Si_2O_7]$ Keiviite-(Yb)。

黑柱石 Ilvaite $CaFe_2^{2+}Fe^{3+}(Si_2O_7)O(OH)$

斜方晶系,空间群 $Pbnm$ (no.62);$a=8.818$Å, $b=13.005$Å, $c=5.853$Å, $\alpha=\beta=\gamma=90°$, $Z=4$。

褐黑色、绿黑色,褐黑色条痕,半金属光泽,不透明,薄片微透明。{010}解理不完全、{001}和{100}极不完全,硬度5.5～6,比重3.8～4.12。

黑柱石晶体结构中,Fe^{2+}被6个O和(OH)围绕,形成[FeO_5(OH)]八面体,八面体之间成对共棱连接成双链平行c轴延伸。这些双链为[Si_2O_7]双四面体和[FeO_6]八面体所连接,双四面体的长轴平行于b轴。Ca的配位数为7,分布在双链和双四面体之间的较大空隙内。黑柱石也有单斜晶系的变体,其空间群为$P2_1/a$。

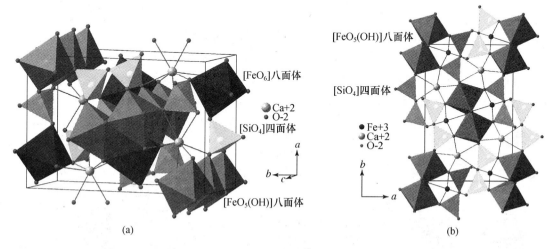

图 9-11 黑柱石的晶体结构

(a)[FeO_5(OH)]八面体双链沿c轴延伸;(b)沿c轴的投影,[FeO_5(OH)]八面体双链由[Si_2O_7]双四面体、[FeO_6]八面体和[CaO_7]多面体连接

异极矿　Hemimorphite　$Zn_4[Si_2O_7](OH)_2 \cdot H_2O$

斜方晶系,空间群 $Imm2$ (no.44);$a=8.367$Å,$b=10.73$Å,$c=5.115$Å,$\alpha=\beta=\gamma=90°$,$Z=2$。

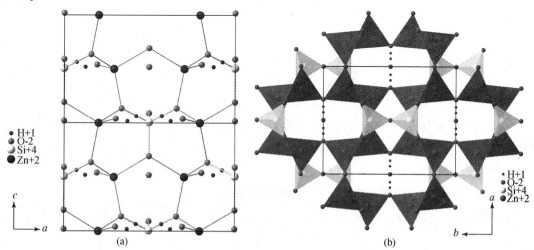

图 9-12 异极矿的晶体结构

(a)沿b轴的投影;(b)沿c轴的投影,H_2O分子存在于四面体围成的结构孔道中

无色，集合体呈白色，透明，玻璃光泽，解理面具珍珠光泽。解理{110}完全、{101}不完全，硬度 4～5，比重 3.40～3.50。

异极矿的晶体结构中，Zn 作四次配位形成[ZnO_4]四面体或[$Zn_2(O,OH)_7$]双四面体，整个结构可看做是由[Si_2O_7]双四面体、[ZnO_4]四面体和[$Zn_2(O,OH)_7$]双四面体彼此间以共角顶方式连接组成的三维架状结构。在(001)面上，四面体围成 1×2 四面体宽度的结构孔道平行 c 轴，H_2O 分子存在于其中。

符山石　Vesuvianite　$Ca_{10}(Mg,Fe)_2Al_4[SiO_4]_5[Si_2O_7]_2(OH)_4$

四方晶系，空间群 $P4/nnc$ (no. 126)；$a=b=15.63Å$，$c=11.83Å$，$α=β=γ=90°$，$Z=4$。

颜色多样，主要与含铁量及价态有关，常呈黄、褐、灰绿、绿色，透明，玻璃光泽。{110}解理不完全，{100}和{001}解理极不完全，硬度 6.5～7，比重 3.33～3.43。

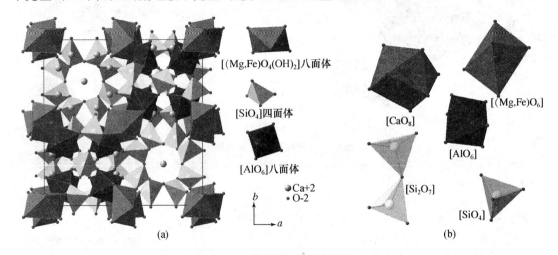

图 9-13　符山石的晶体结构

(a) 沿 c 轴的投影；(b) 符山石晶体结构中的几种多面体

在符山石的晶体结构中，8 个不同高度的[SiO_4]四面体两两相对，围绕四次轴排列成八边形筒并平行 c 轴，在筒中心轴线分布有[SiO_4]四面体和[CaO_8]多面体共棱连接成的链。4 对[Si_2O_7]双四面体也围绕四次轴排列形成八边形筒状平行 c 轴，其轴线上部或下部分布有两个共面的[CaO_8]多面体。[AlO_6]八面体也围绕筒的轴线四周分布。[$(Mg,Fe)O_4(OH)_2$]畸变八面体孤立分布在位于四方单胞的角顶、棱中心、面心和体心，即结构空隙处。

绿帘石　Epidote　$Ca_2FeAl_2[Si_2O_7][SiO_4]O(OH)$

单斜晶系，空间群 $P2_1/m$ (no. 11)；$a=8.893Å$，$b=5.630Å$，$c=10.15Å$，$α=γ=90°$，$β=115.36°$，$Z=2$。

呈不同色调的绿色，颜色随 Fe^{3+} 含量增高而加深，玻璃光泽，透明。解理{001}完全、{100}不完全，硬度 6，比重 3.38～3.49。

绿帘石的晶体结构中，Al 作六次配位形成[AlO_6]八面体，它们彼此共两棱连接形成[AlO_6]八面体链平行 b 轴延伸。八面体链由双四面体[Si_2O_7]和孤立四面体[SiO_4]连接成平行(100)的层，链层与链层之间所构成的较大空隙为较大的阳离子 Ca 以及六次配位的 Fe^{3+} 离子所充填。

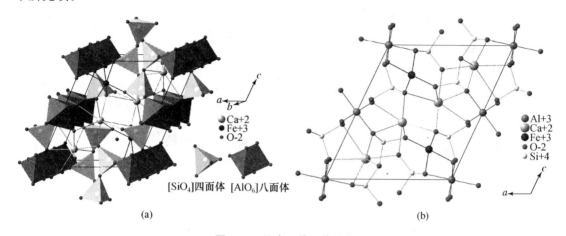

图 9-14 绿帘石的晶体结构

(a) [AlO_6]八面体链沿 b 轴延伸；(b) 沿 b 轴的投影

等结构矿物：褐帘石 $(Ce,Ca,Y)_2(Al,Fe)_3[Si_2O_7][SiO_4]O(OH)$ Allanite，斜黝帘石 $Ca_2AlAl_2[Si_2O_7][SiO_4]O(OH)$ Clinozoisite，红帘石 $Ca_2(Mn,Fe)Al_2[Si_2O_7][SiO_4]O(OH)$ Piemontite，锶红帘石 $CaSrMn(Al,Fe)_2[Si_2O_7][SiO_4]O(OH)$ Strontiopiemontite，钒帘石 $Ca_2VAl_2[Si_2O_7][SiO_4]O(OH)$ Mukhinite，铈镁帘石 $CaCeMg_2Al[Si_2O_7][SiO_4](O,OH)_2$ Dollaseite-(Ce)，镧锰帘石 $(Mn,Ca)(La,Ce)MnMnAl[Si_2O_7][SiO_4]O(OH)$ Androsite-(La)，铅黝帘石 $(Ca,Pb,Sr)_2(Al,Fe)_3[Si_2O_7][SiO_4]O(OH)$ Hancockite，赫里斯托夫石 $(Ca,La)CeMn(Mg,FeAl[Si_2O_7][SiO_4]O(OH)$ Khristovite-(Ce)，德萨基铈石 $(Ca,La)(Ce,La)MgAl_2[Si_2O_7][SiO_4]O(OH)$ Dissakisite-(Ce)。

9.2 环状基型

异性石　Eudialyte　$Na_{12}Ca_6Fe_3Zr_3[Si_3O_9]_2[Si_9O_{24}(OH,Cl)_3]_2$

三方晶系，空间群 $R3m$ (no. 160)；$a=b=14.252$Å，$c=30.018$Å，$\alpha=\beta=90°$，$\gamma=120°$，$Z=3$。

黄褐色及不同色调的砖红色。解理{0001}中等，有时可见到(0001)裂开，断口不平坦，硬度 5～5.5，比重 2.74～2.98。弱磁性。

异性石结构中存在两种由[SiO_4]构成的环，一种是[Si_3O_9]三元环，另一种是[Si_9O_{27}]环，两种环组成的四面体层平行(0001)。单胞内共有 6 个类似的层，层与层之间分别由 Na 及六次配位的 Zr，以及四次配位的 Fe 和六次配位的 Ca 所连接，并在[Si_9O_{27}]环中轴处形成较大的结构空隙。Cl 处于四面体层同样高度，并与部分 Na 和(OH)一起位于较大的结构空隙处。也有研究认为，异性石的空间群为 $R\overline{3}m$。

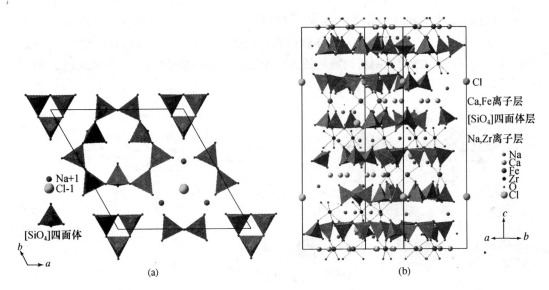

图 9-15 异性石的晶体结构

(a) 其中[SiO$_4$]层沿 c 轴的投影，Cl 和部分 Na 与之在同一高度；(b) 单胞内 6 个[SiO$_4$]层由 Zr、Na、Ca、Fe 离子层所连接

等结构矿物：肯异性石（Na$_{14}$REE）$_{15}$（Ca$_5$REE）$_6$Mn$_3$Zr$_3$NbSi$_{25}$O$_{74}$F$_2$·2H$_2$O Kentbrooksite，锶异性石 Na$_{12}$Sr$_3$Ca$_6$Fe$_3$WZr$_3$Si$_{25}$O$_{73}$(O,OH,H$_2$O)$_3$(OH,Cl)$_2$ Khomyakovite，锰锶异性石 Na$_{12}$Sr$_3$Ca$_6$Mn$_3$WZr$_3$Si$_{25}$O$_{73}$(O,OH,H$_2$O)$_3$(OH,Cl)$_2$ Manganokhomyakovite，奥尼尔石 Na$_{15}$Ca$_3$Mn$_3$Fe$_3$Zr$_3$NbSi$_{25}$O$_{73}$(O,OH,H$_2$O)$_3$(OH,Cl)$_2$ Oneillite。

斧石　Axinite

斧石是矿物族名，包含若干主要阳离子不同的等结构矿物。化学通式可写为：X$_2$YZ$_2$B[Si$_2$O$_7$]$_2$O(OH)，其中 Y 可以是 Mg、Fe、Mn 等。这里以铁斧石为例来说明这类矿物的结构特点。

铁斧石　Ferroaxinite　Ca$_2$FeAl$_2$B[Si$_2$O$_7$]$_2$O(OH)

三斜晶系，空间群 $P\bar{1}$(no.2)；a=7.1566Å，b=9.1995Å，c=8.959Å，α=91.8°，β=98.14°，γ=77.3°，Z=2。

棕色、红色、黄色等，透明到半透明，条痕无色，玻璃光泽。解理{010}中等，断口贝壳状，硬度 6.5～7，比重 3.25～3.36。

铁斧石结构中的 B 为四次配位构成[BO$_4$]四面体，两个[BO$_4$]四面体与两对[Si$_2$BO$_7$]双四面体一起，共用 O 而组成[B$_2$Si$_8$O$_{30}$]六元环，每一个这样的六元环还与另外两个[Si$_2$BO$_7$]相连接，并共同组成大致平行($\bar{1}$21)的四面体层。阳离子八面体层则是由六次配位的 Ca（呈畸变八面体）联系起来的共棱连接的[AlO$_6$]和[FeO$_6$]八面体链组成。两种层交替排列，大致平行($\bar{1}$21)。

等结构矿物：镁斧石 Ca$_2$MgAl$_2$B[Si$_2$O$_7$]$_2$O(OH) Magnesioaxinite，锰斧石 Ca$_2$MnAl$_2$B[Si$_2$O$_7$]$_2$O(OH) Manganaxinite，廷斧石（Ca,Mg,Fe）$_3$Al$_2$B[Si$_2$O$_7$]$_2$O(OH) Tinzenite。

9 硅酸盐

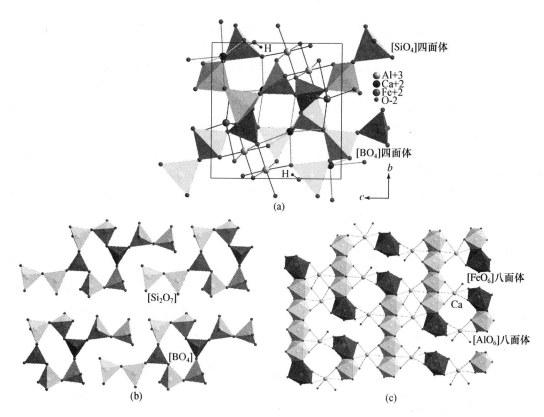

图 9-16 铁斧石的晶体结构

(a) 铁斧石的晶体结构，[BO₄] 和 [Si₂O₇] 组成六元环；(b) 铁斧石结构中的四面体层；(c) 铁斧石结构中的八面体层

绿柱石 Beryl Be₃Al₂[Si₆O₁₈]

六方晶系，空间群 $P6/mcc$ (no.192)；$a=b=9.127$ Å，$c=9.064$ Å，$\alpha=\beta=90°$，$\gamma=120°$，$Z=2$。

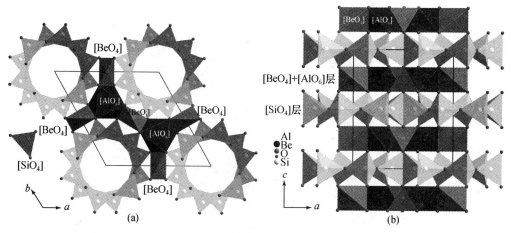

图 9-17 绿柱石的晶体结构

(a) 沿 c 轴的投影，六元环上下错开并构成宽阔的结构孔道；(b) 垂直 b 轴的投影，四面体层和 [BeO₄] 及 [AlO₆] 多面体组成的层沿 c 轴交替排列

纯的绿柱石为无色，由于混入杂质而具有不同色调，常见的有绿色、粉红色等，玻璃光泽，透明至半透明。平行{0001}有一组不完全解理，硬度7.5～8，比重2.6～2.9。

在绿柱石的晶体结构中，[SiO$_4$]四面体组成具有六次对称的六元环[Si$_6$O$_{18}$]，环平面垂直于c轴，上下叠置的六元环环绕c轴错开25°。环与环之间由Al^{3+}和Be^{2+}连接。Be作四次配位，形成扭曲的铍氧四面体[BeO$_4$]；Al作六次配位，形成铝氧八面体[AlO$_6$]。环中心沿c轴方向有宽阔的孔道，大半径阳离子K$^+$、Na$^+$、Rb$^+$、Cs$^+$及水分子可存在于孔道中。含Cr的绿柱石亚种呈翠绿色，称祖母绿（Emerald），含Fe的透明而呈蔚蓝色的亚种称海蓝宝石（Aquamarine），含Cs者称铯绿柱石（Morganite）。

等结构矿物：钪绿柱石Be$_3$(Sc,Al)$_2$[Si$_6$O$_{18}$] Bazzite，六方堇青石（Al$_2$Si）Mg$_2$[Al$_2$Si$_4$O$_{18}$] Indialite，斯托潘尼石（Fe,Al,Mg）$_2$Be$_3$[Si$_6$O$_{18}$]+(Na,□)(H$_2$O) Stoppaniite。

堇青石　Cordierite　Al$_2$SiMg$_2$[Al$_2$Si$_4$O$_{18}$]

斜方晶系，空间群$Cccm$（no.66）；$a=17.1674$Å，$b=9.7517$Å，$c=9.0661$Å，$\alpha=\beta=\gamma=90°$，$Z=4$。

无色，常带有不同色调的浅蓝及浅紫色，透明至半透明，玻璃光泽，断口油脂光泽，条痕无色。解理{010}中等、{100}和{001}不完全，贝壳状断口，硬度7～7.5，比重2.53～2.78。

堇青石的晶体结构与绿柱石的基本相同，但与之相比，堇青石结构中六元环中的两个[SiO$_4$]被[AlO$_4$]有序替代，且上下叠置的六元环绕c轴错开的角度更大（约32°）。畸变四面体位置也分别为[SiO$_4$]和[AlO$_4$]有序占据。由于Si和Al的有序占位，使得堇青石的对称性降低为斜方晶系。堇青石与六方堇青石呈同质二像，但后者结构中的Si和Al占位完全无序，故而它与绿柱石等结构。

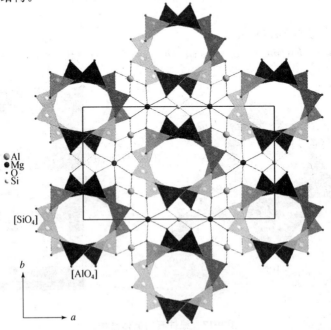

图9-18　堇青石晶体结构沿c轴的投影

[AlO$_4$]有序替代[SiO$_4$]。矩形框示单胞

等结构矿物：铁堇青石 $Al_2Si(Mg,Fe)_2[Al_2Si_4O_{18}]$ Sekaninaite。

电气石 Tourmaline

电气石是矿物族名，此族矿物可用一般化学式 $XY_3Z_6[Si_6O_{18}](BO_3)_3(OH,F)(OH,O)_3$ 来表示。其中 X＝Na,Ca,□，为九次配位 $[XO_6O_3]$；Y＝Mg,Al,Fe,Li,Mn,Zn 等，六次配位 $[YO_4(OH)_2]$；Z＝Al,Fe,Mg,Mn 等，六次配位 $[ZO_5(OH)]$。对称性为 $R3m$。包含的主要等结构矿物有：锂电气石(Elbaite) $(Na,Ca)(Al,Li)_3Al_6[Si_3O_{18}](BO_3)_3(F,OH)(OH)_3$、钙锂电气石(Liddicoatite) $(Ca,Na)(Li,Al)_3Al_6[Si_3O_{18}](BO_3)_3(F,OH)(OH)_3$、罗斯曼石(Rossmanite) $(□,Na)(Al,Li)_3Al_6[Si_3O_{18}](BO_3)_3(OH,F)(OH)_3$、钠铝电气石(Olenite) $(Na,Ca,□)Al_3Al_6[Si_3O_{18}](BO_3)_3(F,OH)O_3$、镁电气石(Dravite) $(Na,Ca)Mg_3Al_6[Si_3O_{18}](BO_3)_3(OH,F)(OH,O)_3$、铬镁电气石(Chromdravite) $(Na,Ca)Mg_3(Cr,Fe)_6[Si_3O_{18}](BO_3)_3(OH,F)(OH,O)_3$、钙镁电气石(Uvite) $Ca(Mg,Fe)_3Al_5Mg[Si_3O_{18}](BO_3)_3(OH,F)(OH)_3$、钙黑电气石(Feruvite) $Ca(Fe,Mg)_3Al_5Mg[Si_3O_{18}](BO_3)_3(OH,F)(OH)_3$、黑电气石(Schorl) $(Na,Ca)(Fe^{2+},Fe^{3+})_3Al_6[Si_3O_{18}](BO_3)_3(OH,F)(OH,O)_3$、布格电气石(Buergerite) $(Na,Ca)(Fe^{3+},Fe^{2+})_3Al_6[Si_3O_{18}](BO_3)_3(F,OH)(O,OH)_3$、波翁德拉石(Povondraite) $(Na,K)Fe_2^{3+}(Fe^{2+},Mg)(Fe_5Mg)[Si_3O_{18}](BO_3)_3(OH)(OH,O)_3$、福伊特石(Foitite) $(□,Na)(Fe^{2+},Mn,Al,Li)_3Al_6[Si_3O_{18}](BO_3)_3(OH)(OH)_3$、镁福伊特石(Magnesiofoitite) $(Mg,Al)_3Al_6[Si_3O_{18}](BO_3)_3(OH)(OH)_3$。

上述这些矿物种皆为等结构矿物。下面以钠铝电气石为例来说明这类矿物的结构特点。

钠铝电气石 Olenite $(Na,Ca,□)Al_3Al_6[Si_3O_{18}](BO_3)_3(OH)O_3$

三方晶系，空间群 $R3m$（no.160）；$a=b=15.6329Å$，$c=7.0365Å$，$α=β=90°$，$γ=120°$，$Z=3$。

颜色随成分不同而异，条痕无色，玻璃光泽。无解理，硬度 7～7.5，比重 3.03～3.25。

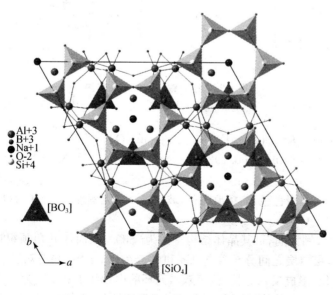

图 9-19 钠铝电气石晶体结构沿 c 轴的投影

在电气石的结构中，[SiO$_4$]四面体共角顶组成六元环，所有[SiO$_4$]四面体的尖端均指向 c 轴方向。在 Z 位置的 Al 以 3 个[AlO$_4$(OH)$_2$]配位八面体形式互相共棱连接，交点处为 (OH)，位于六元环的中轴线，这些配位八面体与[SiO$_4$]四面体以角顶相连。六元环之间由 Y 位置的[AlO$_5$(OH)]八面体连接。[BO$_3$]配位三角形通过共用角顶的 O 与[AlO$_4$(OH)$_2$]和[AlO$_5$(OH)]八面体连接。六元环上方的空隙处由大半径的 Na 所占据。

硅钙铀钍矿　Ekanite　Ca$_2$Th[Si$_8$O$_{20}$]

四方晶系，空间群 $I422$ (no.97)；$a=b=7.483$Å，$c=14.893$Å，$\alpha=\beta=\gamma=90°$，$Z=2$。

暗褐色或绿色，透明或半透明。无解理，硬度5，比重3.28。

在硅钙铀钍矿的晶体结构中，[SiO$_4$]四面体共角顶形成四元环，并与其他相对的四元环共用两个角顶相连，从而构成[Si$_8$O$_{20}$]双四元环，环平面平行(001)成层，环之间为 Ca、Th 所连接。其中 Th 位于四方单胞的角顶和体心，呈[ThO$_8$]反四方柱状配位多面体。在晶体轴方向存在 2×2 四面体宽度的连通孔道，可存在非结构的 H$_2$O 分子。结构中如果有 U 存在，则是以替代 Th 的形式存在。早先研究认为，硅钙铀钍矿为 $P4/mcc$ 对称。

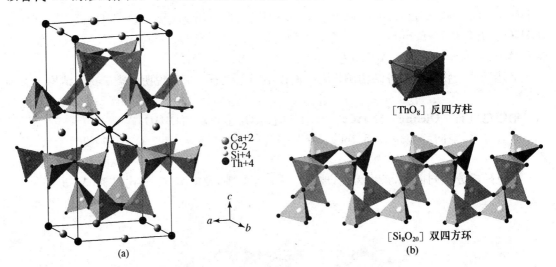

图 9-20　硅钙铀钍矿的晶体结构

(a) 晶体结构；(b) 硅钙铀钍矿晶体结构中的[Si$_8$O$_{20}$]双四元环和[ThO$_8$]反四方柱

整柱石　Milarite　KCa$_2$(Be,Al)$_3$[Si$_{12}$O$_{30}$]·nH$_2$O

六方晶系，空间群 $P6/mcc$ (no.192)；$a=b=10.43$Å，$c=13.85$Å，$\alpha=\beta=90°$，$\gamma=120°$，$Z=2$。

无色透明，常带有浅绿色色调，条痕无色，玻璃光泽。无解理，贝壳状断口，硬度5.5~6，比重 2.46~2.61。

整柱石也称为铍钙大隅石，其晶体结构特征为[SiO$_4$]四面体共角顶组成双六元环并垂直 c 轴成双六元环层，层与层之间分布着 K、Ca 和(Be,Al)离子层，并把双层六元环层联系起来。其中 K 呈 12 次配位，形成反六方柱，位于双六元环的中轴线上；Ca 则为六次配位构成[CaO$_6$]八面体；(Be,Al)为四次配位构成[(Be,Al)O$_4$]四面体。H$_2$O 分子或空位则分布在[CaO$_6$]八面体之间。

9 硅酸盐

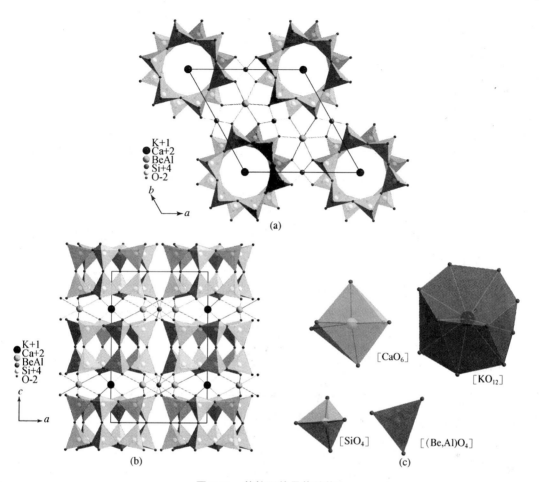

图 9-21 整柱石的晶体结构

(a) 沿 c 轴的投影，双六元环由 K、Ca 和 (Be, Al) 离子连接，K 位于六元环中轴线上；(b) 垂直 b 轴的投影，K、Ca 和 (Be, Al) 离子层位于双六元环之间；(c) 结构中的配位多面体：[SiO$_4$] 四面体、[(Be, Al)O$_4$] 四面体、[CaO$_6$] 八面体和 [KO$_{12}$] 反六方柱

等结构矿物：碱硅硼石 KNa$_2$B$_3$[Si$_{12}$O$_{30}$]·nH$_2$O Poudretteite，钠镁大隅石 KNa$_2$Mg$_4$[Si$_{12}$O$_{30}$]·nH$_2$O Eifelite，罗镁大隅石 K(Mg, Na)$_2$(Mg, Fe)$_5$[Si$_{12}$O$_{30}$]·nH$_2$O Roedderite，陨铁大隅石 K(Mg, Fe)$_2$(Fe, Mg)$_3$[Si$_{12}$O$_{30}$]·nH$_2$O Merrihueite，陨钠镁大隅石 (Na, K)Mg$_2$(Al, Mg, Fe)$_3$[Si$_{12}$O$_{30}$]·nH$_2$O Yagiite，大隅石 (K, Na)(Fe, Mg)$_2$(Al, Fe)$_3$[Si$_{12}$O$_{30}$]·nH$_2$O Osumilite，镁大隅石 KMg$_2$(Al, Fe)$_3$[Si$_{12}$O$_{30}$]·nH$_2$O Osumilite-(Mg)，卡大隅石 KMg$_2$(Mg, Fe)$_3$[Si$_{12}$O$_{30}$]·nH$_2$O Chayesite，钛锂大隅石 KTi$_2$Li$_3$[Si$_{12}$O$_{30}$]·nH$_2$O Berezanskite，锡锂大隅石 KSn$_2$Li$_3$[Si$_{12}$O$_{30}$]·nH$_2$O Brannockite，钠锂大隅石 KNa$_2$(Fe, Mn, Al)$_3$[Si$_{12}$O$_{30}$]·nH$_2$O Sugilite，钾钙锌大隅石 K(Ca, Na)$_2$Zn$_3$[Si$_{12}$O$_{30}$]·nH$_2$O Shibkovite，锆锂大隅石 K(Zr, Ti, Fe, Al)$_2$Li$_3$[Si$_{12}$O$_{30}$]·nH$_2$O Sogdianite，锆锰大隅石 K(Zr, Na)$_2$(Li, Mn)$_3$[Si$_{12}$O$_{30}$]·nH$_2$O Darapiosite。

9.3 链状基型

辉石　Pyroxene

辉石系矿物族名,其一般化学式可表示为 $XY[T_2O_6]$。其中 X 阳离子为 Na^+、Ca^{2+}、Mg^{2+}、Fe^{2+}、Mn^{2+}、Li^+ 等,Y 阳离子为 Mg^{2+}、Fe^{2+}、Mn^{2+}、Al^{3+}、Fe^{3+}、Cr^{3+}、Ti^{4+} 等,T 主要为 Si^{4+}、Al^{3+} 等。由于阳离子种类较多,且类质同像广泛而复杂,因此辉石的矿物种属很多。

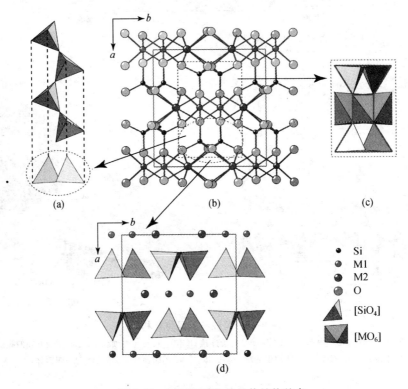

图 9-22　辉石族矿物的晶体结构特点
(a) 辉石单链硅氧骨干的侧视图和俯视图;(b) 辉石结构垂直 c 轴的投影;(c) 辉石结构中的"I 束";(d) 辉石结构垂直 c 轴的投影,标记了阳离子位置

从晶体结构角度,其基本结构单元是都具有 $[SiO_4]$ 单链。链体延长方向为 c 轴,链上每两个 $[SiO_4]$ 四面体为一个重复周期,记为 $[Si_2O_6]$,长度约 5.2Å。在垂直 c 轴的平面上,辉石单链的投影状如梯形。链与链之间有两种不同大小的空隙,小者就记为 M1,为较小的 Y 阳离子占据;大者记为 M2,由较大的 X 阳离子充填。M1 的配位多面体接近于正八面体,它们相互共棱,又以角顶与硅氧四面体链的非桥氧角顶相接。M2 的配位多面体的形状很不规则,如果是被 Mg^{2+}、Fe^{2+} 等占据时,为畸变的八面体配位;如果被 Ca^{2+}、Na^+、Li^+ 等较大离子占据时,则作八次配位。两个单链活性氧相对,且夹着一个 M1 八面体链,三者紧密相连形成更大一级的链,由于形状如大写英文字母"I",故称为"I 束(I-beam)"。故整个结构可以看成是由"I 束"堆积而成。一个"I 束"中的 M1 八面体可有两种取向,即 M1 八面体的下方三角形尖端指向 c 轴正方向和负方向,两个 M1 八面体在(100)面上的方位差恰好是180°。

辉石矿物的空间群主要包含 $Pbca$、$P2_1/c$ 和 $C2/c$ 等。下面分别选取具有这3种空间群的典型矿物顽火辉石(Enstatite)、易变辉石(Pigeonite)和透辉石(Diopsite)来说明这类矿物的结构特征。

顽火辉石　Enstatite　$Mg_2[Si_2O_6]$

斜方晶系,空间群 $Pbca$ (no.61);$a=18.341$Å, $b=8.889$Å, $c=5.219$Å, $\alpha=\beta=\gamma=90°$, $Z=8$。

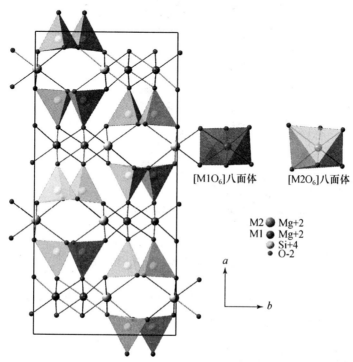

图 9-23　顽火辉石晶体结构沿 c 轴的投影
显示了占据 M1 和 M2 位 Mg 的结构位置和配位多面体形态

无色、黄色至灰褐色,玻璃光泽。{210}解理完全,具(100)和(001)裂理,硬度5~6,比重3.21~3.30。

顽火辉石属于斜方晶系,其结构中有两种[Si_2O_6]链,皆沿 c 轴延伸。Mg 为六次配位,但占据两者明显不同的结构位置 M1 和 M2。与 M1 配位的 O 皆为活性氧,其所构成的[MgO_6]八面体是规则的,而与 M2 配位的只有两个活性氧,其配位八面体是歪曲的,且体积较大。两种八面体共棱也连接成沿 c 轴延伸的八面体链。

等结构矿物：铁辉石 $Fe_2[Si_2O_6]$ Ferrosilite,斜方锰顽辉石 $(Mn,Mg)_2[Si_2O_6]$ Donpeacorite。

易变辉石　Pigeonite　$(Mg,Ca)_2[Si_2O_6]$

单斜晶系,空间群 $P2_1/c$ (no.14);$a=9.651$Å, $b=8.846$Å, $c=5.252$Å, $\alpha=\gamma=90°$, $\beta=108.38°$, $Z=4$。

褐色至黑色,条痕无色至浅褐,玻璃光泽。{110}解理完全,具(100)、(001)和(010)裂理,硬度6,比重3.30~3.46。

易变辉石属于单斜晶系,空间群为$P2_1/c$。其结构与顽火辉石类似,结构中也存在两种$[Si_2O_6]$链沿c轴延伸。Mg占据M1,(Mg,Ca)占据M2。同样,M2位置的配位八面体畸变较大。两种八面体共棱连接成沿c轴延伸的八面体链。

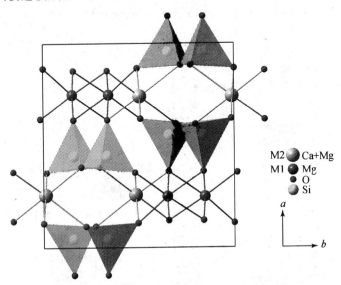

图9-24 易变辉石晶体结构沿c轴的投影

等结构矿物:单斜顽辉石 $Mg_2[Si_2O_6]$ Clinoenstatite,单斜铁辉石 $Fe_2[Si_2O_6]$ Clinoferrosilite,锰辉石 $(Mn,Mg)_2[Si_2O_6]$ Kanoite。

透辉石 Diopside $CaMg[Si_2O_6]$

单斜晶系,空间群$C2/c$ (no.15);$a=9.612$Å,$b=8.765$Å,$c=5.179$Å,$\alpha=\gamma=90°$,$\beta=105.32°$,$Z=4$。

无色至浅绿色,玻璃光泽。{110}解理中等至完全,解理夹角87°,具(001)和(100)裂理,硬度5.5~6.5,比重3.50~3.56。

透辉石属于$C2/c$结构,与$Pbca$和$P2_1/c$结构的辉石的不同点在于,其结构中只存在一种$[Si_2O_6]$链,并且Mg占据M1位置,为规则的配位八面体,而Ca占据M2位置,其配位数为8。

等结构矿物:钙铁辉石 $CaFe[Si_2O_6]$ Hedenbergite,普通辉石 $(Ca,Fe)(Mg,Fe)[Si_2O_6]$ Augite,钙锰辉石 $CaMn[Si_2O_6]$ Johannsenite,锌辉石 $CaZn[Si_2O_6]$ Petedunnite,铁钙辉石 $CaFe^{3+}[AlSiO_6]$ Esseneite,绿辉石 $(Ca,Na)(Mg,Al)[Si_2O_6]$ Omphacite,霓辉石 $(Ca,Na)(Mg,Fe)[Si_2O_6]$ Aegirine-augite,硬玉 $NaAl[Si_2O_6]$ Jadeite,霓石 $NaFe[Si_2O_6]$ Aegirine,硅锰钠石 $NaMn[Si_2O_6]$ Namansilite,钠铬辉石 $NaCr[Si_2O_6]$ Kosmochlor,钪霓辉石 $NaSc[Si_2O_6]$ Jervisite,铬钒辉石 $Na(V,Cr)[Si_2O_6]$ Natalyite,锂辉石 $LiAl[Si_2O_6]$ Spodumene。

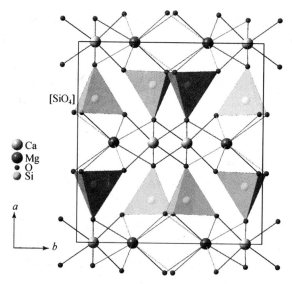

图 9-25 透辉石晶体结构沿 c 轴的投影

M2 位置的 Ca 为八次配位

硅灰石 **Wollastonite** **$Ca_3[Si_3O_9]$**

三斜晶系,空间群 $P\bar{1}$(no.2);$a=7.9258$Å,$b=7.3202$Å,$c=7.0653$Å,$\alpha=90.055°$,$\beta=95.217°$,$\gamma=103.426°$,$Z=6$。

白色或灰白色,少数带浅红色调或呈肉红色,玻璃光泽,解理面可见珍珠光泽。{100}解理完全,{001}和{$\bar{1}02$}解理中等,硬度 4.5~5,比重 2.86~3.10。

硅灰石的结构中,$[SiO_4]$共角顶平行 b 轴延伸成链,但这种链的周期是 3 个$[SiO_4]$四面体长度(长度约 7.3Å),可看成由一个$[SiO_4]$四面体和一个$[Si_2O_7]$双四面体沿延伸方向交替排

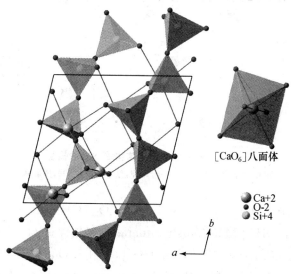

图 9-26 硅灰石晶体结构沿 c 轴的投影

$[SiO_4]$四面体链沿 b 轴延伸,Ca 的配位数为 6

列而成,这有别于辉石中的[SiO₄]四面体链。Ca 的配位数为 6,构成畸变的[CaO₆]八面体,它们也共棱连接沿 b 轴延伸。硅灰石中[SiO₄]四面体与[CaO₆]八面体的配合形式也有别于辉石中的情形。

等结构矿物:铁硅灰石 $Ca_3(Fe,Ca)_3[Si_3O_9]_2$ Ferrobustamite,锰硅灰石 $Ca_3(Mn,Ca)_3[Si_3O_9]_2$ Bustamite,针钠钙石 $NaCa_2[Si_3O_8(OH)]$ Pectolite,针钠锰石 $Na(Mg,Ca)_2[Si_3O_8(OH)]$ Serandite。

蔷薇辉石　Rhodonite　$CaMn_4[Si_5O_{15}]$

三斜晶系,空间群 $P\bar{1}$(no.2); $a=7.6816$Å, $b=11.818$Å, $c=6.7034$Å, $\alpha=92.36°$, $\beta=93.957°$, $\gamma=105.67°$, $Z=2$。

玫瑰红色,表面常因氧化而显黑色,玻璃光泽,解理面有时显珍珠光泽。{110}和{1$\bar{1}$0}解理完全,{001}解理中等,三组解理互相近于直交,硬度 5.5~6.5,比重 3.57~3.76。

蔷薇辉石结构中的[SiO₄]构成的单链沿[101]方向延伸,其周期是 5 个[SiO₄]四面体长度,大约 12.5Å。可看成是一个单[SiO₄]四面体和两个[Si₂O₇]双四面体沿延伸方向交替排列而成。结构中 Mn 的配位数为 5 或 6,Ca 的配位数为 7,它们构成的配位多面体共用 O 与[Si₅O₁₅]单链连接。

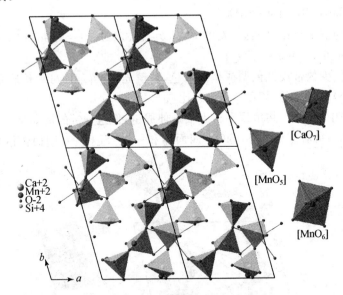

图 9-27　蔷薇辉石晶体结构沿 c 轴的投影

[SiO₄]四面体链沿[101]方向延伸,显示了配位多面体形状

等结构矿物:硅铁灰石 $Ca_2(Fe^{2+},Mn)Fe^{3+}[Si_5O_{14}(OH)]$ Babingtonite,硅锰灰石 $Ca_2(Mn,Fe^{2+})Fe^{3+}[Si_5O_{14}(OH)]$ Manganbabingtonite,硅锰钠锂石 $(Li,Na)Mn_4[Si_5O_{14}(OH)]$ Nambulite,钪硅铁灰石 $(Ca,Na)_2(Fe^{2+},Mn)(Sc,Fe^{3+})[Si_5O_{14}(OH)]$ Scandiobabingtonite,多钠硅锂锰石 $(Na,Li)Mn_4[Si_5O_{14}(OH)]$ Natronambulite,硅锰钠钙石 $NaCaMn_3[Si_5O_{14}(OH)]$ Marsturite,硅锂锰钙石 $LiCa_2Mn_2[Si_5O_{14}(OH)]$ Lithiomarsturite。

角闪石　Amphibole

角闪石是矿物族的名称,该族矿物的化学通式为 $W_{0\sim1}X_2Y_5[T_4O_{11}]_2(OH,F)_2$。其中 W 阳离子主要为 Na^+、K^+、H_3O^+;X 阳离子主要为 Ca^{2+}、Na^+、Mg^{2+}、Fe^{2+}、Mn^{2+}、Li^+ 等,Y 阳离子主要为 Mg^{2+}、Fe^{2+}、Mn^{2+}、Al^{3+}、Fe^{3+}、Cr^{3+}、Ti^{4+} 等,T 主要为 Si^{4+}、Al^{3+}。各组阳离子的类质同像十分普遍,可形成许多类质同像系列。

闪石族矿物晶体结构的基本特征是 $[SiO_4]$ 组成双单链,链上 4 个 $[SiO_4]$ 四面体为一重复单位,记为 $[Si_4O_{11}]^{6-}$。可以看成是两个辉石单链拼合而成的双链,双链沿 c 轴方向延伸。链与链之间由 W、X、Y 组金属阳离子连接。双链与双链之间有 5 种大小不同的空隙,分别以 M1、M2、M3、M4 和 A 标记。其中 M1、M2 空隙最小,M3 空隙略大,这 3 种空隙被 Y 组阳离子占据,形成配位八面体,它们共棱相连组成平行 c 轴延伸的八面体链带。M2 配位八面体角顶全部是 O,而 M1 和 M3 配位八面体由 4O+2(OH) 组成。M4 空隙相对较大,由 X 组阳离子充填。当充填 M4 空隙的是 Mn^{2+}、Fe^{2+} 和 Mg^{2+} 等小半径离子时,其配位多面体为畸变的八面体,仍为六次配位;若 Ca^{2+} 和 Na^+ 等大半径离子占据其中,则作八次配位。W 组阳离子位于底面相对的双链之间,并且恰好在 $[Si_4O_{11}]^{6-}$ 双链的"六元环"的中心附近的宽大而连续的空隙上;它主要用来平衡电价,视具体矿物种属,可全部被 Na^+、K^+、H_3O^+ 占据,也可全部空着。类似于辉石结构,角闪石结构中也可划分出"I 束"来,只是角闪石中"I 束"的宽度要比辉石中的宽 2 倍左右。

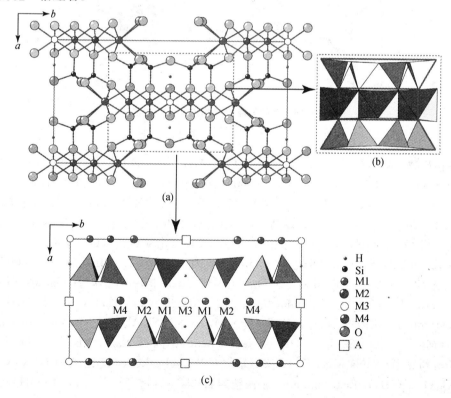

图 9-28　角闪石族矿物的晶体结构特征

(a)角闪石结构垂直 c 轴的投影;(b)角闪石结构中的"I 束";(c)角闪石结构垂直 c 轴的投影,标记了阳离子位置

按对称程度,角闪石族矿物分属斜方和单斜两个晶系,以下选取两个代表矿物,透闪石(Tremolite)和直闪石(Anthophyllite),来阐述角闪石矿物的结构特征。

透闪石　Tremolite　$Ca_2Mg_5[Si_4O_{11}]_2(OH)_2$

单斜晶系,空间群 $C2/m$ (no.12);$a=9.612Å$,$b=8.765Å$,$c=5.179Å$,$α=γ=90°$,$β=105.32°$,$Z=4$。

白色或灰白色,玻璃光泽,纤维状集合体显丝绢光泽。{110}解理中等至完全,夹角56°。硬度5~6。比重随Fe含量增高而增大,在3.02~3.44之间。

透闪石结构中,$[Si_4O_{11}]$双链平行 c 轴无限延伸,Mg占据M1、M2和M3位置,为六次配位构成$[MgO_6]$八面体,Ca占据M4位置,配位数多于6,形成复杂的配位多面体。

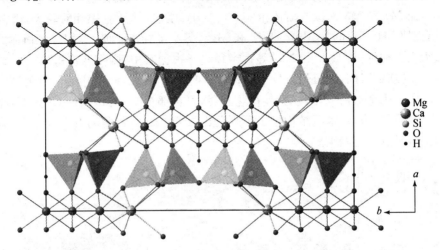

图 9-29　透闪石晶体结构沿 c 轴的投影
Mg占据M1、M2和M3位置,Ca占据M4位置

等结构矿物:阳起石 $Ca_2(Fe,Mg)_5[Si_4O_{11}]_2(OH)_2$ Actinolite,镁角闪石 $Ca_2(Mg,Fe)_4(Al,Fe)[Si_4O_{11}]_2(OH)_2$ Magnesiohornblende,铁角闪石 $Ca_2(Fe,Mg)_4(Al,Fe)[Si_4O_{11}]_2(OH)_2$ Ferrohornblende,镁钙闪石 $Ca_2Mg_3AlFe[Si_4O_{11}]_2(OH)_2$ Tschermakite,韭闪石 $NaCa_2Mg_4Al[Si_4O_{11}]_2(OH)_2$ Pargasite,绿钙闪石 $NaCa_2Fe_4Fe^{3+}[Si_4O_{11}]_2(OH)_2$ Hastingsite,浅闪石 $NaCa_2Mg_5[Si_4O_{11}]_2(OH)_2$ Edenite,钛闪石 $NaCa_2Mg_4Ti[Si_4O_{11}]_2(OH)_2$ Kaersutite,蓝透闪石 $CaNa(Mg,Fe)_4Al[Si_4O_{11}]_2(OH)_2$ Winchite,冻蓝闪石 $CaNaMg_3AlFe[Si_4O_{11}]_2(OH)_2$ Barroisite,钠透闪石 $NaCaNa(Mg,Fe)_5[Si_4O_{11}]_2(OH)_2$ Richterite,红钠闪石 $NaCaNa(Fe,Mg)_4(Fe,Al)_3[AlSi_7O_{22}](OH)_2$ Katophorite,绿闪石 $NaCaNa(Fe,Mn)_3(Fe,Al)_2[Al_2Si_6O_{22}](OH)_2$ Taramite,砂川闪石 $(K,Na)Ca_2Na(Fe,Mg,Al)_5[(Si,Al)_8O_{22}](OH)_2$ Sadanagaite,蓝闪石 $Na_2(Mg,Fe)_3Al_2[Si_4O_{11}]_2(OH)_2$ Glaucophane,钠闪石 $Na_2Fe_3^{2+}Fe_2^{3+}[Si_4O_{11}]_2(OH)_2$ Riebeckite,利克石 $NaNa_2Mg_2Fe_2^{3+}Li[Si_4O_{11}]_2(OH)_2$ Leakeite,镁铝钠闪石 $NaNa_2(Mg,Fe)_4Al[Si_4O_{11}]_2(OH)_2$ Eckermannite,亚铁钠闪石 $NaNa_2Fe_4^{2+}Fe^{3+}[Si_4O_{11}]_2(OH)_2$ Arfvedsonite,铁锰钠闪石 $NaNa_2Mn_4(Fe^{3+},Al)[Si_4O_{11}]_2(OH,F)_2$ Kozulite,尼伯石 $NaNa_2Mg_3Al[AlSi_7O_{22}](OH)_2$ Nyboite,科恩石 $(K,Na)(Na,Li)_2(Mg,Mn,Fe)_5[Si_4O_{11}]_2(OH)_2$ Kornite,镁铁闪石 $(Mg,Fe)_7[Si_4O_{11}]_2(OH)_2$ Cummintonite,铁闪石 $(Fe,Mg)_7[Si_4O_{11}]_2(OH)_2$

Grunerite。

直闪石　Anthophyllite　$Mg_7[Si_4O_{11}]_2(OH)_2$

斜方晶系，空间群 $Pnma$（no. 62）；$a=18.54$Å，$b=17.94$Å，$c=5.27$Å，$\alpha=\beta=\gamma=90°$，$Z=4$。

白色或灰白色，颜色随 Fe 含量增加而加深，玻璃光泽，条痕无色或白色。解理{210}完全，解理夹角 125.5°和 54.5°。硬度 5.5～6；比重随 Fe 含量增高而增大，在 2.9～3.4 之间。

直闪石结构中，$[Si_4O_{11}]$双链平行 c 轴无限延伸，Mg 占据 M1、M2、M3 和 M4 位置，M4 配位多面体畸变较大。

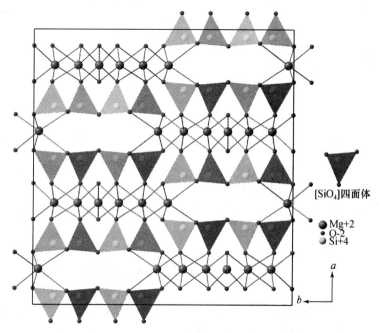

图 9-30　直闪石晶体结构沿 c 轴的投影

位于 M4 位置的 Mg 多面体畸变较大

等结构矿物：铁直闪石 $(Fe,Mg)_7[Si_4O_{11}]_2(OH)_2$ Ferro-anthophyllite，铝直闪石 $(Mg,Fe)_5Al_2[Si_4O_{11}]_2(OH)_2$ Gedrite，铁铝直闪石 $(Fe,Mg)_5Al_2[Si_4O_{11}]_2(OH)_2$ Ferrogedrite，锂闪石 $Li_2Mg_3Al_2[Si_4O_{11}]_2(OH)_2$ Holmquistite，原铁直闪石 $(Fe,Mn)_2Fe_5[Si_4O_{11}]_2(OH)_2$ Protoferro-anthophyllite。

硬硅钙石　Xonotlite　$Ca_6[Si_6O_{17}](OH)_2$

单斜晶系，空间群 $P2/a$（no.13）；$a=17.03254$Å，$b=7.363$Å，$c=75.012$Å，$\alpha=\gamma=90°$，$\beta=90.36°$，$Z=2$。

白色或浅色，半透明至透明，玻璃光泽。解理{100}完全、{001}中等，硬度 6，比重 2.7。

硬硅钙石的晶体结构式以$[Si_6O_{17}]$双链为基础，这种双链可视为由两个硅灰石链组成，双链平行于 b 轴无限延伸。Ca 有两种配位形式：配位数为 6 者，组成$[CaO_6]$八面体，这些八面体共棱也连接成链沿 b 轴无限延伸;配位数为 5 者,构成类似四方锥状的多面体,也沿 b 轴延伸。Ca 配位多面体链体相连成平行(001)的层,层间为[Si_6O_{17}]双链所连接。

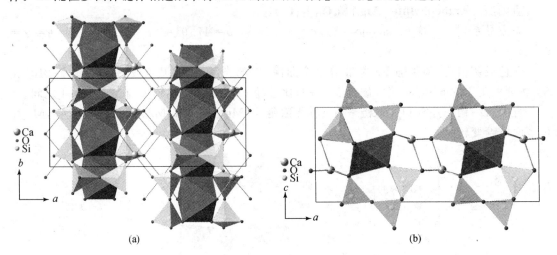

图 9-31　硬硅钙石的晶体结构

(a) 沿 c 轴的投影,[Si_6O_{17}]双链和[CaO_6]八面体链沿 b 轴延伸;(b) 沿 b 轴的投影,显示了[CaO_6]八面体和五次配位的 Ca

夕线石　Sillimanite　Al[AlSiO$_5$]

斜方晶系,空间群 $Pbnm$ (no. 62);$a=7.5035$Å,$b=7.7387$Å,$c=5.804$Å,$\alpha=\beta=\gamma=90°$,$Z=4$。

通常呈灰白色,玻璃光泽。{010}解理完全,硬度 6.5～7,比重 3.23～3.27。

夕线石的晶体结构基本特征是由[SiO$_4$]和[AlO$_4$]四面体沿 c 轴交替排列,组成了[AlSiO$_5$]双链,双链之间由[AlO$_6$]八面体所连接。[AlO$_6$]八面体共棱也连接成平行 c 轴的链,位于单胞在(001)投影面的角顶和中心。夕线石中的 Al 有半数为四次配位,另半数为六次配位。夕线石与红柱石和蓝晶石呈同质三像。

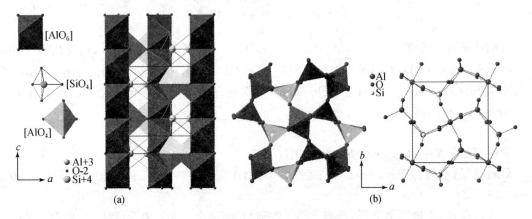

图 9-32　夕线石的晶体结构

(a) 沿 b 轴的投影,交替排列的[SiO$_4$]和[AlO$_4$]四面体链以及[AlO$_6$]八面体链沿 c 轴延伸;(b) 沿 c 轴的投影

9.4 层状基型

硅铁钡矿　Gillespite　BaFe[Si$_4$O$_{10}$]

四方晶系，空间群 $P4/ncc$ (no.130)；$a=b=7.51$Å，$c=16.08$Å，$\alpha=\beta=\gamma=90°$，$Z=4$。
红色，半透明，玻璃光泽。{001}解理完全，硬度3，比重3.4。

硅铁钡矿具有一种特殊的双层结构：[SiO$_4$]四面体共角顶组成四元环，四元环与不在同一高度的其他四元环相连，组成一种二维延伸的两层[SiO$_4$]四面体层，层平行于(001)平面。每个[SiO$_4$]四面体有3个角顶共用，余一个活性氧。Fe原子位于4个相邻的活性氧之间，呈平行四边形的四次配位，平行于(001)。Ba配位数为8，连接起所有双四面体层。

等结构矿物：硅铜钙石 CaCu[Si$_4$O$_{10}$] Cuprorivaite，硅铜钡石 BaCu[Si$_4$O$_{10}$] Effenbergerite，硅铜锶矿 SrCu[Si$_4$O$_{10}$] Wesselsite。

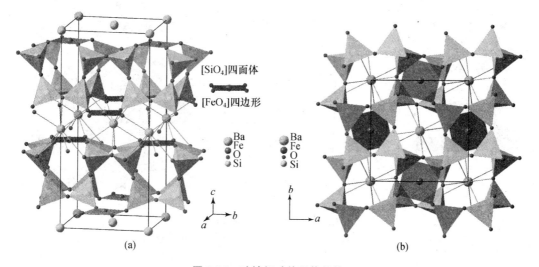

图 9-33　硅铁钡矿的晶体结构
(a) 双[SiO$_4$]四面体层由八次配位的 Ba 离子联系起来，Fe 呈四边形配位；(b) 双[SiO$_4$]四面体层沿 c 轴的投影，可见 Ba 和 Fe 的配位情况

高岭石　Kaolinite　Al$_4$[Si$_4$O$_{10}$](OH)$_8$

三斜晶系，空间群 $C1$ (no.1)；$a=5.154$Å，$b=8.942$Å，$c=7.401$Å，$\alpha=91.69°$，$\beta=104.61°$，$\gamma=89.82°$，$Z=2$。

纯者白色，因含杂质而染成深浅不同的黄、褐、红、绿、蓝的各种颜色；集合体蜡状或土状光泽。{001}解理完全，硬度2，比重2.61～2.68。具吸水性、可塑性。

高岭石结构中[SiO$_4$]四面体彼此以3个角顶相连，在一个平面内构成二维延伸的六方形四面体网层(称之为四面体片，以字母 T 表示)。[SiO$_4$]四面体活性氧指向四面体片的同一侧，(OH)位于该六方网格中心。Al 呈六次配位，与活性氧和羟基形成配位八面体，彼此共棱相连形成八面体片(以字母 O 表示)。整个结构可视为四面体片和八面体片平行(001)交替叠置而成。其基本结构单元层是由一个四面体片和一个八面体片组成，故也称为 1:1 型或 TO 型。高岭石与珍珠石(Nacrite)和迪开石(Dickite)成同质三像。

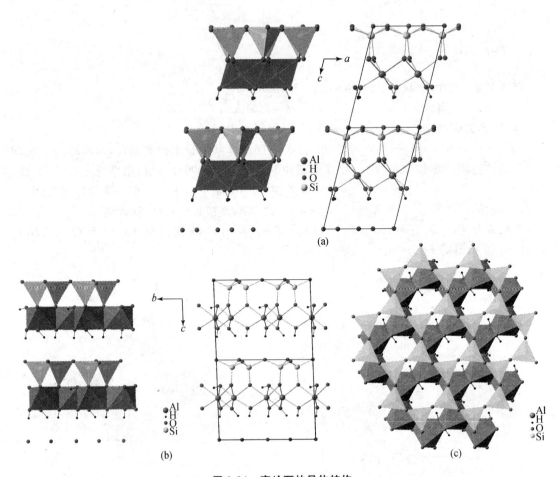

图 9-34 高岭石的晶体结构

(a) 在(010)面的投影(两倍单胞); (b) 在(100)面的投影(两倍单胞); (c) 在(001)面上的投影

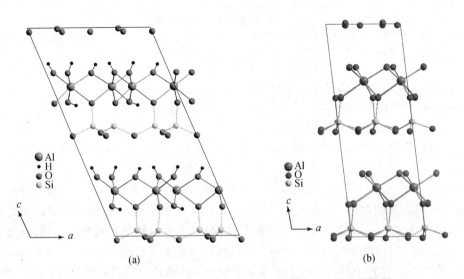

图 9-35 珍珠石(a)和迪开石(b)的晶体结构在(010)面上的投影

蛇纹石 Serpentine

蛇纹石(Serpentine)是矿物的亚族名称,包括的矿物种有利蛇纹石(Lizardite)、纤蛇纹石(Chrysotile)和叶蛇纹石(Antigorite)。

蛇纹石的晶体结构与高岭石的有些相似,其基本结构单元层也是由一个四面体片和一个八面体片组成(1∶1型或TO型)。在形态上,对应于四面体片顶氧的一个六方网格范围内有3个共棱相连的八面体与之对应(图9-36)。借助活性顶氧相联系的四面体片和八面体片,3个八面体的公共角顶,恰好是六方网格中心的附加阴离子(OH)。为了保持电价平衡,若二价阳离子进入八面体中心,需要3个八面体中心都被占据,这样的结构层称为三八面体层(trioctahedral layer);若三价离子充填这些位置,则只需两个八面体中心被占据即可,这样的结构层称为二八面体层(dioctahedral layer)。蛇纹石与高岭石结构的差别即在于:蛇纹石具有三八面体层,而高岭石则是二八面体层。下面以利蛇纹石为例,来说明蛇纹石结构的基本特点。

需要指出的是,在蛇纹石结构中八面体片的尺寸稍大于四面体片,为了使两者相互匹配,可通过下列4种方式来实现:① 在八面体片中以半径较小的 Al^{3+}、Fe^{3+} 等替代半径较大的 Mg^{2+},同时四面体片中以半径较大的 Al^{3+}、Fe^{3+} 替代半径较小的 Si^{4+};② 使八面体片和四面体片变形;③ 四面体片每隔若干个硅氧四面体反向相接并弯曲;④ 采取四面体片在内、八面体片在外的结构单元层卷曲等4种基本方式来实现。上述方式可以单独或混合出现于一个矿物中。基于上述方式,蛇纹石的3种基本构造,形成3个矿物种,即板状构造的利蛇纹石、波状弯曲的叶蛇纹石和卷管状构造的纤蛇纹石。图9-37表现的是波状弯曲的叶蛇纹石的晶体结构。

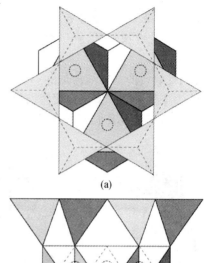

图 9-36 四面体片和八面体片的匹配
(a)俯视图;(b)侧视图。
虚圆圈示八面体中心阳离子位置

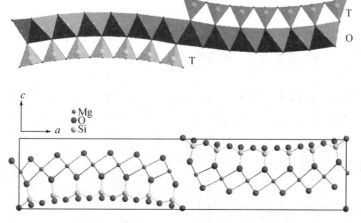

图 9-37 叶蛇纹石的晶体结构在(010)面上的投影
可见单胞内四面体片(T)和八面体片(O)波状弯曲

利蛇纹石　Lizardite　$Mg_6[Si_4O_{10}](OH)_8$

单斜晶系，空间群 Cm (no. 8); $a=5.306$Å, $b=9.186$Å, $c=7.289$Å, $\alpha=\beta=\gamma=90°$, $Z=2$。

黄绿、深绿、墨绿等各种色调的绿色，且常青、绿斑驳如蛇皮，也见白、灰、浅黄等色；油脂光泽或蜡状光泽，纤维状者呈丝绢光泽。{001}解理完全，硬度 2.5～3.5，比重 2.2～3.6。

利蛇纹石的基本结构是由一个[SiO_4]四面体片和一个[MgO_6]八面体片组成的结构层，属于 1:1 型或 TO 型三八面体结构。结构层由弱键相连，结构层之间的较大空隙（称之为层间域）没有离子或其他分子充填。

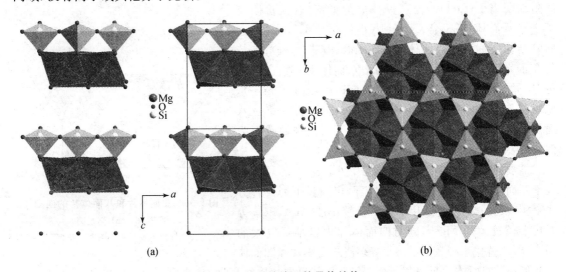

图 9-38　利蛇纹石的晶体结构

(a) 在(010)面的投影（两倍单胞）；(b) 在(001)面的投影，一个[SiO_4]四面体六元环对应 3 个[MgO_6]八面体

滑石　Talc　$Mg_3[Si_4O_{10}](OH)_2$

单斜晶系，空间群 $C2/c$ (no. 15); $a=5.26$Å, $b=9.10$Å, $c=18.81$Å, $\alpha=\gamma=90°$, $\beta=100.08°$, $Z=4$。

无色透明或白色，因含杂质可呈浅黄、粉红、浅绿、浅褐等颜色；玻璃光泽，解理面显珍珠光泽。{001}解理完全，致密块状集合体呈贝壳状断口，具滑腻感，薄片具挠性，硬度 1，比重 2.58～2.83。耐火、绝缘性能好。

滑石（$2M_1$ 多型）结构的基本结构单元层由两个活性氧相向的[SiO_4]四面体片夹一个[MgO_6]八面体片构成，也称为 2:1 型或 TOT 型结构层。整个结构可看成是 TOT 结构层在[001]方向上叠置而成。由于 Mg^{2+} 占据八面体位置，故它属于三八面体结构。滑石 1A 多型的对称性更低，其空间群为 $C1$。

叶蜡石　Pyrophyllite　$Al_2[Si_4O_{10}](OH)_2$

单斜晶系，空间群 $C2/c$ (no. 15); $a=5.14$Å, $b=8.90$Å, $c=18.55$Å, $\alpha=\gamma=90°$, $\beta=99.92°$, $Z=4$。

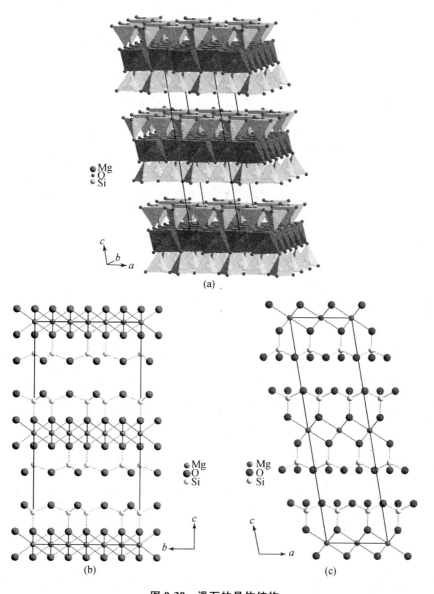

图 9-39 滑石的晶体结构

(a) TOT 层沿[001]方向堆垛;(b) 在(100)面的投影;(c) 在(010)面的投影

白色或呈浅黄、浅绿、淡灰色,半透明,玻璃光泽,致密块体呈蜡状光泽,解理面显珍珠光泽。{001}解理完全,隐晶致密块体具贝壳状断口,具滑腻感,薄片具挠性,硬度 1~2,比重 2.65~2.90。

叶蜡石($2M_1$ 多型)的晶体结构基本与滑石($2M_1$ 多型)的结构相同,差别在于其八面体片是由[AlO_6]八面体构成,由于 Al 是+3 价离子,它占据八面体位置,因此属于二八面体结构。叶蜡石 $1A$ 多型的空间群为 $C1$ 或 $C\bar{1}$。

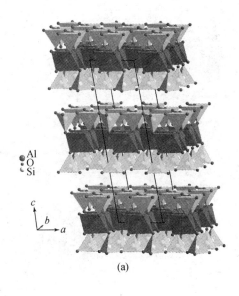

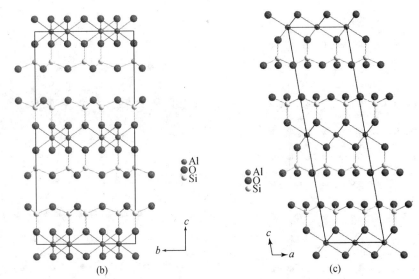

图 9-40 叶蜡石的晶体结构
(a) TOT 层沿[001]方向堆垛;(b) 在(100)面的投影;(c) 在(010)面的投影

鱼眼石　Apophyllite

鱼眼石可看成是氟鱼眼石(fluorapophyllite)和羟鱼眼石(hydroxyapophyllite)作为端元组分的二元完全类质同像系列。按照类质同像矿物的命名规则(即二分法),当 F 含量大于(OH)时称为氟鱼眼石,而当(OH)含量大于 F 时,则称为羟鱼眼石。这里以羟鱼眼石为例来说明鱼眼石的结构特征。

羟鱼眼石　Hydroxyapophyllite　$KCa_4[Si_4O_{10}]_2(OH)\cdot 8H_2O$

四方晶系,空间群 $P4/mnc$ (no.128);$a=b=8.979$Å,$c=15.83$Å,$\alpha=\beta=\gamma=90°$,$Z=2$。

无色或白色，玻璃光泽，解理面显珍珠光泽。{001}解理完全、{100}不完全，硬度4.5~5，比重2.3~2.4。

鱼眼石具有特殊的[SiO$_4$]四面体层状结构，[SiO$_4$]四面体以角顶相连组成四元环，四元环又以共角顶连接成层平行(001)。同一四元环的活性氧指向一个方向，邻接四元环的活性氧指向相反，层间由K，Ca和水分子连接。其中K和Ca在同一水平，平行(001)且位于四面体层之间，K还在四元环的中轴线上。Ca的配位数为7，由O和(OH)包围，而K为8个H$_2$O围绕，形成短四方柱状配位多面体。

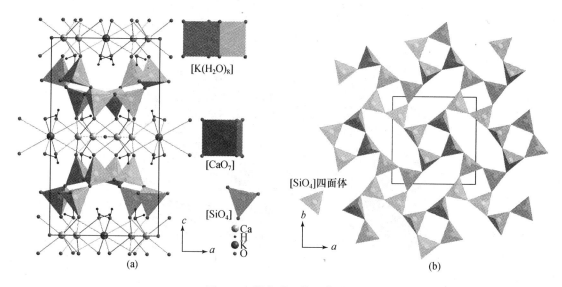

图 9-41 羟鱼眼石的晶体结构

(a) 沿b轴的投影，[SiO$_4$]呈层状结构，层间由K，Ca和H$_2$O分子连接；(b) [SiO$_4$]结构层沿c轴的投影，可见反向[SiO$_4$]四元环共角顶连接

坡缕石 Palygorskite Mg$_5$[Si$_4$O$_{10}$]$_2$(OH)$_2$·8H$_2$O

单斜晶系，空间群 $C2/m$ (no.12)；$a=13.24$Å，$b=17.89$Å，$c=5.21$Å，$\alpha=\gamma=90°$，$\beta=74.8°$，$Z=2$。

白、灰、浅绿或浅褐色，玻璃光泽。具{011}解理，硬度2~3，比重2.05~2.32。具滑感、黏性和可塑性。吸水性强，遇水不膨胀。具阳离子交换性能和良好的吸附性。

沉积成因的坡缕石也称凹凸棒石(Attapulgite)。坡缕石晶体结构中，顶氧相对的[SiO$_4$]四面体夹一[Mg(O,OH)$_6$]八面体，构成沿c轴一维无限延伸的TOT型"I束"，其宽度相当于辉石链"I束"的两倍(≈2×9Å)。但相邻TOT型"I束"上下错开，从而在惰性氧相对的位置形成沿c轴贯通的宽大通道(≈3.7Å×6.4Å)，通道中充填有水分子。坡缕石中水的形式有3种，一是结构水羟基；二是与八面体阳离子配位的结晶水；三是在通道内以氢键连接的沸石水。[SiO$_4$]四面体共角顶构成六元环状分布在同一高度，而[Mg(O,OH)$_6$]八面体也共棱连接成层。因此，坡缕石兼具链状和层状两种结构特点。

等结构矿物：钠铁坡缕石 NaFe$_3^{3+}$[Si$_4$O$_{10}$]$_2$(OH)$_2$·8H$_2$O Tuperssuatsiaite。

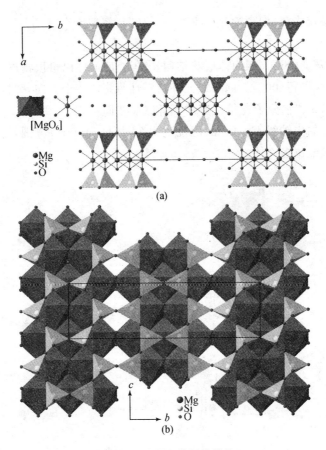

图 9-42 坡缕石的晶体结构

（a）沿 c 轴的投影，沿 c 轴存在贯通的宽大通道；（b）沿 a 轴的投影，$[SiO_4]$ 四面体和 $[Mg(O,OH)_6]$ 八面体各自成层平行（100）

海泡石　Sepiolite　$Mg_8[Si_6O_{15}]_2(OH)_4 \cdot 12H_2O$

斜方晶系，空间群 $Pncn$（no. 52）；$a = 13.40\text{Å}$，$b = 36.80\text{Å}$，$c = 5.28\text{Å}$，$\alpha = \beta = \gamma = 90°$，$Z = 2$。

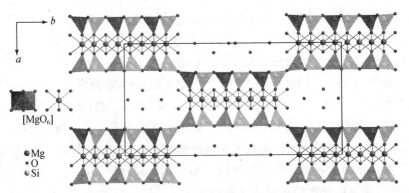

图 9-43 海泡石晶体结构沿 a 轴的投影

沿 c 轴的贯通通道横截面约 $3.7\text{Å} \times 10.6\text{Å}$

白、浅灰、褐红等色,玻璃光泽。硬度 2～3,比重 2～2.5。具滑腻感,性软。吸附性、抗盐性、阳离子交换性能等工艺技术特征与坡缕石相似。

海泡石的成分和结构都与坡缕石相似。不同之处在于:在成分上,海泡石的 Mg 和 H_2O 含量较坡缕石要高;在结构上,海泡石的 TOT"I 束"宽度为辉石链的 3 倍($\approx 3 \times 9$Å),贯通性通道的横截面积也比坡缕石的要大(≈ 3.7Å$\times 10.6$Å)。

等结构矿物:纤钠海泡石 $Na_4Mg_6[Si_6O_{15}]_2(OH)_4 \cdot 12H_2O$ Loughlinite。

葡萄石　Prehnite　$Ca_2Al[AlSi_3O_{10}](OH)_2$

斜方晶系,空间群 $Pncm$ (no.53);$a=4.464$Å,$b=5.483$Å,$c=18.486$Å,$\alpha=\beta=\gamma=90°$,$Z=2$。

白、浅黄、肉红色,或带各种色调的绿色,玻璃光泽。解理{001}完全至中等,断口不平坦,硬度 6～6.5,比重 2.80～2.95。

葡萄石的硅氧骨干为层、架之间的过渡类型。其晶体结构表现为[(Si,Al)O_4]四面体连成平行于(001)分布的特殊层。层内四面体处于 3 个不同高度上,可以看成是三亚层四面体构成了葡萄石的结构骨干层。骨干层内,居中的四面体以全部角顶与相邻四面体相连,表现出典型的架状结构硅酸盐的连接方式,而上下两侧的半数四面体以两个角顶与居中的四面体相连,另两个角顶与[$AlO_4(OH)_2$]配位八面体的角顶相连。[$AlO_4(OH)_2$]八面体彼此孤立,平行(001)排布,与四面体骨干层相间分布,形成葡萄石的结构单元层。Ca^{2+} 处于单元层间的空隙里,与 7 个 O 构成七次配位的多面体。

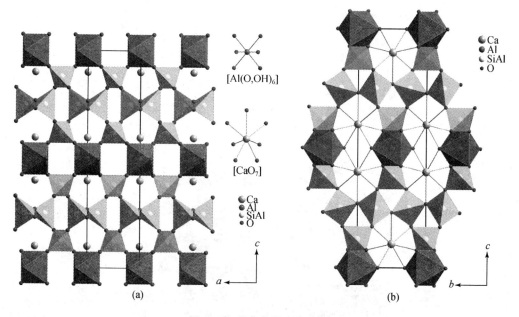

图 9-44　葡萄石的晶体结构

(a) 沿 b 轴的投影,显示了平行(001)的三层四面体组成的葡萄石结构层;(b) 沿 a 轴的投影

云母 Mica

云母是矿物族的名称,该族矿物的化学成分可用通式 $XY_{2\sim3}[T_4O_{10}](OH,F)_2$ 表示。其中 X 主要是 K^+,其次为 Na^+;Y 主要为 Mg^{2+}、Fe^{2+}、Al^{3+}、Fe^{3+}、Li^+;T 主要是 Si^{4+} 和 Al^{3+}。

云母也是典型的 TOT 型结构,与滑石、叶蜡石不同的是,由于云母族矿物的硅氧四面体片中部分 Si^{4+} 被 Al^{3+} 置换,使结构单元层出现剩余负电荷,因此在其层间域出现 K^+ 或 Na^+ 平衡电价。层间阳离子 K^+ 或 Na^+ 位于硅氧四面体六元环的中轴线上,与上下各 6 个 O^{2-} 均能接触,其配位数为 12。一般而言,Y 为三价离子时,往往是二八面体型云母;若 Y 是二价离子,则是三八面体型云母。根据成分特征,云母族矿物划分 3 个亚族,即白云母亚族、金云母亚族(包括金云母和黑云母)和锂云母亚族(包括锂云母和铁锂云母)。白云母亚族为二八面体结构,后两个亚族为三八面体结构。云母族矿物中已知的多型多达 20 余种,自然界主要出现 $1M$、$2M_1$、$2M_2$ 和 $3T$ 多型。其中二八面体型结构中以 $2M_1$ 多型居多,而三八面体型结构中以 $1M$ 多型占优势。下面以白云母-$2M_1$ 和金云母-$1M$ 为例,来说明云母的结构特征。

白云母 Muscovite $KAl_2[AlSi_3O_{10}](OH)_2$

单斜晶系,空间群 $C2/c$ (no.15);$a=5.200$Å,$b=9.021$Å,$c=20.07$Å,$\alpha=\gamma=90°$,$\beta=95.71°$,$Z=2$。

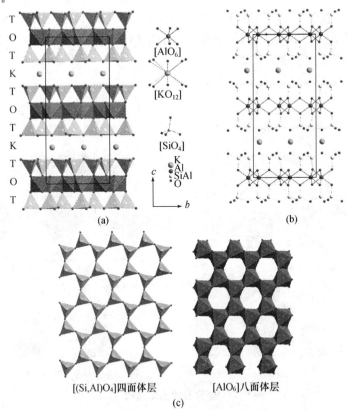

图 9-45 白云母-$2M_1$ 的晶体结构

(a) 沿 a 轴的投影,TOT 结构层沿 c 轴堆垛,层间是 12 次配位的 K 离子;(b) 沿 a 轴的投影;(c) 结构中的 $[(Si,Al)O_4]$ 四面体和 $[AlO_6]$ 八面体连接成层

无色,或呈浅黄、浅绿等色,透明,玻璃光泽,解理面显珍珠光泽。{001}解理极完全,薄片具弹性,硬度 2~4,比重 2.75~3.10。绝缘、隔热性能优良。

白云母结构中,由顶氧相对的[SiO_4]四面体构成六方网层(T)夹一层[AlO_6]八面体层(O),便构成了白云母的结构单元层(TOT)。TOT 层沿 c 轴方向堆垛,且层与层之间由大阳离子 K 联系,(OH)位于六方网格的中间,便构成了云母的结构。由于是三价的 Al 占据八面体位置,故白云母属于二八面体型结构。在一个单胞内,有两层 TOT 层重复,便成了白云母-$2M_1$ 的结构;若单胞内只有一个 TOT 层,则是白云母-$1M$ 的结构。白云母这两种多型之间的差别只是在 TOT 层的堆垛顺序上。

等结构矿物:与白云母-$2M_1$($C2/c$)等结构的矿物:钠云母 $NaAl_2[AlSi_3O_{10}](OH)_2$ Paragonite,铬云母 $KCr_2[AlSi_3O_{10}](OH,F)_2$ Chromphyllite,硼白云母-$2M_1$ $KAl_2[BSi_3O_{10}]$ $(OH,F)_2$ Boromuscovite-$2M_1$,南平石 $CsAl_2[AlSi_3O_{10}](OH,F)_2$ Nanpingite,钡钒云母 $(Ba,Na)(V,Al)_2[AlSi_3O_{10}](OH)_2$ Chernykhite。与白云母-$1M$($C2/m$)等结构的矿物:硼白云母-$1M$ $KAl_2[BSi_3O_{10}](OH,F)_2$ Boromuscovite-$1M$,托铵云母 $(NH_4,K)Al_2[AlSi_3O_{10}](OH)_2$ Tobelite,绿磷石 $K(Mg,Fe^{2+})(Fe^{3+},Al)_2[Si_4O_{10}](OH)_2$ Celadonite,海绿石 $(K,Na)(Fe^{3+},Al,Mg)_2[(Si,Al)_4O_{10}](OH)_2$ Glauconite,钒云母 $KV_2[AlSi_3O_{10}](OH)_2$ Roscoelite。

金云母 Phlogopite $KMg_3[AlSi_3O_{10}](OH)_2$

单斜晶系,空间群 $C2/m$ (no.12);$a=5.387$Å,$b=9.324$Å,$c=10.054$Å,$\alpha=\gamma=90°$,$\beta=97.03°$,$Z=2$。

带各种色调的浅黄及棕色,透明至半透明,玻璃光泽,解理面显珍珠光泽。{001}解理极完全,薄片具弹性,硬度 2~3,比重 2.76~2.90。绝缘性良好,热稳定性强。

金云母的结构与白云母结构相似,同样由 TOT 层沿 c 轴方向堆垛组成,层与层之间由 K 离子联系,(OH)位于六方网格的中间。与白云母结构相比,差别由于是二价的 Mg 占据八面体位置,故金云母属于三八面体型结构。同样,由于 TOT 层堆垛顺序不同,金云母也有 $1M$ 和 $2M_1$ 等多型。

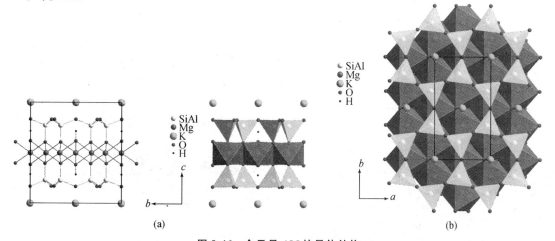

图 9-46 金云母-$1M$ 的晶体结构

(a) 沿 a 轴的投影;(b) 结构中的[(Si,Al)O_4]四面体和[MgO_6]八面体连接成层等结构矿物：与金云母-$1M(C2/m)$ 等结构的矿物：翁钠金云母 $Na_{0.5}(Mg,Fe,Al)_3[(Si,Al)_4O_{10}](OH,F)_2$ Wonesite，黑云母-$1M$ $K(Mg,Fe)_3[AlSi_3O_{10}](OH,F)_2$ Biotite-$1M$，铁云母 $KFe_3^{2+}[AlSi_3O_{10}](OH,F)_2$ Annite，钠金云母 $NaMg_3[AlSi_3O_{10}](OH)_2$ Aspidolite，铁叶云母-$1M$ $K(Fe^{2+},Al)_3[(Si,Al)_4O_{10}](OH,F)_2$ Siderophyllite-$1M$，锌云母 $K(Zn,Mg,Mn)_3[(Si,Al)_4O_{10}](OH)_2$ Hendrickite，锂云母-$1M$ $K(Li,Al)_3[(Si,Al)_4O_{10}](F,OH)_2$ Lepidolite-$1M$，带云母 $KLiMg_2[Si_4O_{10}]F_2$ Taniolite，多硅锂云母-$1M$ $KLi_2Al[Si_4O_{10}]F_2$ Polylithionite-$1M$，锂白云母 $K(Li_{1.5}Al_{1.5})[AlSi_3O_{10}]F_2$ Trilithionite，氟铁云母 $KFe_3^{2+}[AlSi_3O_{10}]F_2$ Fluorannite，诺云母 $KLiMn_2^{3+}[Si_4O_{10}]O_2$ Norrishite。与金云母-$2M_1(C2/c)$ 等结构的矿物：镁铝云母 $K(Mg,Al)_3[(Si,Al)_4O_{10}](OH,F)_2$ Eastonite，黑云母-$2M_1$ $K(Mg,Fe)_3[AlSi_3O_{10}](OH,F)_2$ Biotite-$2M_1$，锂云母-$2M_1$ $K(Li,Al)_3[(Si,Al)_4O_{10}](F,OH)_2$ Lepidolite-$2M_1$。

绿泥石 Chlorite

绿泥石可看成是矿物族的名称，其化学通式可写成 $Y_x[T_4O_{10}](OH)_8$。其中 Y 主要为 Mg^{2+}、Al^{3+}、Fe^{2+}、Fe^{3+}，也可有少量的 Mn^{2+}、Cr^{3+}、Li^+ 等；T 主要是 Si^{4+} 和 Al^{3+}，x 在 5 和 6 之间。由于类质同像发育，成分间置换比例变化较大，因此矿物种属也较多。绿泥石的晶体结构可以看成滑石型结构单元层(TOT)与水镁石层(O)相间排列构成，可用 TOT·O 表示。此外，由于结构层之间的键力较弱，故绿泥石的多型也很常见。从对称性上，多为单斜和三斜晶系。下面以斜绿泥石为例来说明绿泥石的结构特点。

斜绿泥石 Clinochlore $(Mg,Fe,Al)_3[AlSi_3O_{10}](OH)_2·(Mg,Fe,Al)_3(OH)_6$

单斜晶系，空间群 $C2/m$ (no.12)；$a=5.350$Å，$b=9.267$Å，$c=14.27$Å，$\alpha=\gamma=90°$，$\beta=96.35°$，$Z=2$。

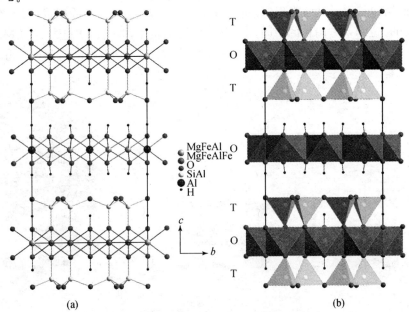

图 9-47 斜绿泥石结构沿 a 轴的投影

(a) 原子-化学键模式；(b) 配位多面体模式

绿色,带有黑、棕、橙黄、紫、蓝等不同色调;一般含铁量越高,颜色越深。玻璃光泽,解理面珍珠光泽,土状者光泽暗淡。{001}解理完全,薄片具挠性,硬度2~3,比重2.6~3.3。

斜绿泥石的晶体结构可以看成滑石型结构单元层(TOT)与水镁石层(O)沿c轴相间排列构成,用TOT·O表示。此实例中,水镁石层是由[AlO_6]八面体和[$(Mg,Fe,Al)O_6$]八面体彼此共棱连接构成,两类八面体有序分布;而TOT结构层中的八面体层也是由有序的[$(Mg,Fe,Al)O_6$]和[$(Mg,Fe,Al,Fe^{3+})O_6$]构成,由于含有少量三价的Al和Fe,所以这里的TOT结构并非完全的三八面体。四面体层共角顶构成六方网格状,同一结构层中的两个四面体层沿a轴方向错开1/3距离。

等结构矿物:锰绿泥石 $Mn_2Al[AlSi_3O_{10}](OH)_2 \cdot (Mn,Al)_3(OH)_6$ Pennantite,鲕绿泥石 $(Mg,Fe^{2+},Al)_3[AlSi_3O_{10}](OH)_2 \cdot (Mg,Fe^{2+},Al)_3(OH)_6$ Chamosite,镍绿泥石 $(Ni,Mg)_3[AlSi_3O_{10}](OH)_2 \cdot (Ni,Mg,Al,Fe)_3(OH)_6$ Nimite,富锰绿泥石 $(Mn,Mg,Fe)_6[(Si,Fe,Al)_4O_{10}](OH)_8$ Gonyerite。

蒙脱石 Montmorillonite $(Al,Mg)_2[(Si,Al)_4O_{10}](OH)_2 \cdot (Ca,Na)_{0.33}(H_2O)_4$

三斜晶系,空间群$P1$ (no.1);$a=5.18$Å,$b=8.98$Å,$c=15.00$Å,$\alpha=90°$,$\beta=90°$,$\gamma=90°$,$Z=2$。

白色或灰白色,含杂质可呈黄、粉红、蓝或绿等色,土状光泽。鳞片状者{001}解理完全,硬度2~2.5,比重2~3。有滑感,加热膨胀,吸水后膨胀并分散成糊状。具很强的吸附和阳离子交换性能。

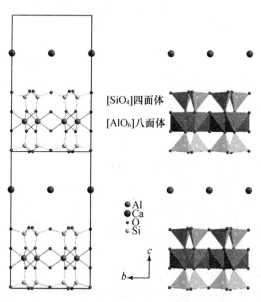

图9-48 蒙脱石晶体结构沿a轴的投影

蒙脱石的晶体结构属于TOT型,与同是TOT型结构的滑石和叶蜡石不同,其TOT结构单元层中部分Si^{4+}被Al^{3+}替代,出现剩余负电荷,因此在层间出现相应数量的Ca^{2+}和Na^+等阳离子。蒙脱石层间域较大,除了可交换阳离子外,还含层间水分子。由于这个缘故,在c轴方向随含水量不同可变化和膨胀,可由 9.6Å 变化至 21.4Å。依据层间域离子种类可划分出钠蒙脱石和钙蒙脱石等变种。蒙脱石晶体结构的对称性一般也比较低,多是单斜和三斜晶系。这里的实例属于三斜晶系的钙蒙脱石,由于占据 TOT 结构层中八面体位置的是 Al,所以属于二八面体型结构。

蛭石 Vermiculite $Mg_2(Mg,Fe^{3+},Al)[(Si,Al)_4O_{10}](OH)_2 \cdot Mg_{0.35}(H_2O)_4$

单斜晶系,空间群 $C2/c$ (no.15); $a=5.33$Å, $b=9.18$Å, $c=28.90$Å, $\alpha=\gamma=90°$, $\beta=97°$, $Z=4$。

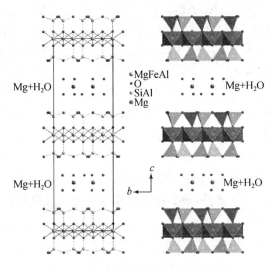

图 9-49 蛭石晶体结构沿 a 轴的投影

褐黄至褐色,有时带绿色;珍珠光泽。{001}解理完全,薄片具挠性,硬度1~1.5,比重2.4~2.7。加热时体积膨胀,且比重降低。膨胀是由于层间水分子变为蒸汽时所产生的压力使结构层被迅速撑开所致。具很强的吸附和阳离子交换性能。其膨胀体具有极高的绝热和隔音性能。

蛭石的结构与蒙脱石的结构类似,同样属于 TOT 型结构,层间也存在阳离子和水分子。不同之处是蛭石的层电荷要高得多,且层间阳离子是以 Mg^{2+} 为主的二价离子。蛭石的层间域也较大,有大量水分子和可交换阳离子存在。由于占据 TOT 结构层中八面体位置的阳离子以二价的 Mg 离子为主,故蛭石属于三八面体型结构。

板晶石 Epididymite $Na_2Be_2[Si_6O_{15}] \cdot H_2O$

斜方晶系,空间群 $Pnma$ (no.62); $a=12.7334$Å, $b=13.6298$Å, $c=7.3467$Å, $\alpha=\beta=\gamma=90°$, $Z=4$。

白色、紫色、蓝灰色或无色,玻璃至珍珠光泽。解理{001}完全、{100}中等,硬度6~7,比重2.55。

板晶石晶体结构特点是[SiO_4]四面体共角顶连接形成双链[Si_6O_{15}]沿 c 轴延伸,它们又与四次配位的[BeO_4]四面体连接形成平行(010)的层,[BeO_4]四面体两两共棱相连。Na 离子位于层间结构空位处，其周围围绕有 6 个 O 和一个 H_2O。板晶石与双晶石(eudidymite)呈同质二像，后者对称性为 $C2/c$，其结构参数为 $a=12.62\text{Å}, b=7.37\text{Å}, c=13.99\text{Å}, \alpha=\gamma=90°, \beta=103.72°$。

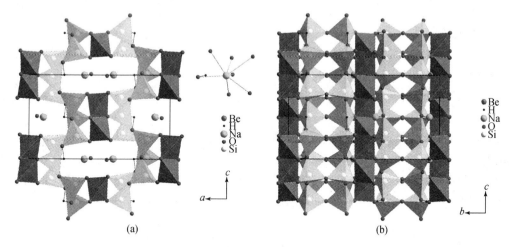

图 9-50 板晶石的晶体结构

(a) 沿 b 轴的投影，显示[Si_6O_{15}]、[BeO_4]四面体和 Na 离子的配位数；(b) 沿 a 轴的投影，显示[Si_6O_{15}]双链和[BeO_4]四面体连接形成平行(010)的层

硅钛钡石　Fresnoite　$Ba_2Ti[Si_2O_7]O$

四方晶系，空间群 $P4bm$（no.100）；$a=b=8.542\text{Å}, c=5.219\text{Å}, \alpha=\beta=\gamma=90°, Z=2$。柠檬黄至金黄色，条痕白色，玻璃光泽，紫外线下发黄色荧光。{001}解理完全，硬度 3.5~4.0，比重 4.4。

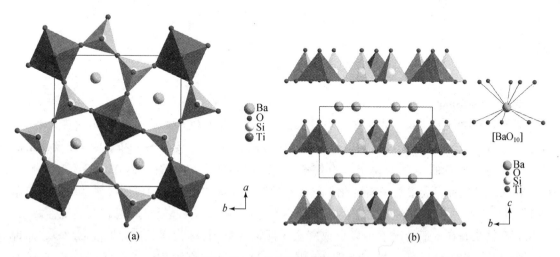

图 9-51 硅钛钡石的晶体结构

(a) 沿 c 轴的投影，[Si_2O_7]双四面体和[TiO_5]四方单锥连接形成平行(001)的层；(b) 沿 a 轴的投影，显示其层状结构特点和 Ba 的 10 次配位

硅钛钡石的结构是由[Si_2O_7]双四面体及[TiO_5]四方单锥共角顶连接组成的层平行(001)，层与层之间由 Ba 连接，Ba 的配位数为 10。[Si_2O_7]双四面体和[TiO_5]四方单锥的角顶氧皆朝向相同方向。

9.5 架状基型

赛黄晶 Danburite Ca[$B_2Si_2O_8$]

斜方晶系，空间群 $Pnam$(no. 62)；$a=8.101$Å，$b=8.801$Å，$c=7.786$Å，$\alpha=\beta=\gamma=90°$，$Z=4$。

白色、黄色、黄褐色，透明至半透明，玻璃光泽至油脂光泽。{001}解理极不完全，断口贝壳状，硬度 7~7.5，比重 2.97~3.02。

赛黄晶属于硼硅酸盐矿物，在其晶体结构中，Si 和 B 分别与氧组成[Si_2O_7]和[B_2O_7]双四面体，这些双四面体彼此以角顶相连形成骨架。Ca 原子位于结构空隙中，其配位数为 7。

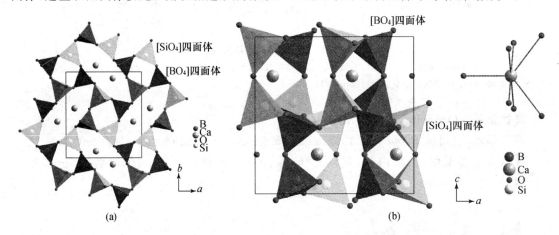

图 9-52 赛黄晶的晶体结构
(a) 沿 c 轴的投影；(b) 沿 b 轴的投影，Ca 呈七次配位

长石 Feldspar

长石是矿物族名。长石族矿物的一般化学式可用 M[T_4O_8]表示。其中 M 主要为 Na^+、K^+、Ca^{2+}、Ba^{2+} 等大半径低电荷的碱金属和碱土金属离子；T 主要是 Si^{4+} 和 Al^{3+}，以及少量的 Be^{2+}、B^{3+} 等。长石的主要端元组分有钾长石 K[$AlSi_3O_8$]、钠长石 Na[$AlSi_3O_8$]和钙长石 Ca[$Al_2Si_2O_8$]三种。大多数长石的化学组成都被涵盖在这三个端元构成的三元系中。高温条件下，钾长石和钠长石可形成完全类质同像系列，称为碱性长石，低温时两者的混溶性减小。钠长石和钙长石在一般情况下可以形成完全类质同像系列，称为斜长石(Plagioclase)。而钾长石和钙长石混溶性很低。若 M 位是 Ba，即 Ba[$Al_2Si_2O_8$]，则称为钡长石(Celsian)，钡长石在自然界罕见。

长石族各矿物具有相似的晶体结构。这里以对称程度最高的透长石(Sanidine)为例来说明。结构中 4 个[TO_4]四面体共角顶连成一个四元环。该四元环是长石矿物的最重要结构单元,可以多面体形式表达(图 9-53(a)),也可连接 [TO₄]四面体中心构成的四边形表达。四元环之间再共角顶连接成曲轴状链沿 a 轴延伸(图 9-53 (b))。链上四元环环面分别垂直于 a 轴[平行于 $(\bar{2}01)$]和 b 轴[平行于(010)]相间排列(图 9-53 (c))。链体有一定程度的扭曲。链与链之间再通过角顶共用,连成三维骨架结构。从图 9-53 可以看出,4 个四元环通过共角顶连接成八元环。阳离子 Na^+、K^+、Ca^{2+} 等便占据这些八元环中间的空隙,配位数为 9。

[SiO₄]四面体四元环里的 4 个四面体分别被标记 T1、T2,表示了有两种不能对称重复的四面体位置。四元环中 Si 和 Al 分布的有序程度决定了长石矿物的对称性。如果四元环中 Si 和 Al 占据四面体位置的概率相同,即占位完全无序,则形成单斜对称的长石,如透长石(图 9-54(a));若占位部分有序(如 Al 占据两个 T1 位置的概率相同),如图 9-54(b),此时对称面和二次对称轴仍可存在,也构成单斜晶系长石,如正长石(Orthoclase);如果 Al 占位完全有序,即 Al 只占据四元环的一个四面体位置,则结构中二次对称轴和对称面将消失(图 9-54(c)),便形成三斜对称的长石,如微斜长石(Microcline)。

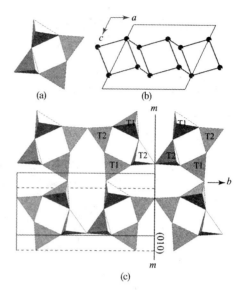

图 9-53 长石矿物(透长石)结构图解

(a) [TO₄]四面体四元环;(b) 长石结构平行(010)面的投影,可见[TO₄]四面体四元环构成的曲轴状链沿 a 轴方向延伸;(c) 长石结构平行($\bar{2}01$)面的投影,可见[TO₄]四面体四元环以角顶连接构成层,其中两类不等效的四面体分别标以 T1 和 T2,两者可由对称元素联系起来,阳离子位于四面体八元环内。框线示单胞,$m\text{-}m$ 为对称面

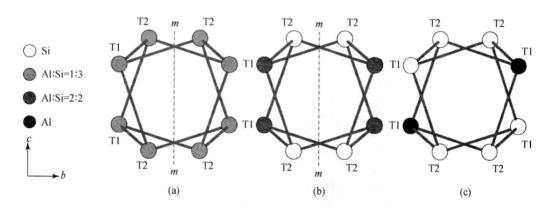

图 9-54 长石结构中 Al 在不同四面体位置上的分布

(a) 透长石;(b) 正长石;(c) 微斜长石。$m\text{-}m$ 为对称面

下面我们给出透长石、正长石和钡长石的具体结构参数。

透长石　Sanidine　(K,Na)[(Si,Al)₄O₈]

单斜晶系,空间群 $C2/m$ (no.12);$a=8.677$Å,$b=13.016$Å,$c=7.184$Å,$\alpha=\gamma=90°$,$\beta=116.073°$,$Z=4$。

无色透明,或呈浅黄色调;玻璃光泽。{001}和{010}解理完全,解理夹角90°,硬度6,比重2.56~2.57。

其晶体结构见长石描述。

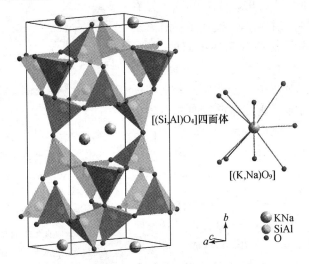

图 9-55　透长石的晶体结构

Al 和 Si 占位完全无序,位于[(Al,Si)O₄]四面体位置,K 呈九次配位

正长石　Orthoclase　K[AlSi₃O₈]

单斜晶系,空间群 $C2/m$ (no.12);$a=8.5632$Å,$b=12.963$Å,$c=7.2099$Å,$\alpha=\gamma=90°$,$\beta=116.073°$,$Z=4$。

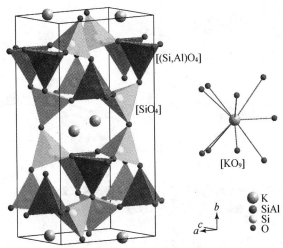

图 9-56　正长石的晶体结构

Al 占位部分有序,位于[(Al₀.₅Si₀.₅)O₄]四面体位置,K 呈九次配位

常呈肉红色,有时为浅黄、灰白、浅绿等色;玻璃光泽。{001}和{010}解理中等或完全,解理夹角90°,硬度6,比重2.56～2.57。

其晶体结构见长石描述。

钡长石　Celsian　Ba[Al$_2$Si$_2$O$_8$]

单斜晶系,空间群 $I2/c$ (no.15);$a=8.622$Å,$b=13.078$Å,$c=14.411$Å,$\alpha=\gamma=90°$,$\beta=115.09°$,$Z=8$。

无色,有时呈白色或浅黄色;玻璃光泽。解理{001}完全、{110}不完全,断口不平坦,性脆,硬度6～6.5,比重3.1～3.4。

其晶体结构见长石描述。

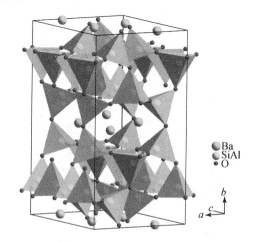

图 9-57　钡长石的晶体结构

霞石　Nepheline　(Na,K)[AlSiO$_4$]

六方晶系,空间群 $P6_3$(no.173);$a=b=9.989$Å,$c=8.380$Å,$\alpha=\beta=90°$,$\gamma=120°$,$Z=2$。

无色、白色或灰白色,有时微带浅黄、浅绿、浅红、浅褐、蓝灰等色调;透明,玻璃光泽,断口油脂光泽。{10$\bar{1}$0}和{0001}解理不完全,贝壳状断口,硬度5.5～6,比重2.56～2.66。

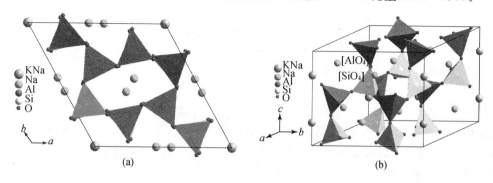

图 9-58　霞石的晶体结构

(a) 沿 c 轴的投影,K 和 Na 有序占据结构中较大的空隙

霞石的晶体结构中，[SiO₄]和[AlO₄]四面体共角顶连接形成六元环平行(0001)，且两种四面体相间有序分布，六元环被其他四面体共角顶连接构成具有较大空隙的三维骨架结构。在平行(0001)面上有两类空隙：一类是六元环状，(K,Na)离子占据；另一类是1×2四面体宽度的空隙，Na离子占据。霞石的结构类似于β-鳞石英的结构，可视为其半数的Si被Al有序替代而成。

白榴石　Leucite　K[AlSi₂O₆]

四方晶系，空间群 $I4_1/a$ (no.88)；$a=b=13.005$Å，$c=13.765$Å，$α=β=γ=90°$，$Z=16$。

无色、白色、灰色或炉灰色，有时带浅黄色调；透明，玻璃光泽，断口油脂光泽。无解理，硬度5.5～6，比重2.47。

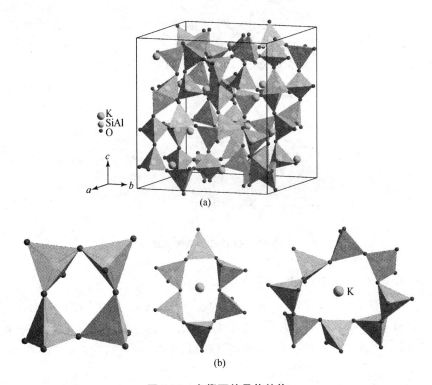

图9-59　白榴石的晶体结构

(a) 由[(Si,Al)O₄]四面体共角顶连接成骨架结构，K充填结构空隙；(b) 由[(Si,Al)O₄]四面体组成的四元环、六元环和八元环

白榴石结构主要是由[(Si,Al)O₄]四面体共角顶连接成的骨架结构。结构中的[(Si,Al)O₄]四面体可组成四元环、六元环、八元环以及十二元环等，它们彼此共角顶相连，四元环平行{100}、六元环平行{111}、八元环平行{110}分布。大阳离子K^+就充填在靠近六元环的结构空隙中，与12个O配位。

等结构矿物：铵白榴石 (NH₄,K)[AlSi₂O₆] Ammonioleucite。

9 硅酸盐

方柱石　Scapolite　$(Na,Ca)_4[(Si,Al)_2Si_2O_8]_3(Cl,SO_4)$

四方晶系,空间群 $I4_2/n$ (no.86); $a=b=12.0416$Å, $c=7.581$Å, $\alpha=\beta=\gamma=90°$, $Z=2$。

无色、灰色、浅绿黄色、黄色或紫色,呈海蓝色者特称海蓝柱石;透明,玻璃光泽。解理 {100}中等、{110}略差,硬度 5～6,比重 2.61～2.75,随成分中 Ca 含量的增加而增大。

方柱石的化学组成中 Ca 和 Na 可形成完全类质同像,其两个端元分别是钠柱石(Marialite) 和钙柱石(Meionite),其间的过渡组分均称为方柱石,这类似于镁橄榄石和铁橄榄石完全类质同像,它们的过渡组分都称为橄榄石。方柱石结构中,[SiO_4]和[(Si,Al)O_4]四面体均构成四元环且有序分布,相互之间上下连接形成平行于 c 轴的柱,柱间再共角顶相连而形成三维骨架结构。骨架中较大的空隙位于四面体四元环和八元环中间,附加阴离子 Cl 和(SO_4)位于[SiO_4]四面体组成的四元环空隙内,而大阳离子(Na,Ca)则位于八元环构成的空隙内。

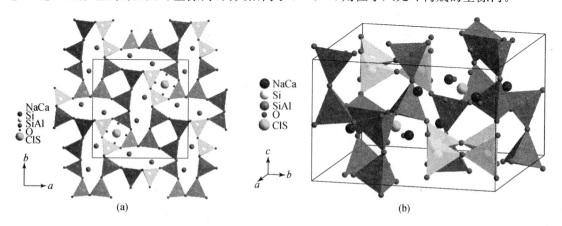

图 9-60　方柱石的晶体结构

(a) 沿 c 轴的投影,其中由[(Si,Al)O_4]四面体组成四元环、六元环和八元环;(b) 大阳离子(Na,Ca)和附加阴离子(Cl,SO_4)位于结构空隙处

方钠石　Sodalite　$Na_8[AlSiO_4]_6Cl_2$

等轴晶系,空间群 $P\bar{4}3n$ (no.218); $a=b=c=8.873$Å, $\alpha=\beta=\gamma=90°$, $Z=1$。

无色或呈浅灰、红、黄、蓝等色,玻璃光泽,断口油脂光泽。{110}解理中等,断口不平坦,硬度 5～6,比重 2.13～2.29。有些可见紫红色紫外荧光。

方钠石的晶体结构表现为[AlO_4]和[SiO_4]四面体通过共角顶形成四元环和六元环,6 个与{100}平行的四元环和 8 个与{111}平行的六元环组成状如截角八面体的"空洞"(称为 β 笼)。每个六元环为两个 β 笼所共用,使六元环形成一贯通的通道。通道平行[111]方向,并相交于晶胞的角顶和中心。β 笼的空腔巨大,其直径可达 6.2Å。附加阴离子 Cl 分布在笼的中心,而阳离子 Na 则位于通道之中。

等结构矿物:青金石 $(Na,Ca)_8[AlSiO_4]_6S_2$ Lazurite,蓝方石 $(Na,Ca,K)_8[AlSiO_4]_6(SO_4,Cl)_2$ Hauyne,黝方石 $Na_8[AlSiO_4]_6(SO_4)$ Nosean,水方钠石 $Na_8[AlSiO_4]_6(OH)_2(H_2O)_2$ Hydrosodalite。

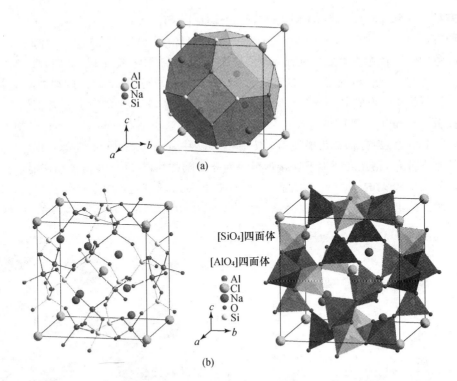

图 9-61 方钠石的晶体结构

(a) 连接四面体中心离子形成 β 笼,Cl 位于 β 笼中心,Na 位于结构通道中;(b) [AlO₄] 和 [SiO₄] 四面体共角顶连接,在结构中有序分布

沸石 Zeolite

沸石是架状结构含水的碱金属或碱土金属的铝硅酸盐。其化学通式为:$A_mX_pO_{2n} \cdot nH_2O$,式中 A 代表 Na、Ca、K 等大阳离子,X 为 Si 和 Al。四面体位置的 Al∶Si 比值在 1∶5～1∶1 之间。H_2O 含量视具体矿物种而有差异,含量的多少反映了结构中空隙体积与整个结构体积间的关系。沸石族矿物的化学组成可在很大范围内变化,因此许多沸石只能给出近似的化学式。

沸石族矿物的晶体结构和其他架状结构硅酸盐矿物一样,由 [SiO₄] 和 [AlO₄] 四面体共角顶连接成三维空间内的骨架状。但其独特之处是结构中存在许多宽阔的空腔和孔道(或笼),这些空腔和孔道可以被 Na、Ca、K 等大半径离子及水分子(沸石水)所占据。由于孔道与外界环境相通,因此沸石水可因环境的变化而"自由"出入,并不破坏晶体结构。

目前已知天然沸石矿物有 36 种,人造沸石超过 100 种。这里选择几种典型的沸石矿物种属,来描述其结构特点。

菱沸石 Chabazite (K,Na,Ca)₂[Al₂Si₄O₁₂]·nH₂O

三方晶系,空间群 $R\bar{3}m$ (no. 166);$a=b=13.831$Å,$c=15.023$Å,$\alpha=\beta=90°$,$\gamma=120°$,$Z=12$。

无色、白色或微带浅红色,玻璃光泽。解理 {10$\bar{1}$0} 中等,硬度 4～5,比重 2.05～2.10。

在菱沸石的晶体结构中,[(Si,Al)O₄] 四面体组成六方双环平行 (0001),双环与双环彼此分开并连接成笼状。每个笼子的壁上有 6 个四元环、2 个六元环和 6 个八元环,其中八元环用以与相邻的笼子连接,形成交叉的通道。通道中存在 Ca、Na 离子和沸石水分子。菱沸石也有三斜对称(空间群 $P\bar{1}$)的变体,其笼子的形状基本相同。

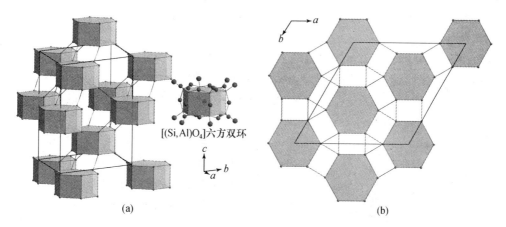

图 9-62 菱沸石的晶体结构

(a) $[(Si,Al)O_4]$ 四面体六方双环为骨架构成笼,笼与笼之间形成交叉贯通的通道;(b) 沿 c 轴的投影

等结构矿物:插晶菱沸石 $(Ca,Na,K)_2[Al_2Si_4O_{12}] \cdot nH_2O$ Levyne。

钙十字沸石 Phillipsite-Ca $(Ca,Na,K)[(Si,Al)_4O_8] \cdot nH_2O$

单斜晶系,空间群 $P2_1/m$ (no. 11);$a=9.8881$Å,$b=14.4040$Å,$c=8.6848$Å,$\alpha=\gamma=90°$,$\beta=124.27°$,$Z=4$。

无色、白色或微带桃红、灰、黄色,玻璃光泽。解理{010}和{100}中等,硬度 4～4.5,比重 2.2。

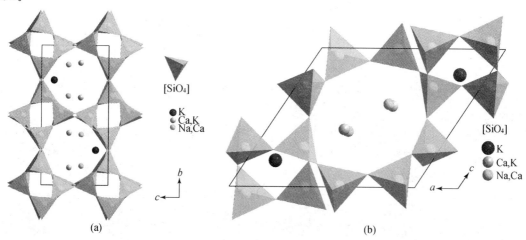

图 9-63 钙十字沸石的晶体结构

(a) 在(100)面上的投影,$[(Si,Al)O_4]$ 四面体构成的四元环和八元环;(b) 沿 b 轴的投影,大阳离子和水分子位于结构空洞中

钙十字沸石晶体结构中，[(Si,Al)O$_4$]四面体构成四元环和八元环成层大致平行(100)，被垂直它们的四元环连接形成骨架状结构。结构中有两组孔道，一组平行[100]，另一组平行于[010]。在孔道交叉处出现较大空洞，空洞中存在可交换阳离子和可移动的水分子。

等结构矿物：交沸石（Ba,Na,K)$_3$[Al$_6$Si$_{10}$O$_{32}$]·nH$_2$O Harmotome。

八面沸石　Faujasite　(Na,Ca)[(Si,Al)$_4$O$_8$]·nH$_2$O

等轴晶系，空间群 $Fd3m$ (no.227)；$a=b=c=24.74$Å，$α=β=γ=90°$，$Z=48$。

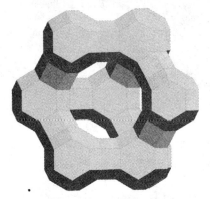

图 9-64　八面沸石的笼型结构
各种多面体系由连接(Si,Al)原子后获得

无色透明或黄色不透明。解理{111}中等，硬度 5，比重 1.92。

八面沸石晶体结构，是沸石类最开阔的一种。由 [(Si,Al)O$_4$] 四面体首先组成包括 4 个四元环和 8 个六元环的立方八面体笼，它们以相间的六元环通过一个六方柱与另一个立方八面体笼相连接，从而由立方八面体和六方柱又围成一个大的方沸石型的笼。这种方沸石笼为二十六面体，具有 48 个角顶，包括 18 个四元环，4 个六元环和 4 个十二元环。它通过十二元环与相邻的 4 个方沸石笼相通，形成很大的通道，从而使八面沸石具有较宽的分子吸收范围。结构空洞中存在阳离子和水分子。

片沸石　Heulandite　(Ca,Na,K,Sr)$_9$[(Si,Al)$_{36}$O$_{72}$]·nH$_2$O

单斜晶系，空间群 $C2/m$ (no.12)；$a=17.536$Å，$b=17.277$Å，$c=7.409$Å，$α=γ=90°$，$β=116.62°$，$Z=1$。

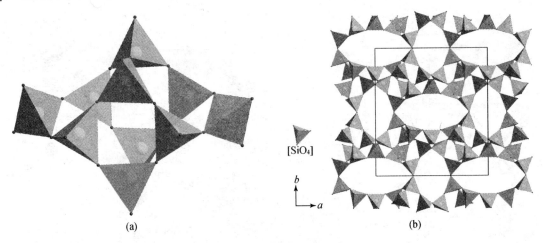

图 9-65　片沸石的晶体结构

(a) 其中的 4-4-1-1 笼，由 2 个四面体四元环和 2 个单四面体构成；(b) 在(001)面上的投影，具有孔道的四面体八元环和十元环平行(001)

无色、白色或黄色,玻璃光泽,解理面珍珠光泽。解理{010}完全,硬度3.5~4,比重2.18~2.22。

片沸石结构的基本单元是由2个[(Si,Al)O₄]四面体构成的四元环和2个单四面体连接成的一个小型笼,称之为4-4-1-1笼。该笼可视为由2个四元环和2个五元环组成。在结构中这些笼连接成平行(010)的层,并形成平行于(001)和(100)的具有开阔通道的八元环和十元环。大阳离子位于孔道交叉处。

等结构矿物:辉沸石(Ca,Na)₉[(Si,Al)₃₆O₇₂]·nH₂O Stilbite,斜发沸石(Ca,Na,K)₆[(Si,Al)₃₆O₇₂]·nH₂O Clinoptilolite。

水钙沸石 Gismondine Ca₄[Al₈Si₈O₃₂]·nH₂O

单斜晶系,空间群$P2_1/c$(no.14);a=10.011Å,b=10.614Å,c=9.853Å,$\alpha=\gamma=90°$,$\beta=93.11°$,$Z=1$。

白色或带灰、青、红色。无解理,硬度4.5~5,比重2.27。

水钙沸石结构中,[SiO₄]和[AlO₄]四面体相间共角顶构成双四元环,它们相互连接使结构中出现平行[001]和[100]的通道,通道交汇处为八元环,大阳离子Ca和水分子即位于八元环构成的笼内。

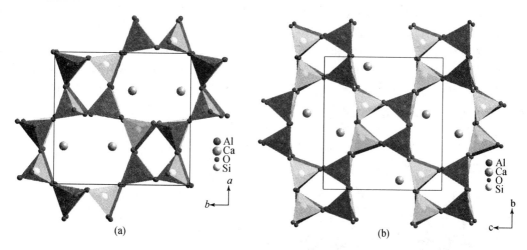

图 9-66 水钙沸石的晶体结构

(a) 在(001)面上的投影,八元环通道平行[001];(b) 在(100)面上的投影,八元环通道平行[100]

钠沸石 Natrolite Ca₄[Al₈Si₈O₃₂]·2H₂O

斜方晶系,空间群$Fdd2$(no.43);$mm2$;a=18.296Å,b=18.647Å,c=6.585Å,$\alpha=\beta=\gamma=90°$,$Z=8$。

无色、白色或带浅黄、浅绿、浅红色,玻璃光泽。解理{110}中等,硬度5~5.5,比重2.2~2.5。

钠沸石结构中,[SiO₄]和[AlO₄]四面体共角顶连接形成沿c轴延伸的链体,此链体一个重复周期包含了5个四面体(由3个Si和2个Al占据),可视为各两个角顶指向相反的[SiO₄]和[AlO₄]四面体组成垂直c轴的四元环,环间由另一个[SiO₄]四面体以角顶相连。相邻的链体通过 4 个活性氧连接,在平行于 c 轴方向由八元环构成通道,垂直于 c 轴方向也有通道,水分子以及大阳离子 Na 位于通道之中。

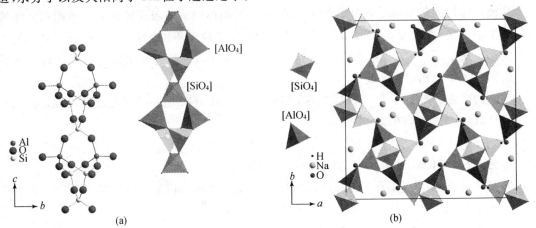

图 9-67　钠沸石的晶体结构
(a) 四面体链沿 c 轴无限延伸；(b) 沿 c 轴的投影,八元环构成的通道沿 c 轴延伸

浊沸石　Laumontite　$Ca_4[Al_8Si_{16}O_{48}]\cdot nH_2O$

单斜晶系,空间群 $C2/m$ (no.12)；$a=14.5279Å$, $b=13.1979Å$, $c=7.437Å$, $\alpha=\gamma=90°$, $\beta=110.37°$, $Z=1$。

瓷白色或乳白色。解理{010}和{110}完全,硬度 3～3.5,比重 2.2～2.3。

浊沸石的晶体结构中,[SiO_4]和[AlO_4]四面体组成的四元环和六元环构成骨架,它们连接成为平行 c 轴的带,并在平行 c 轴的方向上形成相当于十元环的较大孔道。大阳离子 Ca^{2+} 以及水分子位于十元环的通道之中。

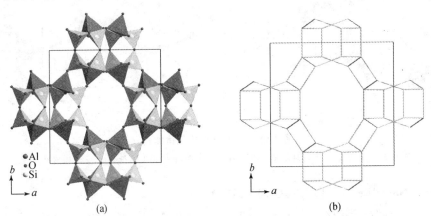

图 9-68　浊沸石晶体结构沿 c 轴的投影
(a) 具有大孔道的十元环平行 c 轴；(b) 连接 Si 和 Al 原子,显示出六元环和十元环构成的笼

香花石　Hsianghualite　$Ca_3Li_2[Be_3Si_3O_{12}]F_2$

等轴晶系,空间群 $I2_13$ (no.199)；$a=b=c=12.864Å$, $\alpha=\beta=\gamma=90°$, $Z=8$。

无色、乳白色,透明,玻璃光泽。硬度 6.5,比重 2.9～3.0。

香花石的晶体结构主要是由[SiO$_4$]四面体和[BeO$_4$]四面体共角顶连接成的三度空间骨架。每两个[SiO$_4$]四面体交替以角顶连接组成四元环，每3个[SiO$_4$]四面体和3个[BeO$_4$]四面体交替连接形成六元环。四元环垂直于立方晶胞的二次螺旋轴，居于单胞的{100}面上。六元环垂直于立方晶胞的三次轴，环绕单胞的各个角顶。六元环形成的中心空洞延长方向平行于三次轴，为F原子充填。紧挨着F原子一侧的四面体空隙中充填Li原子，其配位数为4（即3O+F）。四元环中心则为Ca原子充填，Ca的配位数为8（即6O+2F）。

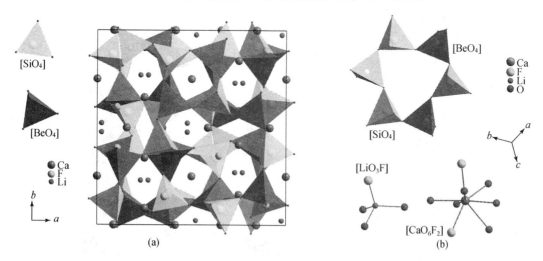

图9-69　香花石的晶体结构
(a) 沿c轴的投影；(b) 平行c轴的六元环及Ca和Li的配位情况

蓝锥矿　Benitoite　BaTi[Si$_3$O$_9$]

六方晶系，空间群$P\bar{6}c2$ (no.188)；$a=b=6.60$Å，$c=9.714$Å，$\alpha=\beta=90°$，$\gamma=120°$，$Z=2$。

蓝色、粉红色、白色或无色，透明至半透明，玻璃光泽。解理{10$\bar{1}$1}不完全，断口贝壳状至不平坦状，硬度6.5～6.75，比重3.64～3.69。短波紫外线下呈浅蓝色荧光。

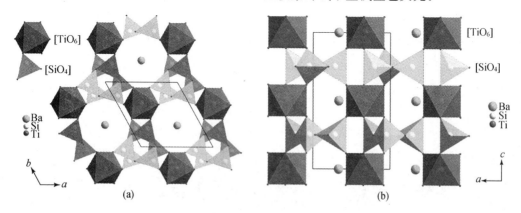

图9-70　蓝锥矿的晶体结构
(a) 沿c轴的投影，Ba原子位于[Si$_3$O$_9$]三元环和[TiO$_6$]八面体所围成的大空隙中；(b) 垂直b轴的投影，[Si$_3$O$_9$]三元环和[TiO$_6$]八面体位于c轴不同的高度

蓝锥矿结构中,3 个[SiO_4]四面体共角顶连接构成[Si_3O_9]三元环,与[TiO_6]八面体通过共用角顶方式连接成骨架。三元环垂直 c 轴,三元环旋转 36°左右可与上下相邻的三元环方位相同,分别位于 c 轴的 1/4 和 3/4 高度;而[TiO_6]八面体则位于 c 轴的 0 和 1/2 高度。Ba 原子位于[Si_3O_9]三元环和[TiO_6]八面体所围成的大空隙中,大阳离子 Ba 的配位数为 12。

等结构矿物:硅锆钡石 BaZr[Si_3O_9] Bazirite,硅锡钡石 BaSn[Si_3O_9] Pabstite。

硅钡钛石 Batisite BaNa$_2$Ti$_2$[Si$_4$O$_{12}$]O$_2$

斜方晶系,空间群 $Ima2$ (no. 46);a=10.4Å,b=13.85Å,c=8.10Å,$\alpha=\beta=\gamma=90°$,$Z=4$。深褐色,条痕浅玫瑰色。解理{100}完全,硬度 5.9,比重 3.43。

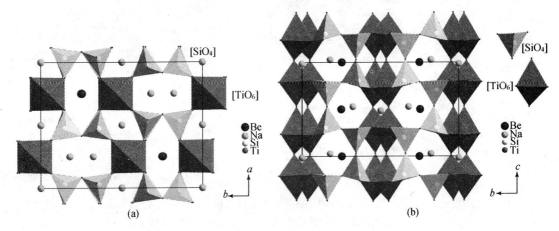

图 9-71 硅钡钛石的晶体结构

(a) 沿 c 轴的投影,Ba 和 Na 原子在较大的结构空隙中;(b) 沿 a 轴的投影,两种链体平行于 c 轴,c_0 相当于[TiO_6]八面体高度的 2 倍

硅钡钛石结构中,[SiO_4]四面体共角顶组成[Si_4O_{12}]链平行 c 轴,[TiO_6]八面体也共角顶连接成直线形链平行 c 轴。两种链彼此以角顶相连形成复杂的架状结构。结构中有两种不同的较大空隙,分别配置着 Na 和 Ba。

等结构矿物:硅铌钛碱石 Ba(K,Na)$_2$(Ti,Nb)$_2$[Si$_4$O$_{12}$]O$_2$ Shcherbakovite。

10

其他含氧盐

10.1 硼酸盐

10.1.1 岛状基型

硼镁铁矿 Ludwigite $(Mg, Fe^{2+})_2 Fe^{3+}[BO_3]O_2$

斜方晶系,空间群 $Pbam$ (no.55);$a=9.14Å$, $b=12.45Å$, $c=3.05Å$, $\alpha=\beta=\gamma=90°$, $Z=2$。墨绿至黑色,颜色随成分中 Fe 的含量增加而加深;条痕浅黑绿至黑色,光泽暗淡,纤维状集合体可呈丝绢光泽,微透明至不透明。无解理,硬度 5.5~6,比重 3.6~3.7。粉末具弱磁性。

硼镁铁矿结构中,有 3 种位置的配位八面体,分别是$[(Fe, Mg)O_6]$、$[MgO_6]$和$[FeO_6]$八面体,它们各自共棱连接形成沿 c 轴延伸的链,各种链体之间再以共棱的方式连接成八面体"墙"平行{120}和(100)。这些八面体"墙"再由呈三角形配位的络阴离子$[BO_3]$共角顶连接起来,$[BO_3]$所在平面平行(001)。

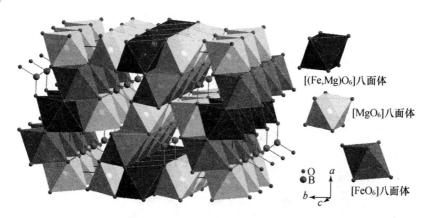

图 10-1 硼镁铁矿的晶体结构
八面体共棱连接成"墙",再由$[BO_3]$共角顶连接

等结构矿物:硼铁矿 $Fe_2^{2+}Fe^{3+}[BO_3]O_2$ Vonsenite,硼镍铁矿 $Ni_2Fe^{3+}[BO_3]O_2$ Bonaccordite,硼镁铁钛矿 $(Mg, Fe^{2+})_2(Fe^{3+}, Ti, Mg)[BO_3]O_2$ Azoproite,弗硼锰镁石 $Mg_2Mn^{3+}[BO_3]O_2$ Fredrikssonite。

硼镁石　Szaibelyite　$Mg_2[B_2O_4(OH)](OH)$

单斜晶系,空间群 $P2_1/a$ (no.14);$a=12.577$Å, $b=10.392$Å, $c=3.139$Å, $\alpha=\gamma=90°$, $\beta=95.88°$, $Z=4$。

白、灰白、浅绿或黄色,条痕白色,丝绢光泽或土状光泽。解理{110}完全,硬度3~4,比重2.62~2.75。纤维无弹性或挠性。

硼镁石晶体结构中,Mg^{2+} 与周围的 O^{2-} 和 OH^- 形成配位八面体,八面体共棱形成两种平行[001]的双链,双链之间共角顶构成平行(100)的层。层与层之间再由$[B_2O_4(OH)]$双三角形络阴离子连接起来。

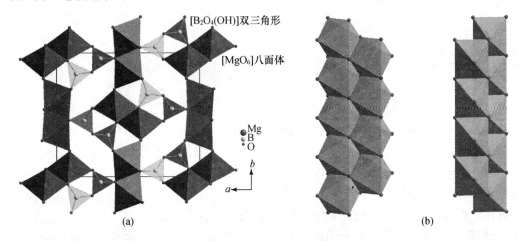

图 10-2　硼镁石的晶体结构

(a) 垂直 c 轴的投影,八面体链由$[B_2O_4(OH)]$双三角形所连接;(b) 结构中的两类八面体双链均沿 c 轴延伸

等结构矿物:白硼锰石 $Mn_2[B_2O_4(OH)](OH)$ Sussexite。

硼砂　Borax　$Na_2[B_4O_5(OH)_4]\cdot 8H_2O$

单斜晶系,空间群 $C2/c$ (no.15);$a=11.885$Å, $b=10.654$Å, $c=12.206$Å, $\alpha=\gamma=90°$, $\beta=106.62°$, $Z=4$。

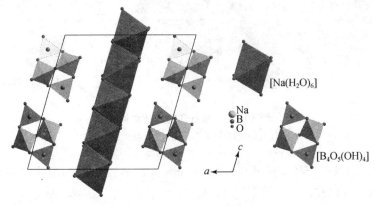

图 10-3　硼砂晶体结构沿 b 轴的投影

无色或白色,有时微带绿、蓝、灰、黄等的浅色调;条痕白色,玻璃光泽,土状者光泽暗淡。解理{100}完全,贝壳状断口,性极脆,硬度2~2.5,比重1.66~1.72。易溶于水,味甜略带咸。

两个[BO$_3$(OH)]四面体和两个[BO$_2$(OH)]三角形彼此共角顶连成四元环[B$_4$O$_5$(OH)$_4$],[Na(H$_2$O)$_6$]配位八面体共棱连接成沿c轴的链,它们共同构成平行于{100}的结构层。结构层之间以较弱的氢键连接。

10.1.2 链状基型

钙硼石-Ⅱ Calciborite-Ⅱ Ca[B$_2$O$_4$]

斜方晶系,空间群$Pccn$(no.56);$a=8.38$Å,$b=13.82$Å,$c=5.006$Å,$\alpha=\beta=\gamma=90°$,$Z=8$。

白色,珍珠光泽。解理完全,断口不平坦,在集合体上断口为贝壳状,硬度3.5,比重2.878。

钙硼石-Ⅱ的晶体结构特点为,由[BO$_4$]四面体和[BO$_3$]三角形共角顶连接成[B$_2$O$_6$]$^{2-}$链平行[001],链间以八次配位的Ca原子相连接。

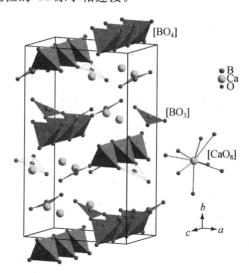

图10-4 钙硼石的晶体结构

硬硼钙石 Colemanite Ca[B$_3$O$_4$(OH)$_3$]·H$_2$O

单斜晶系,空间群$P2_1/a$(no.14);$a=8.712$Å,$b=11.247$Å,$c=6.091$Å,$\alpha=\gamma=90°$,$\beta=90°$,$Z=4$。

无色、白色、浅黄色或浅灰色,条痕白色,透明至半透明,玻璃光泽或暗淡。解理{010}中等、{001}不完全,断口贝壳状至参差状,硬度4.5~5,比重2.42。

在硬硼钙石晶体结构中,由两个[BO$_4$]四面体和一个[BO$_3$]三角形组成[B$_3$O$_5$(OH)$_3$]三元环,三元环共角顶连接成平行[100]延伸的[B$_3$O$_4$(OH)$_3$]$^{2-}$链,链间再由Ca原子连接,Ca的配位数为8,形成[CaO$_3$(OH)$_4$(H$_2$O)]多面体。

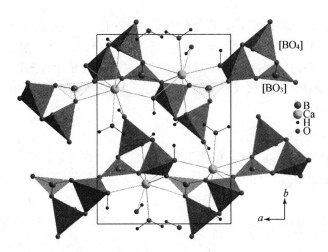

图 10-5 硬硼钙石晶体结构垂直 c 轴的投影

10.1.3 层状基型

天然硼酸 Sassolite $H_3[BO_3]$

三斜晶系,空间群 $P\bar{1}$ (no.2); $a=7.0187$Å, $b=7.035$Å, $c=6.3472$Å, $\alpha=92.49°$, $\beta=101.46°$, $\gamma=119.76°$, $Z=4$。

白色至灰色,常含杂质而变成黄色或褐色;条痕白色,透明,珍珠光泽。解理{001}极完全,断口参差状,具挠性,硬度1,比重1.46~1.52。味酸略带苦味及咸味,具滑感。

天然硼酸的结构中,所有原子均位于大约 c 轴 1/4 和 3/4 高度,在同一原子面内,每一个 B 被 3 个 O 包围形成[BO_3]三角形,三角形之间再由两种不同距离的 H 原子相连接而构成层,其中一种 O—H 键长约 0.96Å,另一种约 1.75Å。层与层之间由范德华键维系。

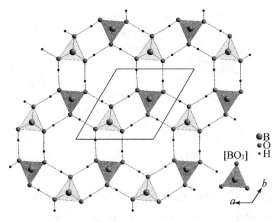

图 10-6 天然硼酸晶体结构沿 c 轴的投影
单胞中有两个结构层,图中只画出了一个层

10.1.4 架状基型

β-方硼石 β-Boracite $Mg_3[B_7O_{13}]Cl$

等轴,空间群 $F\bar{4}3c$ (no.219); $a=b=c=12.10$Å, $\alpha=\beta=\gamma=90°$, $Z=4$。

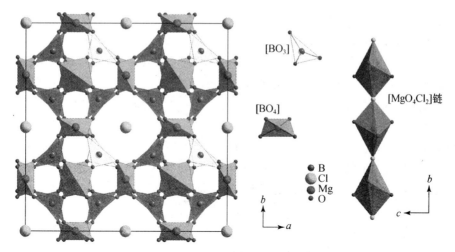

图 10-7　β-方硼石晶体结构沿 c 轴的投影

显示了结构中的几种多面体形状

无色或白色,兼带灰色、黄色及绿色;条痕白色,强玻璃或金刚光泽。无解理,断口贝壳状至不平坦,硬度 7~7.5,随着 Fe 含量增高,比重可由 2.97 增至 3.10。晶体具强的压电性及焦电性。

方硼石具有低温(α-方硼石)和高温变体(β-方硼石),α-方硼石的对称性较低(空间群 $Pca2_1$)。β-方硼石结构中,规则的 $[BO_4]$ 四面体和 $[BO_3]$ 三角形以角顶相连构成具有四方空隙的架状骨干。$[BO_4]$ 四面体和 $[BO_3]$ 三角形的比数为 3∶4。二价 Mg 离子以六次配位呈歪曲的 $[MgO_4Cl_2]$ 八面体,位于四方空隙中,并以角顶相连成链沿 [100] 延伸。

10.2　磷酸盐、砷酸盐和钒酸盐

10.2.1　岛状基型

磷灰石　Apatite

磷灰石是矿物族名,一般化学式为 $Ca_5[PO_4]_3(F,OH,Cl)$。按主要附加阴离子,磷灰石矿物分为氟磷灰石(Fluorapatite)、氯磷灰石(Chlorapatite)和羟磷灰石(Hydroxylapatite)三个种,它们相互间成完全类质同像关系。此外还有碳磷灰石(Carbonate-apatite),指的是络阴离子 $[PO_4]$ 部分被 $[CO_3]$ 替代,化学式为 $Ca_5[PO_4,CO_3]_3(F,OH,Cl)$。其中最常见的是氟磷灰石,我们以它为例来说明磷灰石矿物的结构特征。

氟磷灰石　Fluorapatite　$Ca_5[PO_4]_3F$

六方晶系,空间群 $P6_3/m$ (no. 176); $a=b=9.224$Å, $c=6.805$Å, $\alpha=\beta=90°$, $\gamma=120°$, $Z=2$。

颜色多样,以黄、绿、黄绿、褐等颜色较为常见,沉积岩中的磷灰石因含有机质可染成深灰至黑色;玻璃光泽,断口油脂光泽。解理平行 $\{0001\}$ 及 $\{10\bar{1}0\}$ 不完全,参差状断口或贝壳状断口,硬度5,比重2.9～3.2。加热后可见磷光。

氟磷灰石结构中,金属阳离子Ca有两种配位形式:一种位于6个分居上下两层的$[PO_4]$四面体之间,与这些$[PO_4]$四面体中的9个角顶氧相连,呈九次配位,其构成的配位多面体共面成链沿c轴延伸;12个分居上下两层的$[PO_4]$四面体围成沿c轴延伸的较大通道。附加阴离子F与大阳离子Ca^{2+}均位于通道内,这种位置的Ca离子与周围的4个$[PO_4]$四面体中的6个氧及一个附加阴离子相连,为七次配位。

等结构矿物:氯磷灰石$Ca_5[PO_4]_3Cl$ Chlorapatite,羟磷灰石$Ca_5[PO_4]_3(OH)$ Hydroxylapatite,碳氟磷灰石$Ca_5[PO_4,CO_3]_3F$ Carbonate-fluorapatite,碳羟磷灰石$Ca_5[PO_4,CO_3]_3(OH)$ Carbonate-hydroxylapatite,锶磷灰石$(Sr,Ca)_5[PO_4]_3(F,OH)$ Strontium-apatite,羟砷钙石$Ca_5[AsO_4]_3(OH)$ Johnbaumite,氯磷钡石$Ba_5[PO_4]_3Cl$ Alforsite,氯砷钙石$Ca_5[(As,P)O_4]_3Cl$ Turneaureite,钡砷磷灰石$(Ba,Ca,Pb)_5[(As,P)O_4]_3Cl$ Morelandite,铅砷磷灰石$Ca_2Pb_3[AsO_4]_3Cl$ Hedyphane,磷氯铅矿$Pb_5[PO_4]_3Cl$ Pyromorphite,砷铅石$Pb_5[PO_4]_3Cl$ Mimetite,钒铅矿$Pb_5[VO_4]_3Cl$ Vanadinite。

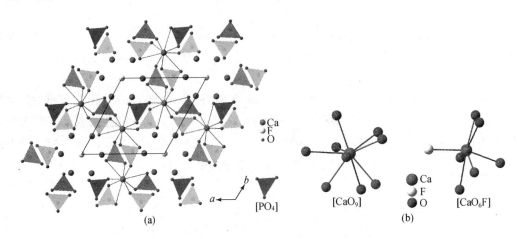

图 10-8 氟磷灰石的晶体结构

(a)沿c轴的投影,Ca的配位数有7和9两类,图中画出了九次配位的Ca—O关系;(b)结构中的两类Ca原子,配位数分别为7和9

独居石 Monazite

独居石是镧系元素的磷酸盐矿物,视镧系元素的种类,有镧独居石、铈独居石等。它们是等结构矿物,这里以铈独居石为例来说明独居石的结构特征。

铈独居石 Monazite-(Ce) Ce[PO_4]

单斜晶系,空间群$P2_1/n$ (no.14);$a=6.777Å$, $b=6.993Å$, $c=6.445Å$, $\alpha=\gamma=90°$, $\beta=103.54°$, $Z=2$。

黄褐或红褐色,有时呈黄绿色;树脂光泽。解理{100}中等,贝壳状或参差状断口,硬度5～5.5,比重4.9～5.5,随Th含量增高而增大。紫外光下发鲜绿色荧光,因含Th、U而具放射性。

铈独居石结构中,[PO$_4$]四面体孤立状分布,Ce位于[PO$_4$]四面体之间,与6个四面体相连,Ce的配位数为9。[PO$_4$]与[CeO$_9$]多面体共棱连接形成平行[001]的链,而[CeO$_9$]之间也共棱构成平行[100]的锯齿状链,两者相互共棱和共角顶连接而形成整个结构。

等结构矿物:镧独居石 La[PO$_4$] Monazite-(La),钕独居石 Nd[PO$_4$] Monazite-(Nd),硅铈独居石(Ce,Ca,Th)[(P,Si)O$_4$] Cheralite-(Ce),磷钙钍石 CaTh[PO$_4$]$_2$ Brabantite,砷铋石 Bi[AsO$_4$] Rooseveltite,砷铈石 Ce[AsO$_4$] Gasparite-(Ce),铬铅矿 Pb[CrO$_4$] Crocoite。

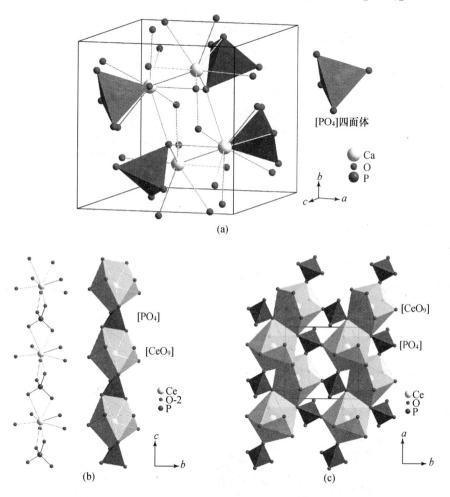

图 10-9 独居石的晶体结构

(a) [PO$_4$]四面体孤立状分布;(b) 沿[001]的[PO$_4$]与[CeO$_9$]多面体链;(c) 沿[100]的锯齿状[CeO$_9$]多面体链

10.2.2 链状基型

板磷铁矿 Ludlamite Fe$_3$[PO$_4$]$_2$·4H$_2$O

单斜晶系,空间群 $P2_1/a$ (no.14);$a=10.541$Å,$b=4.646$Å,$c=9.324$Å,$\alpha=\gamma=90°$,$\beta=100.43°$,$Z=2$。

鲜绿色、苹果绿及白带绿色、无色,透明至半透明,玻璃光泽。解理{001}完全,硬度3.5~3.75,比重3.19。

在板磷铁矿晶体结构中,Fe的配位数为6,构成$[FeO_4(H_2O)_2]$和$[FeO_3(H_2O)_3]$两种八面体。它们之间共棱和共角顶连接,构成大致平行(101)的八面体层,层与层之间由$[PO_4]$共角顶连接。

图 10-10　板磷铁矿的晶体结构

等结构矿物:变水磷锰石 $Mn_3[PO_4]_2·4H_2O$ Metaswitzerite。

钒铋矿　Pucherite　$Bi[VO_4]$

斜方晶系,空间群 $Pnca$ (no.60);$a=5.328Å$, $b=5.052Å$, $c=12.003Å$, $α=β=γ=90°$, $Z=4$。

浅黄褐、浅红褐至深红褐色,条痕黄色,透明至不透明,玻璃光泽至金刚光泽。解理{001}完全、{210}中等,断口次贝壳状,性脆,硬度4,比重4.25。

钒铋矿的晶体结构中,Bi^{3+}配位数为8,呈歪曲的$[BiO_8]$多面体,它们之间共棱连接成链平行于 a 轴延伸,链与链之间又共角顶形成平行(001)的层。$[VO_4]$四面体共用一条棱和两个角顶与$[BiO_8]$多面体相连。

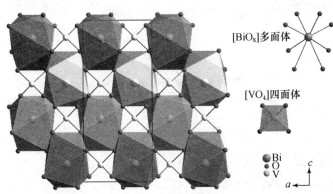

图 10-11　钒铋矿晶体结构沿 b 轴的投影

10.2.3 层状基型

蓝铁矿　Vivianite　$Fe_3[PO_4]_2 \cdot 8H_2O$

单斜晶系,空间群 $C2/m$（no. 12）;$a=10.086$Å,$b=13.441$Å,$c=4.703$Å,$\alpha=\gamma=90°$,$\beta=104.27°$,$Z=2$。

新鲜者无色透明,或带淡蓝色调,在空气中氧化后呈浅蓝、浅绿至深蓝色;新鲜者条痕白色,已氧化者条痕为浅蓝色;玻璃光泽,解理面珍珠光泽。{010}解理完全,薄片能弯曲,硬度 1.5～2,比重 2.68。

蓝铁矿晶体结构中,Fe 呈六次配位构成两类八面体,分别是单配位八面体 $[FeO_2(H_2O)_4]$ 和双配位八面体 $[Fe_2O_6(H_2O)_4]$。$[PO_4]$ 四面体将两种八面体连接成平行 (010) 的层,层与层之间则以水分子连接。

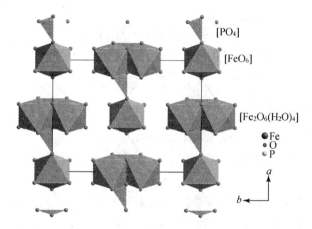

图 10-12　蓝铁矿晶体结构沿 c 轴的投影

$[PO_4]$ 四面体和 Fe 八面体连接成层平行 (010)

等结构矿物：镁蓝铁矿 $(Mg, Fe)_3[PO_4]_2 \cdot 8H_2O$ Baricite, 砷镁石 $Mg_3[AsO_4]_2 \cdot 8H_2O$ Hornesite, 副砷铁石 $Fe_3[AsO_4]_2 \cdot 8H_2O$ Parasymplesite, 钴华 $Co_3[AsO_4]_2 \cdot 8H_2O$ Erythrite, 镍华 $Ni_3[AsO_4]_2 \cdot 8H_2O$ Annabergite, 红砷锌矿 $Zn_3[AsO_4]_2 \cdot 8H_2O$ Kottigite。

铜铀云母　Torbernite　$Cu[UO_2]_2[PO_4]_2 \cdot 12H_2O$

四方晶系,空间群 $P4/nnc$（no. 126）;$a=b=7.0267$Å,$c=20.807$Å,$\alpha=\beta=\gamma=90°$,$Z=2$。

翠绿色、苹果绿色、姜黄色,条痕淡绿色,玻璃光泽,解理面珍珠光泽。解理{001}极完全、{100}中等,硬度 2～2.5,比重 3.22～3.60。具强放射性,紫外光下发黄绿色荧光。

在铜铀云母的结构中,U 为六次配位形成 $[UO_6]$ 四方双锥,它们共角顶与 4 个 $[PO_4]$ 四面体连接形成垂直 c 轴的波状层,在层内每个 $[UO_6]$ 被 4 个 $[PO_4]$ 围绕,而每个 $[PO_4]$ 也为 4 个 $[UO_6]$ 所围绕。这种层与 Cu 离子和 H_2O 分子组成的层交替沿 c 轴排列。Cu 与 4 个 H_2O 分子组成 $[Cu(H_2O)_4]$ 四边形配位多面体。铜铀云母的结构属开放性的,其中的水分子具有沸石水的性质。也有研究认为,铜铀云母具有 $I4/mmm$ 结构。

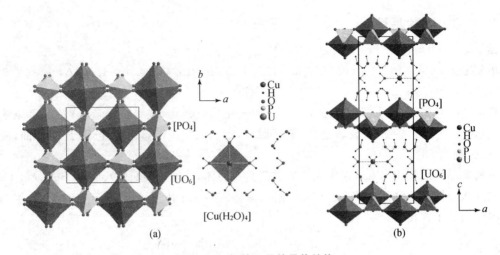

图 10-13 铜铀云母的晶体结构

(a) 沿 c 轴的投影,右侧为 Cu 离子和 H_2O 分子的分布;(b) 沿 b 轴的投影

等结构矿物:铜砷铀云母 $Cu[UO_2]_2[AsO_4]_2 \cdot 12H_2O$ Zeunerite。

10.2.4 架状基型

绿松石 Turquoise $CuAl_6[PO_4]_4(OH)_8 \cdot 4H_2O$

三斜晶系,空间群 $P\bar{1}$ (no.2);$a=7.410$Å,$b=7.633$Å,$c=9.904$Å,$\alpha=68.42°$,$\beta=69.65°$,$\gamma=65.05°$,$Z=1$。

苹果绿、蓝绿、蓝色或黄绿色,条痕白色或淡绿色,蜡状光泽。解理{001}完全、{010}中等,硬度 5～6(在地表因风化和铜的流失,硬度变小),比重 2.6～2.8。

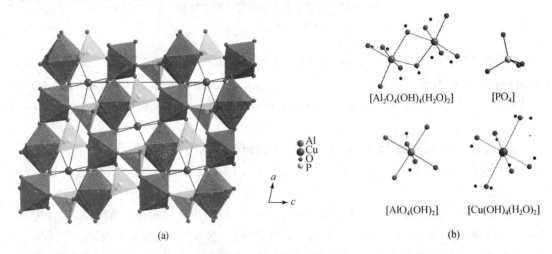

图 10-14 绿松石的晶体结构

(a) 绿松石结构沿 b 轴的投影;(b) 绿松石结构中的几类配位多面体

绿松石结构中包含了由 O、(OH) 和 H_2O 配位的 Al 的单配位八面体和双配位八面体,由 $[PO_4]$ 四面体与这两类八面体彼此以角顶相连形成架状结构。单和双配位八面体的数量比是 2:1。Cu 主要分布在结构中较大空隙的对称心 (0,0,0) 位置,为 4 个 (OH) 和两个 H_2O 所围

绕。整个结构也可视两类 Al 八面体共角顶连接成平行(001)的层,再由[PO$_4$]和[Cu(OH)$_4$(H$_2$O)$_2$]多面体连接起来。

等结构矿物:铁绿松石 CuFe$_6$[PO$_4$]$_4$(OH)$_8$·4H$_2$O Chalcosiderite,钙绿松石 CaAl$_6$[PO$_4$]$_4$(OH)$_8$·4H$_2$O Coeruleolactite,锌绿松石 ZnAl$_6$[PO$_4$]$_4$(OH)$_8$·4H$_2$O Faustite,阿铁绿松石 FeAl$_6$[PO$_4$]$_4$(OH)$_8$·4H$_2$O Aheylite。

臭葱石　Scorodite　Fe[AsO$_4$]·2H$_2$O

斜方晶系,空间群 $Pcab$ (no. 61);$a=8.937$Å,$b=10.278$Å,$c=9.996$Å,$\alpha=\beta=\gamma=90°$,$Z=8$。

苹果绿色、淡蓝绿色、褐灰色或白色,条痕白色,玻璃光泽,土状者光泽暗淡。{100}、{001}和{201}解理均不完全,参差状断口,硬度 3.5,比重 3.3。加热时放出砷臭味。

臭葱石的晶体结构是由两种类型的[FeO$_4$(H$_2$O)$_2$]八面体与两种方位的[AsO$_4$]四面体对通过共角顶的 O 连接成架状。[FeO$_4$(H$_2$O)$_2$]八面体空余两个不相连的角顶为 H$_2$O 所占据。

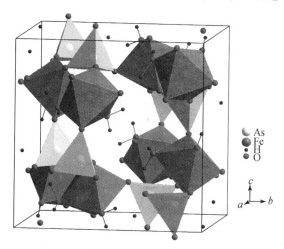

图 10-15　臭葱石的晶体结构
[FeO$_4$(H$_2$O)$_2$]八面体与[AsO$_4$]四面体共角顶连接成架状

等结构矿物:磷铝石 Al[PO$_4$]·2H$_2$O Variscite,红磷铁矿 Fe[PO$_4$]·2H$_2$O Strengite,砷铝石 Al[AsO$_4$]·2H$_2$O Mansfieldite,水砷铟石 In[AsO$_4$]·2H$_2$O Yanomamite。

10.3 钨酸盐、钼酸盐和铬酸盐

10.3.1 岛状基型

白钨矿　Scheelite　Ca[WO$_4$]

四方晶系,空间群 $I4_1/a$ (no. 88);$a=b=5.160$Å,$c=11.142$Å,$\alpha=\beta=\gamma=90°$,$Z=4$。

白色,有时微带浅黄或浅绿色;油脂光泽或金刚光泽,透明至半透明。{110}解理中等,参差状断口,硬度 4.5,比重 5.8~6.2。具发光性,紫外光下发淡蓝色或黄白色荧光。

白钨矿晶体结构中，Ca 与周围 4 个[WO_4]中的 8 个 O 结合，呈八次配位。[WO_4]配位四面体的短轴均与 c 轴平行。Ca 和[WO_4]均绕 c 轴成四次螺旋式排列，且二者沿 c 轴相间分布。

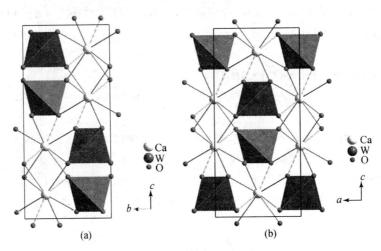

图 10-16 白钨矿的晶体结构

(a) 沿 a 轴的投影；(b) 沿 b 轴的投影

等结构矿物：钼钙矿 Ca[MoO_4] Powellite，钼铅矿 Pb[MoO_4] Wulfenite，钨铅矿 Pb[WO_4] Stolzite。

10.3.2 层状基型

红铬铅矿 Phoenicochroite $Pb_2[CrO_4]O$

单斜晶系，空间群 $C2/m$ (no.12)；$a=14.018\text{Å}$，$b=5.683\text{Å}$，$c=7.143\text{Å}$，$\alpha=\gamma=90°$，$\beta=115.23°$，$Z=4$。

深洋红色，条痕浅橙黄色，透明至半透明，金刚光泽至油脂光泽。解理{$\bar{2}01$}完全，{001}、{010}和{011}解理中等，硬度 2.5，比重 7.01。

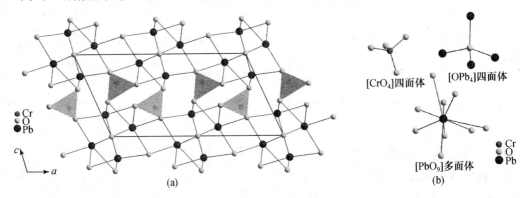

图 10-17 红铬铅矿的晶体结构

(a) 红铬铅矿晶体结构沿 b 轴的投影，[CrO_4]四面体连接[PbO_9]多面体成平行($\bar{2}01$)的层；(b) 红铬铅矿结构中各种原子的配位关系

红铬铅矿晶体结构中，Pb 呈九次配位，其构成的[PbO$_9$]多面体共角顶沿[010]成链，链与链又由孤立的[CrO$_4$]四面体连接成平行($\bar{2}$01)的层。附加阴离子 O 位于 Pb 原子组成的四面体中。

等结构矿物：黄铅矾 Pb$_2$[SO$_4$]O Lanarkite。

钼铜矿 Lindgrenite Cu$_3$[MoO$_4$]$_2$(OH)$_2$

单斜晶系，空间群 $P2_1/n$ (no.14)；$a=5.613$Å，$b=14.030$Å，$c=5.405$Å，$\alpha=\gamma=90°$，$\beta=98.38°$，$Z=2$。

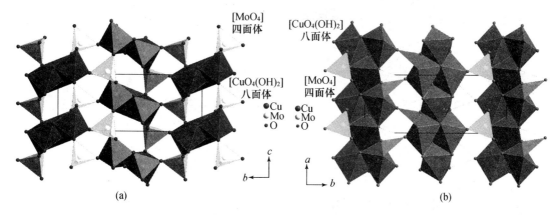

图 10-18 钼铜矿的晶体结构
(a) 沿 a 轴的投影；(b) 沿 c 轴的投影

绿色，薄板状着浅黄绿色，透明至半透明，油脂光泽。解理{010}完全、{101}和{100}极不完全，硬度 4.5，比重 4.26。

在钼铜矿的晶体结构中，具有[MoO$_4$]四面体和[CuO$_4$(OH)$_2$]八面体两种类型的多面体，后者沿 a 轴共棱连接成链，链间通过[MoO]$_4$四面体以共角顶形式相连接，从而形成平行(010)的层。

10.4 硫酸盐

10.4.1 岛状基型

硬石膏 Anhydrite CaSO$_4$

斜方晶系，空间群 $Amma$ (no.63)；$a=6.993$Å，$b=6.995$Å，$c=6.245$Å，$\alpha=\beta=\gamma=90°$，$Z=4$。

无色或白色，因含杂质而呈暗灰、浅蓝、浅红、褐色等；条痕白色或浅灰色，晶体透明，玻璃光泽，解理面显珍珠光泽。{010}和{001}解理完全，{100}解理中等，三组解理互相垂直，硬度 3～3.5，比重 2.8～3.0。

在硬石膏结构中，[SO$_4$]四面体呈孤立岛状分布，Ca 位于 4 个[SO$_4$]四面体之间，并与其中的 8 个角顶氧连接，配位数为 8，构成的多面体为三角十二面体。共棱连接的[CaO$_8$]十二面体与[SO₄]四面体交替排列沿[001]方向构成链,其本身也共棱在[100]方向形成链,同时在[010]方向,[CaO₈]十二面体也共角顶成链。

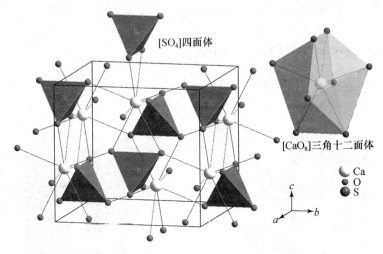

图 10-19　硬石膏的晶体结构

[SO₄]四面体呈孤立岛状分布,由八次配位的 Ca 原子连接

重晶石　Barite(Baryte)　Ba[SO₄]

斜方晶系,空间群 $Pbnm$ (no.62);$a=7.157$Å,$b=8.884$Å,$c=5.457$Å,$\alpha=\beta=\gamma=90°$,$Z=4$。

无色或白色,有时呈黄、褐、灰、淡红等色;透明,玻璃光泽,解理面显珍珠光泽。{001}和{210}解理完全,{010}解理中等,硬度3～3.5,比重4.3～4.5。

重晶石的晶体结构中,[SO₄]四面体呈孤立岛状分布,金属 Ba 离子将其联系起来。每个 Ba 周围有 7 个[SO₄]四面体,并与其中的 12 个角顶氧相连接,配位数为12。

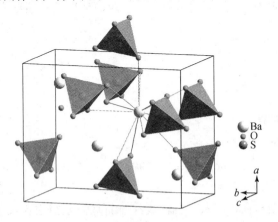

图 10-20　重晶石的晶体结构

[SO₄]四面体呈孤立岛状分布,由12次配位的 Ba 原子连接

等结构矿物:天青石 Sr[SO₄] Celestine,铅矾 Pb[SO₄] Anglesite。

黄钾铁矾　Jarosite　KFe$_3$[SO$_4$]$_2$(OH)$_6$

三方晶系，空间群 $R\bar{3}m$（no.166）；$a=b=7.310$Å，$c=17.175$Å，$\alpha=\beta=90°$，$\gamma=120°$，$Z=3$。

黄至暗黄色，条痕淡黄色，玻璃光泽。{0001}解理中等，硬度2.5～3.5，比重2.91～3.26。手指捏磨带滑腻感，不溶于水。

黄钾铁矾晶体结构中，[FeO$_2$(OH)$_4$]八面体以(OH)为角顶彼此相连形成平行(0001)的八面体层，此层内具有八面体三元环和六元环。[SO$_4$]四面体孤立分布也成层平行(001)，[SO$_4$]四面体的角顶氧交替上下分布。此四面体层和八面体层沿 c 轴方向交替排列。K 离子位于层间的较大空隙处，其配位数是12，被各6个(OH)和O所包围。

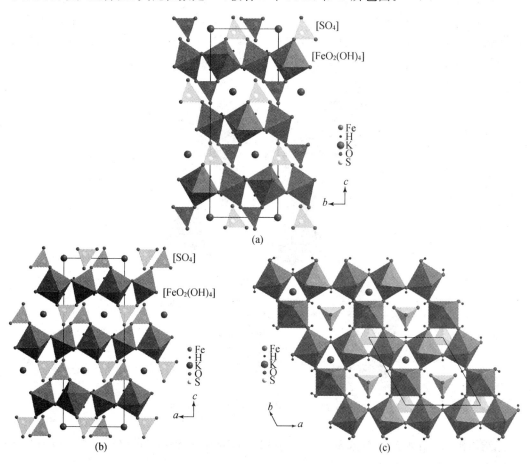

图 10-21　黄钾铁矾的晶体结构
(a) 沿 a 轴的投影；(b) 沿 b 轴的投影；(c) 沿 c 轴的投影（仅画出一层八面体层和一层四面体层）

等结构矿物：明矾石 KAl$_3$[SO$_4$]$_2$(OH)$_6$ Alunite，钠明矾石 NaAl$_3$[SO$_4$]$_2$(OH)$_6$ Natroalunite，钙钠明矾石 (Na,Ca)Al$_3$[SO$_4$]$_2$(OH)$_6$ Minamiite，铵明矾石 (NH$_4$)Al$_3$[SO$_4$]$_2$(OH)$_6$ Ammonioalunite，钠铁矾 NaFe$_3$[SO$_4$]$_2$(OH)$_6$ Natrojarosite，黄铵铁矾 (NH$_4$)Fe$_3$[SO$_4$]$_2$(OH)$_6$ Ammoniojarosite，水合氢离子铁矾 (H$_3$O)KFe$_3$[SO$_4$]$_2$(OH)$_6$ Hydroniumjarosite,银铁矾 $AgFe_3[SO_4]_2(OH)_6$ Argentojarosite,羟铝铜铅矾 $Pb(Cu,Al,Fe)_3[SO_4]_2(OH)_6$ Osarizawaite,铜铅铁矾 $Pb(Fe,Cu,Al)_3[SO_4]_2(OH)_6$ Beaverite,铅铁矾 $PbFe_6[SO_4]_4(OH)_{12}$ Plumbojarosite,黄钙铝矾 $Ca_{0.5}Al_3[SO_4]_2(OH)_6$ Huangite,砷铀铋石 $Ba_{0.5}Al_3[SO_4]_2(OH)_6$ Walthierite。

胆矾 Chalcanthite $Cu[SO_4]·5H_2O$

三斜晶系,空间群 $P\bar{1}$(no.2);$a=6.116Å$,$b=10.716Å$,$c=5.961Å$,$\alpha=82.36°$,$\beta=107.31°$,$\gamma=102.61°$,$Z=2$。

蓝色、天蓝色,有时微带绿色,条痕白色,透明至半透明,玻璃光泽。{110}解理不完全,贝壳状断口,性极脆,硬度2.5,比重2.1~2.3。极易溶于水,水溶液呈蓝色,味苦而涩。

胆矾的晶体结构中,Cu 与 H_2O 和 O 组成$[CuO_2(H_2O)_4]$配位八面体,与$[SO_4]$四面体共用一个角顶 O,形成沿[101]延伸的锯齿状链。链与链之间由水分子和氢键维系。

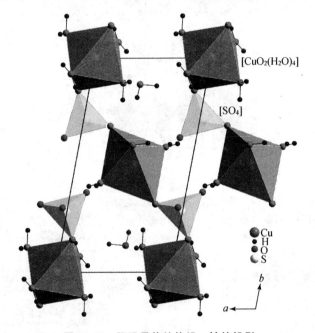

图 10-22 胆矾晶体结构沿 c 轴的投影

等结构矿物:五水泻盐 $Mg[SO_4]·5H_2O$ Pentahydrite,铁矾 $Fe[SO_4]·5H_2O$ Siderotil,五水锰矾 $Mn[SO_4]·5H_2O$ Jokokuite。

芒硝 Mirabilite $Na_2[SO_4]·10H_2O$

单斜晶系,空间群 $P2_1/c$(no.14);$a=11.51Å$,$b=10.38Å$,$c=12.83Å$,$\alpha=\gamma=90°$,$\beta=107.75°$,$Z=4$。

白色或无色,有时带浅黄、浅绿或浅蓝色,条痕白色,透明,玻璃光泽。{100}解理完全,贝壳状断口,性极脆,硬度1.5~2,比重1.48。易溶于水,易潮解,味凉而微苦咸。

芒硝的晶体结构中，Na 与 6 个水分子配位形成[Na(H₂O)₆]八面体，八面体之间共棱连接成沿[001]延伸的锯齿状链。链与链以[SO₄]四面体和两个缓冲的 H₂O 分子相连接。

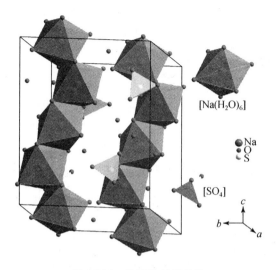

图 10-23 芒硝的晶体结构
[Na(H₂O)₆]八面体共棱沿[001]延伸成链

钙铝矾 Ettringite Ca₆Al₂[SO₄]₃(OH)₁₂·26H₂O

三方晶系，空间群 $P31c$（no. 159）；$a=b=11.229\text{Å}$，$c=21.478\text{Å}$，$\alpha=\beta=90°$，$\gamma=120°$，$Z=2$。

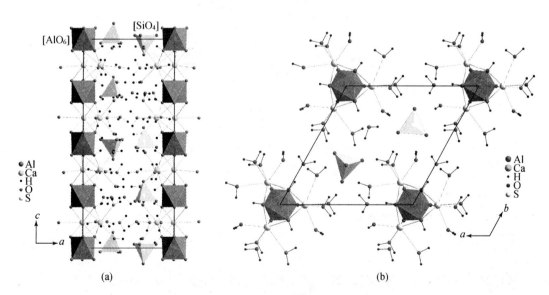

图 10-24 钙铝矾的晶体结构
(a) 垂直 b 轴的投影；(b) 垂直 c 轴的投影（只画出了 1/4 层）

无色透明或乳白色,玻璃光泽。{10$\bar{1}$0}解理完全,硬度 2~2.5,比重 1.77。

钙铝矾是含结晶水最高的矿物之一。在其结构中,[AlO$_6$]八面体和 3 个[Ca(OH)$_4$(H$_2$O)$_4$]多面体的簇沿[0001]方向交替排列,形成[Ca$_3$Al(OH)$_6$(H$_2$O)$_{12}$]$^{3+}$链,链与链之间由 3 个[SO$_4$]四面体连接,两个附加的 H$_2$O 分子也分布在链间。

10.4.2 环状基型

四水泻盐 Starkeyite Mg[SO$_4$]·4H$_2$O

单斜晶系,空间群 $P2_1/n$ (no.14);a=5.922Å,b=13.604Å,c=7.905Å,$\alpha=\gamma=90°$,$\beta=90.85°$,$Z=4$。

无色,透明。解理{010}完全、{100}中等,硬度 3~3.5,比重 2.01。

在四水泻盐的晶体结构中,Mg 为 4 个 H$_2$O 分子中的 O 和两个[SO$_4$]四面体中的 O 所包围,构成歪曲的[MgO$_6$]八面体,两个[MgO$_6$]八面体和两个[SO$_4$]四面体通过[SO$_4$]四面体的 O 相互连接组成环,环与环之间通过氢键相互连接。最强的氢键平行(010)。

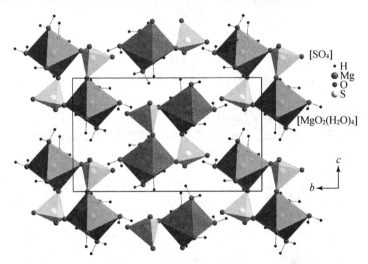

图 10-25 四水泻盐晶体结构垂直 a 轴的投影

等结构矿物:四水白铁矾 Fe[SO$_4$]·4H$_2$O Rozenite,四水锰矾 Mn[SO$_4$]·4H$_2$O Ilesite,四水钴矾 Co[SO$_4$]·4H$_2$O Aplowite,四水锌矾 Zn[SO$_4$]·4H$_2$O Boyleite。

10.4.3 链状基型

钾铁矾 Krausite KFe[SO$_4$]$_2$·H$_2$O

单斜晶系,空间群 $P2_1/m$ (no.11);a=7.920Å,b=5.146Å,c=9.014Å,$\alpha=\gamma=90°$,$\beta=102.76°$,$Z=2$。

灰柠檬黄色,透明,玻璃光泽。解理{001}完全、{100}中等,硬度 2.5,比重 2.84。

在钾铁矾的晶体结构中,Fe^{3+}的配位数为 6,其构成的[FeO$_5$(H$_2$O)]八面体和[SO$_4$]四面体共角顶连接成坚固的沿 b 轴延伸的[Fe$_2$(H$_2$O)$_2$(SO$_4$)$_2$]$^{2-}$链,链间由 K 原子连接,K 配位数为 10。

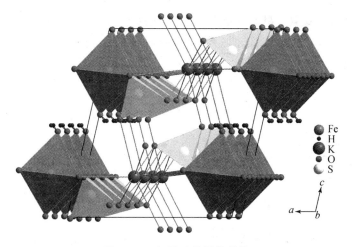

图 10-26 钾铁矾的晶体结构

Fe 八面体和[SO$_4$]四面体构成沿 b 轴延伸的链,由 10 次配位的 K 连接起来

10.4.4 层状基型

石膏　Gypsum　Ca[SO$_4$]·2H$_2$O

单斜晶系,空间群 $C2/c$ (no.15);$a=5.6749$Å,$b=15.1427$Å,$c=6.5091$Å,$\alpha=\gamma=90°$,$\beta=118.49°$,$Z=4$。

通常为白色或无色,因含杂质可成灰、浅黄、浅褐等颜色;条痕白色,玻璃光泽,解理面显珍珠光泽,纤维状集合体呈丝绢光泽。{010}解理极完全,{100}和{011}解理中等,解理片裂成面夹角为 66°和 114°的菱形体,薄片具挠性,硬度 2,比重 2.30~2.37。

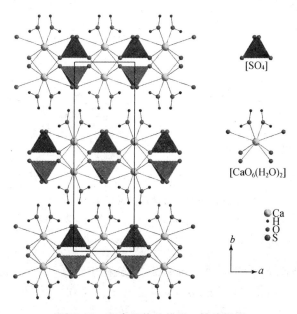

图 10-27 石膏晶体结构沿 c 轴的投影

Ca 多面体与[SO$_4$]四面体连接成平行于(010)的层

在石膏的晶体结构中，Ca 呈八次配位，与 O 和 H_2O 构成 $[CaO_6(H_2O)_2]$ 配位多面体，并与 $[SO_4]$ 四面体共棱形成沿 [001] 延伸的链，这些链再共棱连接成平行于 (010) 的双层。H_2O 分子分布于双层与双层之间，以氢键连接这些双层。

10.5 碳酸盐

10.5.1 岛状基型

方解石　Calcite　$Ca[CO_3]$

三方晶系，空间群 $R\bar{3}c$（no. 167）；$a=b=4.9896\text{Å}$，$c=17.061\text{Å}$，$\alpha=\beta=90°$，$\gamma=120°$，$Z=6$。

无色或白色，因含杂质而呈浅黄、浅红、紫、褐、黑等色；玻璃光泽。$\{10\bar{1}1\}$ 解理完全，硬度 3，比重 2.6～2.9。遇冷稀盐酸剧烈反应产生气泡。

方解石结构可以看成是由 NaCl 结构变化而来的。即用 Ca^{2+} 和 CO_3^{2-} 分别取代 NaCl 结构中的 Na^+ 和 Cl^-，再将 NaCl 的立方面心晶胞沿三次轴压扁成钝角菱面体状，就形成了方解石的结构。方解石结构中，$[CO_3]$ 平面三角形垂直于三次轴并成层排布，同一层内的 $[CO_3]$ 三角形方向相同，而相邻层中的 $[CO_3]$ 三角形方向相反。Ca 也在垂直于三次轴的方向成层排列，并与 $[CO_3]$ 交替分布，其配位数为 6，构成 $[CaO_6]$ 八面体。

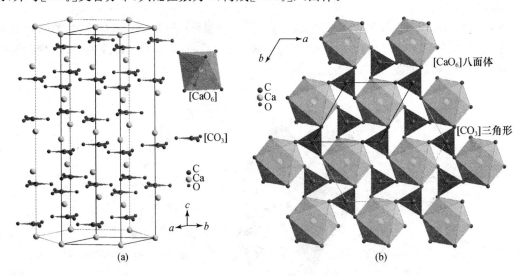

图 10-28　方解石的晶体结构

(a) 结构中 $[CaO_6]$ 八面体和 $[CO_3]$ 三角形成层分布；(b) 沿 c 轴的投影，仅画出了 $[CaO_6]$ 八面体层及其上下相邻的 $[CO_3]$ 层，为 c 轴高度的 1/6

等结构矿物：菱镁矿 $Mg[CO_3]$ Magnesite，菱铁矿 $Fe[CO_3]$ Siderite，菱锰矿 $Mn[CO_3]$ Rhodochrosite，菱钴矿 $Co[CO_3]$ Sphaerocobaltite，菱镍矿 $Ni[CO_3]$ Gaspeite，菱锌矿 $Zn[CO_3]$ Smithsonite，菱镉矿 $Cd[CO_3]$ Otavite，钠硝石 $Na[NO_3]$ Nitratine。

文石 Aragonite Ca[CO$_3$]

斜方晶系，空间群 $Pmcn$ (no.62)；$a=4.95$Å，$b=7.96$Å，$c=5.73$Å，$\alpha=\beta=\gamma=90°$，$Z=4$。

无色、黄白色，有时呈浅绿色、灰色；玻璃光泽，断口油脂光泽。{010}解理不完全，硬度 3.5~4.5，比重 2.9~3.0，成分中含 Sr、Ba、Pb 者密度较大。遇冷稀盐酸剧烈反应，产生气泡。

文石与方解石呈同质多像。在其结构中，Ca 呈近似六方最紧密堆积方式排布（而方解石中的则近似立方最紧密堆积）。[CO$_3$]三角形平行(001)成层排布，Ca 也平行(001)成层排列，两者沿 c 轴与[CO$_3$]层交替排列。每个 Ca 周围有 6 个[CO$_3$]，与其中的 9 个角顶氧连接，呈九次配位。

等结构矿物：碳锶矿 Sr[CO$_3$] Strontianite，碳钡矿 Ba[CO$_3$] Witherite，白铅矿 Pb[CO$_3$] Cerussite，钾硝石 K[NO$_3$] Niter。

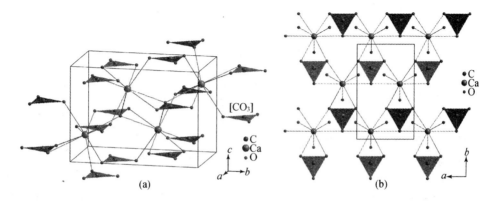

图 10-29 文石的晶体结构

(a) 结构中 Ca 离子层与[CO$_3$]三角形成层平行(001)；(b) 沿 c 轴的投影，仅画出了 Ca 原子层及其上下相邻的[CO$_3$]层，为 c 轴高度的 1/2

白云石 Dolomite CaMg[CO$_3$]$_2$

三方晶系，空间群 $R\bar{3}$ (no.148)；$a=b=4.811$Å，$c=16.047$Å，$\alpha=\beta=90°$，$\gamma=120°$，$Z=3$。

无色或白色，含 Fe 者为灰黄或黄褐色；玻璃光泽。{10$\bar{1}$1}解理完全，解理面常弯曲，硬度 3.5~4，比重 2.86，随成分中铁、锰、铅、锌含量增加而增大。遇冷稀盐酸微弱起泡。

白云石的晶体结构与方解石结构相似，可视为方解石结构中的[CaO$_6$]八面体层，相间地被[MgO$_6$]八面体替代而构成白云石结构。由于 Ca 和 Mg 的有序分布使其对称度低于方解石。

等结构矿物：铁白云石 CaFe[CO$_3$]$_2$ Ankerite，锰白云石 CaMn[CO$_3$]$_2$ Kutnohorite，锌白云石 CaZn[CO$_3$]$_2$ Minrecordite，硼锡钙石 CaSn[BO$_3$]$_2$ Nordenskioldine，硼锡锰石 MnSn[BO$_3$]$_2$ Tusionite。

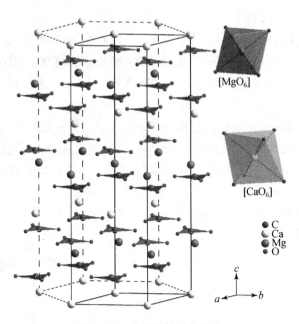

图 10-30 白云石的晶体结构

[CaO$_6$]和[MgO$_6$]八面体以及[CO$_3$]三角形各自成层平行(0001)

孔雀石　Malachite　Cu$_2$[CO$_3$](OH)$_2$

单斜晶系,空间群 $P2_1/a$ (no. 14);$a=9.502$Å,$b=11.974$Å,$c=3.240$Å,$\alpha=\gamma=90°$,$\beta=98.75°$,$Z=4$。

不同深浅的绿色,色调变化大,从暗绿到绿白色;条痕淡绿色,玻璃光泽至金刚光泽,纤维状集合体呈丝绢光泽,土状者光泽黯淡。{$\bar{2}01$}和{010}解理中等至完全,硬度 3.5～4,比重 3.9～4.5。遇冷稀盐酸反应剧烈,产生气泡。

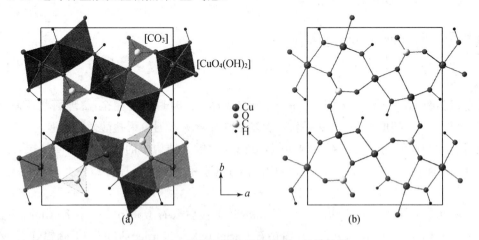

图 10-31 孔雀石晶体结构垂直 c 轴的投影

(a) 配位多面体模式;(b) 原子-化学键模式

孔雀石的晶体结构中,Cu 为六次配位,构成[CuO$_4$(OH)$_2$]配位八面体,它们交替共棱和共角顶连接形成平行[102]的链,这些链再由[CO$_3$]三角形连接构成平行($\bar{2}$01)的层。层与层之间为弱的氢键维系。

等结构矿物:羟碳镁石 Mg$_2$[CO$_3$](OH)$_2$ Pokrovskite。

蓝铜矿　Azurite　Cu$_3$[CO$_3$]$_2$(OH)$_2$

单斜晶系,空间群 $P2_1/c$ (no.14);a=5.0109Å,b=5.8485Å,c=10.345Å,$\alpha=\gamma=90°$,$\beta=92.43°$,$Z=2$。

深蓝色,钟乳状或土状者常为浅蓝色;玻璃光泽,钟乳状或土状者光泽黯淡;透明至半透明。{011}和{100}解理完全至中等,贝壳状断口,硬度3.5～4,比重3.7～3.9。遇冷稀盐酸反应剧烈,产生气泡。

蓝铜矿的晶体结构中,Cu 的配位数为 5 和 4,分别构成[CuO$_4$(OH)]四方单锥和[CuO$_3$(OH)]四边形配位多面体。其中四方单锥共棱形成平行[100]的锯齿状链。同时,这些链与[CuO$_3$(OH)]四边形共角顶连接,平行 b 轴也成链状分布。两种链再由[CO$_3$]三角形连接形成架状结构。

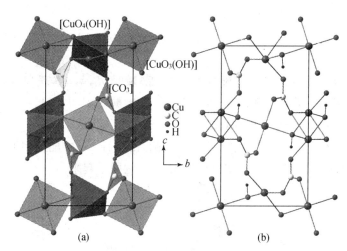

图 10-32　蓝铜矿晶体结构垂直 a 轴的投影
(a) 单胞是配位多面体模式;(b) 单胞为原子-化学键模式

10.5.2　链状基型

苏打石　Nahcolite　Na[HCO$_3$]

单斜晶系,空间群 $P2_1/n$ (no.14);a=7.51Å,b=9.70Å,c=3.53Å,$\alpha=\gamma=90°$,$\beta=93.32°$,$Z=4$。

白色或灰色,玻璃光泽。解理{101}完全、{110}和{111}中等,硬度2.5～3,比重2.21。

苏打石的晶体结构中,Na 为六次配位形成[NaO$_6$]八面体,其共棱连接成平行[001]的链。碳酸根呈[CO$_3$]平面三角形,皆平行(101),并通过 H 联系成[HCO$_3$]链平行[10$\bar{1}$],链间为六次配位的 Na 原子所连接。

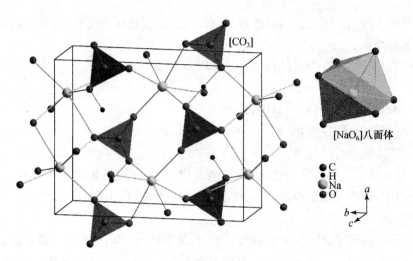

图 10-33 苏打石的晶体结构

10.5.3 层状基型

天然碱 Trona $Na_3H[CO_3]_2 \cdot 2H_2O$

单斜晶系,空间群 $C2/c$ (no.15);$a=20.4218Å$, $b=3.4913Å$, $c=10.3326Å$, $α=γ=90°$, $β=106.45°$, $Z=4$。

白色、灰白色、浅黄色,或被杂质染成暗灰色等;玻璃光泽。解理{100}完全、{$\bar{1}11$}和{001}不完全,不平坦至半贝壳状断口,硬度 2.5～3.5,比重 2.11～2.14。

在天然碱结构中,Na 有两种配位状态:其一是六次配位构成[NaO_6]八面体,其二是五次配位形成[$NaO_3(H_2O)_2$]三方双锥。整个结构表现为由两种 Na 的配位多面体以及[CO_3]三角形与 H 原子形成的平行{100}的层,层与层之间由氢键联系起来。

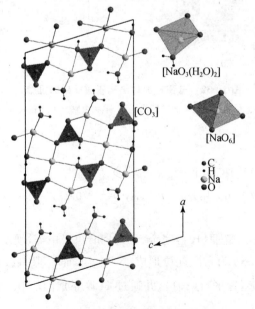

图 10-34 天然碱晶体结构沿 b 轴的投影

泡铋矿 Bismutite Bi$_2$[CO$_3$]O$_2$

斜方晶系,空间群 $Imm2$ (no.44);$a=3.865$Å,$b=3.862$Å,$c=13.675$Å,$\alpha=\beta=\gamma=90°$,$Z=2$。

颜色多种多样,有白、绿、黄、灰和褐色等;土状光泽。解理{001}中等,硬度3~4,比重7.0~8.3。

以前研究认为泡铋矿是四方晶系的 $I4/mmm$ 结构,而现在则认为是斜方晶系的 $Imm2$ 结构。在其晶体结构中,Bi 的配位数为4,形成[BiO$_4$]四方单锥状配位多面体,其底面平行(001)。每一个四方单锥均与周围4个四方单锥共底棱相连,但两者指向相反,由此构成[BiO$_4$]四方单锥双层,该双层平行(001)分布。[CO$_3$]平面三角形分布在双层之间,它们方位相同,且皆平行(100)。

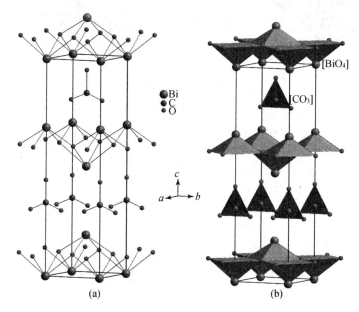

图 10-35 泡铋矿的晶体结构
(a)单胞是原子-化学键模式;(b)单胞为配位多面体模式

10.6 硝酸盐

岛状基型

镁硝石 Nitromagnesite Mg[NO$_3$]$_2$·6H$_2$O

单斜晶系,空间群 $P2_1/c$ (no.14);$a=6.194$Å,$b=12.707$Å,$c=6.600$Å,$\alpha=\gamma=90°$,$\beta=92.99°$,$Z=2$。

无色至白色,透明,玻璃光泽。解理{110}完全,硬度1.5~2,比重1.64。

镁硝石的晶体结构中,Mg 与6个水分子结合形成[Mg(H$_2$O)$_6$]八面体,硝酸根呈[NO$_3$]平面三角形。[Mg(H$_2$O)$_6$]八面体分布在单胞的角顶和底心位置,与孤立分布的[NO$_3$]平面三角形以氢键联系起来。

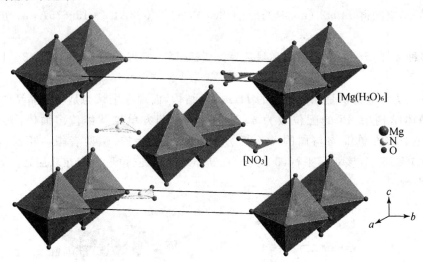

图 10-36　镁硝石的晶体结构
[Mg(H₂O)₆]八面体分布在单胞的角顶和底心

11

卤 化 物

11.1 配位基型

石盐 Halite NaCl

等轴晶系,空间群 $Fm3m$ (no.225);$a=b=c=5.7500$Å,$\alpha=\beta=\gamma=90°$,$Z=4$。

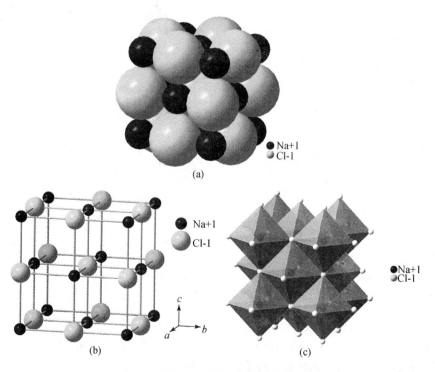

图 11-1 石盐的晶体结构

(a) 可视为 Cl 离子作立方最紧密堆积,Na 离子充填所有八面体空隙;(b) Na 离子位于立方单胞角顶和面心,Cl 离子位于棱中心;(c) [NaCl$_6$]配位八面体在三维空间共棱连接

纯净的石盐为无色透明,玻璃光泽,受风化的表面显油脂光泽。解理{100}完全,断口贝壳状,性脆,硬度 2,比重 2.1~2.2。具有弱导电性和极高的导热性,易溶于水,有咸味。

石盐的结构是典型结构,大半径的 Cl 离子作立方最紧密堆积,小半径的 Na 离子充填所有八面体空隙,[NaCl$_6$]八面体共棱连接。阴阳离子配位数均为 6。如果将单胞分成 8 个小立方体,则 Na 离子和 Cl 离子相间排列在小立方体的角顶。

等结构矿物:钾石盐 KCl Sylvite,氟盐 NaF Villiaumite,角银矿 AgCl Chlorargyrite,溴银矿 AgBr Bromargyrite,方镁石 MgO Periclase,绿镍矿 NiO Bunsenite,方锰矿 MnO Manganosite,方镉石 CdO Monteponite,方钙石 CaO Lime,方铁矿 FeO Wustite,方铅矿 PbS Galena,硒铅矿 PbSe Clausthalite,碲铅矿 PbTe Altaite,硫锰矿 MnS Alabandite,陨硫钙石 (Ca,Mg,Fe,Mn)S Oldhamite,硫镁矿 (Mg,Fe^{2+},Mn)S Niningerite,陨氮钛石 TiN Osbornite。

光卤石 Carnallite KMgCl$_3$(H$_2$O)$_6$

斜方晶系,空间群 $Pnna$ (no. 52);$a=16.119$Å, $b=22.472$Å, $c=9.551$Å, $\alpha=\beta=\gamma=90°$, $Z=12$。

纯净者为无色或白色,新鲜断口呈玻璃光泽,透明至半透明,在空气中很容易变暗而呈油脂光泽。无解理,性脆,硬度 2~3,比重 1.6。具强吸水性,强荧光。

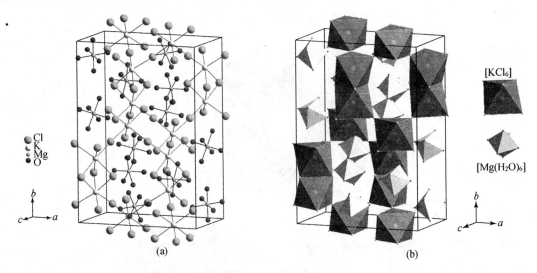

图 11-2 光卤石的晶体结构
(a) K 被 6 个 Cl 围绕,Mg 被 6 个 H$_2$O 围绕(未画出 H 离子);(b) 显示了[KCl$_6$]和[Mg(H$_2$O)$_6$]配位多面体及其连接方式

光卤石晶体结构中,K 被 6 个 Cl 围绕,形成配位八面体。[KCl$_6$]八面体与另 4 个[KCl$_6$]八面体连接,一个共面,其余 3 个共角顶。K—Cl 键长约 3.2~3.3Å;Mg 被 6 个 H$_2$O 围绕,形成[Mg(H$_2$O)$_6$]八面体,孤立分布在结构中。Mg—O 键长 2.05Å 左右。

萤石 Fluorite CaF$_2$

等轴晶系,空间群 $Fm3m$(no. 225);$a=b=c=5.463$Å, $\alpha=\beta=\gamma=90°$, $Z=4$。

透明,但无色透明的晶体少见,条痕白色,玻璃光泽。解理平行{111}完全,性脆,硬度 4,比重 3.18。显荧光性,稀土含量较多者具热发光性。

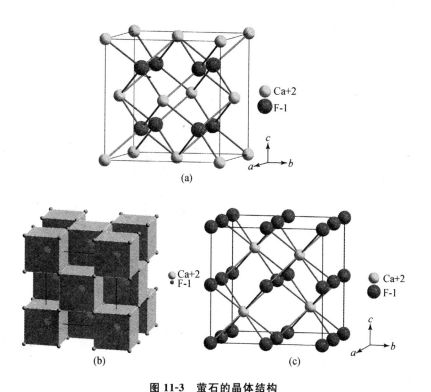

图 11-3 萤石的晶体结构
(a) 显示 F 和 Ca 离子的配位数分别为 4 和 8；(b) 配位多面体模式；(c) 以 F 离子为单胞原点，显示 F 呈立方密堆积，Ca 离子充填立方体空隙

萤石的晶体结构为典型结构，表现为 F 离子呈立方密堆积，Ca 离子占据1/2 的立方体空隙。Ca 离子占据立方面心晶胞的角顶和面中心，F 离子占据立方单胞分割成的 8 个小立方体的中心。F 和 Ca 离子配位数分别为 4 和 8，配位多面体分别为四面体和立方体。当阴阳离子的位置互换，即阴离子具八次配位，阳离子具四次配位，则称反萤石型结构。一些 A_2X 型化合物，如 Li_2O，就具有反萤石型结构。萤石结构不能描述为 Ca 离子呈立方最紧密堆积，F 离子充填所有四面体空隙。这是因为 F 离子半径（四次配位时为 1.31Å）较 Ca 离子半径（八次配位时为 1.12Å）要大，故而萤石结构中 Ca 离子不能形成最紧密堆积。

等结构矿物：氟钡石 BaF_2 Frankdicksonite，方钍石 ThO_2 Thorianite，晶质铀矿 UO_2 Uraninite，方铈石 $(Ce^{4+}, Th)O_2$ Cerianite。

11.2 岛状基型

钾铁盐　Rinneite　$K_3NaFeCl_6$

三方晶系，空间群 $R\bar{3}c$ (no. 167)；$a=b=11.893$Å，$c=8.3376$Å，$\alpha=\beta=90°$，$\gamma=120°$，$Z=6$。

无色、白色，一般为玫瑰色，常呈丝绢光泽。断口贝壳状，性脆，硬度 3，比重 2.35。味苦。

钾铁盐结构中，Fe 周围有 6 个 Cl 离子，Fe—Cl 键长 2.45Å，形成标准的配位八面体；Na 离子周围也有 6 个 Cl 离子，但其形成似扭曲状的三方柱配位多面体。两者交替排列呈链状平行[0001]方向，链之间则由 3 个六次配位的 K 离子相连。

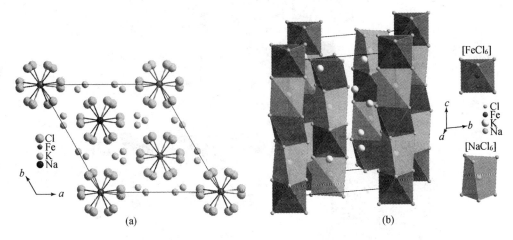

图 11-4　钾铁盐的晶体结构

(a) 沿 c 轴的投影，Fe 和 Na 的配位数均为 6；(b) 显示了[$FeCl_6$]和[$NaCl_6$]配位多面体的形状和排列方式

等结构矿物：钾锰盐 K_4MnCl_6 Chlormanganokalite。

11.3　链状基型

氯钙石　Hydrophilite　$CaCl_2$

斜方晶系，空间群 $Pnnm$（no.58）；$a=6.2400$Å，$b=6.4300$Å，$c=4.2000$Å，$\alpha=\beta=\gamma=90°$，$Z=2$。

无色、白色或微带紫色，透明，玻璃光泽。解理{110}完全，硬度 1～2，比重 2.22。易溶于水，易潮解。

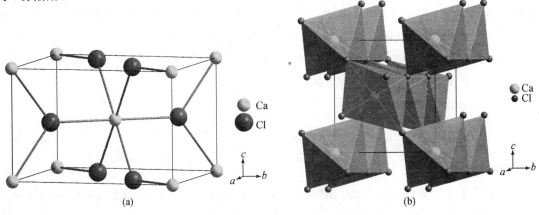

图 11-5　氯钙石的晶体结构

(a) Ca 呈六次配位；(b) 表示[$CaCl_6$]八面体共棱连接，并沿 c 轴延伸成链状

氯钙石的晶体结构中，Cl 原子近乎六方最紧密堆积，Ca 原子充填八面体空隙。[CaCl$_6$]八面体共棱连接沿 c 轴延伸成链状，链与链之间的八面体则共角顶连接。此结构与金红石结构类似，只是对称性较金红石的要低。

11.4 层状基型

铁盐　Molysite　FeCl$_3$

三方晶系，空间群 $R\bar{3}$(no.148)；$a=b=6.065$Å，$c=17.420$Å，$\alpha=\beta=90°$，$\gamma=120°$，$Z=6$。黄色至浅褐红色。硬度近似 1，比重 2.904。能潮解。

在铁盐的晶体结构中，Fe^{3+} 被 6 个 Cl 离子围绕，[FeCl$_6$]八面体共棱连接成层平行(0001)，八面体层之间由范德华键连接，在 c 轴方向上以 ABCABC…形式堆垛。

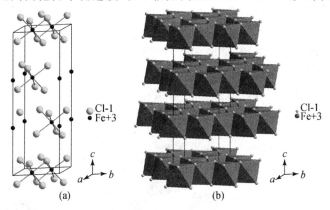

图 11-6　铁盐的晶体结构

(a) Fe 呈六次配位；(b) [FeCl$_6$]八面体共棱连接成平行(0001)的层，层间由范德华键连接

氟铈矿　Fluocerite　(Ce,La)F$_3$

三方晶系，空间群 $P\bar{3}c1$ (no.165)；$a=b=7.1412$Å，$c=7.2989$Å，$\alpha=\beta=90°$，$\gamma=120°$，$Z=6$。

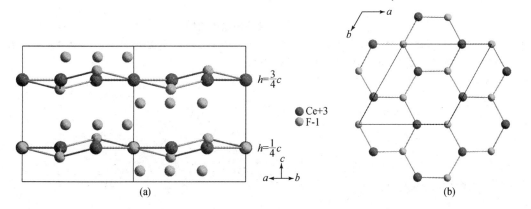

图 11-7　氟铈矿的晶体结构

(a) 平行($11\bar{2}0$)的投影，可见 Ce 和 F 波状原子层处于不同的高度；(b) 其中的 Ce 和 F 原子层平行(0001)的投影，Ce 和 F 原子相间排列构成六方网格状

新鲜面蜡黄色,氧化后浅黄色和浅红褐色;条痕近于白色,透明至半透明,玻璃光泽或松脂光泽,解理面珍珠光泽。解理平行{0001}中等,断口次贝壳状至不平坦,性脆,硬度4~5,比重5.93~6.14。

氟铈矿的晶体结构中,Ce原子位于单胞$\frac{1}{4}c$和$\frac{3}{4}c$高度,并与稍偏移此高度的F原子相间分布,共同构成平行(0001)的波状的原子层。Ce和F原子层呈六方网格状,类似于石墨结构中的C原子层,附加的F离子占据六方网格的中心,但与Ce和F原子层不在同一个高度。

11.5 架状基型

氟镁钠石 Neighborite $NaMgF_3$

斜方晶系,空间群 $Pbnm$ (no.62);$a=5.365$Å,$b=5.492$Å,$c=7.674$Å,$\alpha=\beta=\gamma=90°$,$Z=4$。

无色至粉红色,透明至半透明,玻璃光泽。无解理,断口不平坦,硬度4.5,比重3.03。

氟镁钠石的晶体结构与低对称形式的钙钛矿结构类似,Mg被6个F围绕,Mg—F为离子键,键长约1.98Å,形成的$[MgF_6]$八面体以角顶连接成架状,Na离子呈12次配位位于孔洞之中。

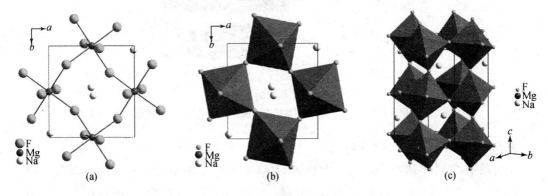

图 11-8 氟镁钠石的晶体结构

(a) 平行(001)的投影,Mg的配位数为6;(b) 平行(001)的投影,显示三维空间$[MgF_6]$八面体共角顶连接;(c) 平行(001)的投影,显示$[MgF_6]$八面体共角顶连接成架状

12 有机矿物

水草酸钙石　Whewellite　Ca[C$_2$O$_4$]·H$_2$O

单斜晶系,空间群 $P2_1/c$ (no. 14);$a=6.250$Å, $b=14.471$Å, $c=10.114$Å, $α=γ=90°$, $β=109.978°$, $Z=8$。

在水草酸钙石的晶体结构中,Ca 呈八次配位,[CaO$_8$]配位多面体共棱连接成平行(100)的层,层与层之间由草酸根[C$_2$O$_4$]和 H$_2$O 分子连接起来。

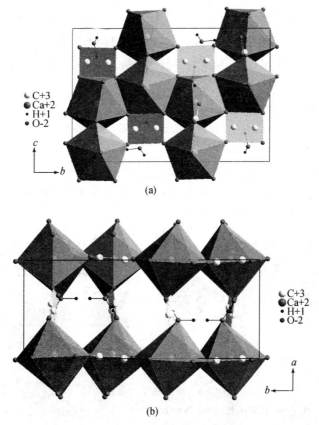

图 12-1　水草酸钙石的晶体结构
(a) 沿 a 轴的投影,[CaO$_8$]多面体共棱连接成平行(100)的层；(b) 沿 c 轴的投影

草酸钙石　Weddellite　Ca[C$_2$O$_4$]·2H$_2$O

四方晶系,空间群 $I4/m$ (no. 87);$a=b=12.371$Å, $c=7.357$Å, $α=β=γ=90°$, $Z=8$。

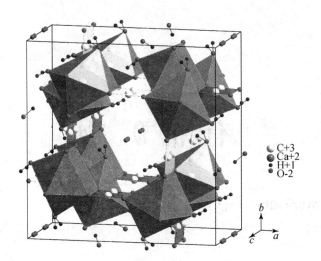

图 12-2 草酸钙石的晶体结构

较大的结构空隙可以容纳沸石水

草酸钙石的结构与水草酸钙石的类似,Ca 也是被 8 个 O 围绕,配位多面体 $[CaO_8]$ 共棱连接成平行[001]的链。链与链之间由草酸根 $[C_2O_4]$ 和 H_2O 分子连接起来。结构中的 $[C_2O_4]$ 皆平行(100)或(010)面,且在晶体中心存在可以容纳沸石水的较大的结构空隙。

草酸铁矿 Humboldtine $Fe[C_2O_4] \cdot 2H_2O$

单斜晶系,空间群 $C2/c$ (no.15); $a=12.011$Å, $b=5.557$Å, $c=9.920$Å, $\alpha=\gamma=90°$, $\beta=128.53°$, $Z=4$。

草酸铁矿的晶体结构,主要表现为链状结构特征,即草酸根 $[C_2O_4]$ 与 $[FeO_4(H_2O)_2]$ 八面体共用 4 个 O,连接成平行[010]方向的链。链与链之间依靠弱的范德华键相维系。

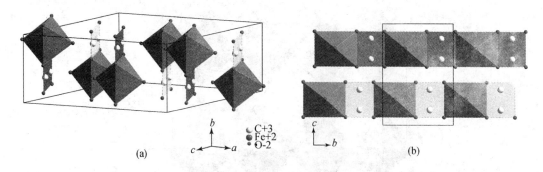

图 12-3 草酸铁矿的晶体结构

(a) $[C_2O_4]$ 和 $[FeO_4(H_2O)_2]$ 配位多面体;(b) $[C_2O_4]$ 与 $[FeO_4(H_2O)_2]$ 连接成平行 b 轴的链

草酸铜钠石 Wheatleyite $Na_2Cu[C_2O_4]_2 \cdot 2H_2O$

三斜晶系,空间群 $P\bar{1}$ (no.2); $a=7.536$Å, $b=9.473$Å, $c=3.576$Å, $\alpha=81.90°$, $\beta=103.77°$, $\gamma=108.08°$, $Z=1$。

草酸铜钠石的晶体结构中，[CuO$_6$]八面体共棱连接成链，沿[001]方向延伸，[C$_2$O$_4$]共用两个O附加在[CuO$_6$]八面体链上。链与链之间由七次配位的[NaO$_7$]多面体以及水分子连接起来。

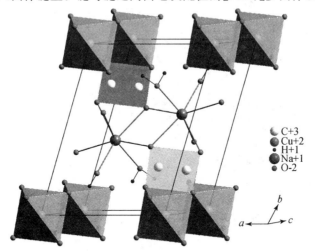

图 12-4 草酸铜钠石的晶体结构

草酸钠石 Natroxalate Na$_2$[C$_2$O$_4$]

单斜晶系，空间群 $P2_1/c$ (no. 14)；$a=3.449$Å，$b=5.243$Å，$c=10.375$Å，$\alpha=\gamma=90°$，$\beta=92.66°$，$Z=2$。

草酸钠石结构中，Na 的配位数为 6，构成[NaO$_6$]八面体，它们与草酸根[C$_2$O$_4$]之间以共角顶和共棱的形式连接，形成三维结构。

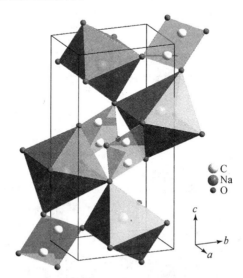

图 12-5 草酸钠石的晶体结构

[NaO$_6$]八面体与[C$_2$O$_4$]共棱和共角顶连接

蜜蜡石 Mellite Al$_2$C$_6$[COO]$_6$·16H$_2$O

四方晶系，空间群 $I4_1/acd$(no. 142)；$a=b=15.553$Å，$c=23.11$Å，$\alpha=\beta=\gamma=90°$，$Z=8$。

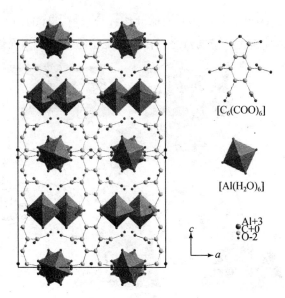

图 12-6 蜜蜡石晶体结构沿 b 轴的投影图
右侧显示了基本结构单元 $[C_6(COO)_6]$ 和 $[Al(H_2O)_6]$

蜜蜡石的晶体结构中有两种基本结构单元：一种是 $[Al(H_2O)_6]$ 八面体，在结构中呈孤立状分布；另一种是苯环 $[C_6(COO)_6]$，两者由氢键联系起来。

硫氰钠钴石　Julienite　$Na_2Co[SCN]_4 \cdot 8H_2O$

单斜晶系，空间群 $P2_1/n$ (no.14)；$a=18.941$Å，$b=19.209$Å，$c=5.460$Å，$\alpha=\gamma=90°$，$\beta=91.64°$，$Z=4$。

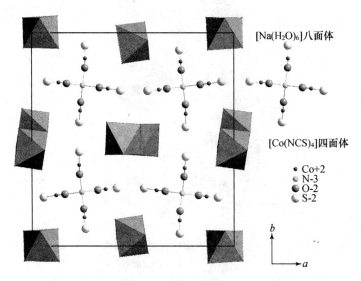

图 12-7 硫氰钠钴石晶体结构沿 c 轴的投影
显示了 $[Na(H_2O)_6]$ 八面体和 $[Co(NCS)_4]$ 四面体

硫氰钠钴石的晶体结构中，$[Na(H_2O)_6]$ 八面体共棱连接成平行 [001] 的锯齿状链，链与链之间由孤立状分布的 $[Co(NCS)_4]$ 四面体联系起来，$[Co(NCS)_4]$ 四面体也沿 c 轴延伸。

烟晶石　Hoelite　$(C_6H_4)_2(CO)_2$

单斜晶系，空间群 $P2_1/a$ (no. 14)；$a=15.810$Å，$b=3.942$Å，$c=7.895$Å，$\alpha=\gamma=90°$，$\beta=102.72°$，$Z=2$。

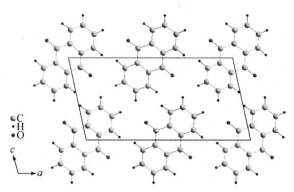

图 12-8　烟晶石晶体结构沿 b 轴的投影

整个结构由 $(C_6H_4)_2(CO)_2$ 分子构成

烟晶石的晶体结构是由 $(C_6H_4)_2(CO)_2$ 分子所构成，一个 $(C_6H_4)_2(CO)_2$ 分子中所有的原子均在一个二维平面上，结构中只存在两种这样的平面，一种是与三个晶轴正方向都相交的平面平行，另一种是与 a 轴和 c 轴正方向，但 b 轴负方向相交的平面平行。

尿素石　Urea　$CO[NH_2]_2$

四方晶系，空间群 $I\bar{4}2_1m$ (no. 113)；$a=b=5.5890$Å，$c=4.6974$Å，$\alpha=\beta=\gamma=90°$，$Z=2$。

尿素石结构主要由 $CO[NH_2]_2$ 分子构成。一个 $CO[NH_2]_2$ 分子中的所有原子均处在同一个二维平面上，尿素石结构中只存在两种这样的平面，一种是平行 (110)，另一种是平行 $(1\bar{1}0)$。这两种 $CO[NH_2]_2$ 分子在 c 轴上的方向刚好相反。

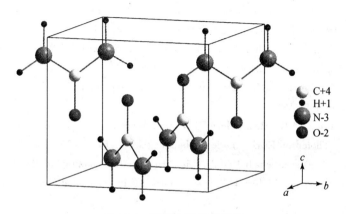

图 12-9　尿素石的晶体结构

附 录

矿物结构数据文献索引

Seifertite：El Goresy A, Dera P, Sharp TG, et al. European Journal of Mineralogy, 2008, 20, 523—528
八面沸石：Bergerhoff G, Baur WH, Nowacki W. Neues Jahrbuch fuer Mineralogie, 1958, 193—200
白榴石：Dove MT, Cool T, Palmer DC, et al. American Mineralogist, 1993, 78, 486—492
白砷石：Frueh AJ. American Mineralogist, 1951, 36, 833—850
白铁矿：Brostigen G, Kjekshus A, Romming C. Acta Chemica Scandinavica, 1973, 27, 2791—2796
白钨矿：Hazen RM, Finger LW, Mariathasan JWE. Journal of Physics and Chemistry of Solids, 1985, 46, 253—263
白云母：Guggenheim S, Chang YH, Koster-van Groos AF. American Mineralogist, 1987, 72, 537—550
白云石：Miser DE, Swinnea JS, Steinfink H. American Mineralogist, 1987, 72, 188—193
板晶石：Gatta GD, Rotiroti N, McIntyre GJ, et al. American Mineralogist, 2008, 93, 1158—1165
板磷铁矿：Abrahams SC, Bernstein JL. Journal of Chemical Physics, 1966, 44, 2223—2229
板钛矿：Pauling L, Sturdivant JH. Zeitschrift fuer Kristallographie, Kristallgeometrie, Kristallphysik, Kristallchemie, 1928, 68, 239—256
钡长石：Griffen DA, Ribbe PH. American Mineralogist, 1976, 61, 414—418
冰-Ih(有序)：Bernal JD, Fowler RH. Journal of Chemical Physics, 1933, 1, 515—548
冰-Ih(无序)：Goto A, Hondoh T, Mae S. Journal of Chemical Physics, 1990, 93, 1412—1417
草酸钙石：Tazzoli V, Domeneghetti MC. American Mineralogist, 1980, 65, 327—334
草酸钠石：Reed DA, Olmstead MM. Acta Crystallographica B, 1981, 37, 938—939
草酸铁矿：Echigo T, Kimata M. Physics and Chemistry of Minerals, 2008, 35, 467—475
草酸铜钠石：Gleizes A, Maury F, Galy J. Inorganic Chemistry, 1980, 19, 2074—2078
辰砂：Aurivillius KL. Acta Chemica Scandinavica, 1950, 4, 1413—1436
赤铜矿：Pinsker ZG, Imamov RM. Kristallografiya, 1964, 9, 413—415
臭葱石：Hawthorne FC. Acta Crystallographica B, 1976, 32, 2891—2892
雌黄：Morimoto N. Mineralogical Journal, 1954, 1, 160—169
脆硫锑铅矿：Niizeki N, Buerger MJ. Zeitschrift fuer Kristallographie, Kristallgeometrie, Kristallphysik, Kristallchemie, 1957, 109, 161—183
胆矾：Iskhakova LD, Trunov VK, Shchegoleva TM, et al. Kristallografiya, 1983, 28, 651—657
碲镍矿：Peacock MA, Thompson RM. American Mineralogist, 1946, 31, 204—204
毒砂：Fuess H, Kratz T, Toepel-Schadt J et al. Zeitschrift fuer Kristallographie, 1987, 179, 335—346
独居石：Beall GW, Boatner LA, Mullica DF, et al. Journal of Inorganic and Nuclear Chemistry, 1981, 43, 101—105
钒铋矿：Granzin J, Pohl D. Zeitschrift fuer Kristallographie, 1984, 169, 289—294

方解石：Effenberger H, Mereiter K, Zemann J. Zeitschrift fuer Kristallographie, 1981, 156, 233—243
方钠石：Wartchow R. Zeitschrift fuer Kristallographie-New Crystal Structures, 1997, 212, 80—80
方硼石：Mehmel M. Fortschritte der Mineralogie, 1932, 17, 436—438
方石英：Pluth JJ, Smith JV, Faber J. Journal of Applied Physics, 1985, 57, 1045—1049
方柱石：Sherriff BL, Sokolova EV, Kabalov YuK, et al. Canadian Mineralogist, 1998, 36, 1267—1287
氟磷灰石 Comodi P, Liu Y, Zanazzi PF, et al. Physics and Chemistry of Minerals, 2001, 28, 219—224
氟镁钠石：Chakhmouradian AR, Ross K, Mitchell RH, et al. Physics and Chemistry of Minerals, 2001, 28, 277—284
氟铈矿：Mi JX, Shen JC, Pan BM, et al. Diqiu Kexue, 1996, 21, 63—67
符山石：Warren BE, Modell DI. Zeitschrift fuer Kristallographie, Kristallgeometrie, Kristallphysik, Kristallchemie, 1931, 78, 422—432
斧石：Takeuchi Y, Ozawa T, Ito T, et al. Zeitschrift fuer Kristallographie, Kristallgeometrie, Kristallphysik, Kristallchemie, 1974, 140, 289—312
钙铝矾：Goetz-Neunhoeffer F, Neubauer J. Powder Diffraction, 2006, 21, 4—11
钙硼石-II：Shashkin DN, Simonov MA, Belov NV. Doklady Akademii Nauk, 1970, 195, 345—349
钙十字沸石：Gualtieri AF. Journal of Applied Crystallography, 2000, 33, 267—278
钙钛矿：Sasaki, S., Prewitt, C. T., Bass, J. D. Acta Crystallographica C, 1987, 43, 1668—1674
橄榄石：Heuer M. Journal of Applied Crystallography, 2001, 34, 271—279
刚玉：Ballirano P, Caminiti R. Journal of Applied Crystallography, 2001, 3, 757—762
高岭石：Neder RB, Burghammer M, Grasl Th, et al. Clays and Clay Minerals, 1999, 47, 487—494
锆石：Hazen RM, Finger LW. American Mineralogist, 1979, 64, 196—201
光卤石：Schlemper EO, Sen Gupta PK, Zoltai T. American Mineralogist, 1985, 70, 1309—1313
硅钡钛石：Nikitin AV, Belov NV. Doklady Akademii Nauk, 1962, 146, 1401—1403
硅钙铀钍矿：Szymanski JT, Owens DR, Roberts AC, et al. Canadian Mineralogist, 1982, 20, 65—75
硅灰石：Ohashi Y. Physics and Chemistry of Minerals, 1984, 10, 217—229
硅钛钡石：Markgraf SA, Halliyal A, Bhalla AS, et al. Ferroelectrics, 1985, 62, 17—26
硅铁钡矿：Pabst A. American Mineralogist, 1943, 28, 372—390
硅铁矿：Wartchow R, Gerighausen S, Binnewies M. Zeitschrift fuer Kristallographie, 1997, 212, 320—320
海泡石：Brauner K, Preisinger A. Tschermaks Mineralogische und Petrographische Mitteilungen (1978) (31142—ICSD)
黑稀金矿：Weitzel H, Schroecke H. Zeitschrift für Kristallographie, 1980, 152, 69—82
黑柱石：Haga N, Takeuchi. Zeitschrift fuer Kristallographie, Kristallgeometrie, Kristallphysik, Kristallchemie. 1976, 144, 161—174
红铬铅矿：Morita S, Toda K. Journal of Applied Physics, 1984, 55, 2733—2737
红砷镍矿：Yund RA. Economic Geology and the Bulletin of the Society of Economic Geologists, 1962, 56, 1273—1296
红柱石：Winter JK, Ghose S. American Mineralogist, 1979, 64, 573—586
滑石：Gruner JW. Zeitschrift fuer Kristallographie, Kristallgeometrie, Kristallphysik, Kristallchemie, 1934, 88, 412—419
黄钾铁矾：Becker U, Gasharova B. Physics and Chemistry of Minerals, 2001, 28, 545—556
黄铁矿：Ramsdell LS. American Mineralogist, 1925, 10, 281—304
黄铜矿：Ramirez R, Mujica C, Buljan A, et al. Boletin de la Sociedad Chilena de Quimica, 2001, 46, 235—245

黄锡矿：Brockway LO. Zeitschrift fuer Kristallographie, Kristallgeometrie, Kristallphysik, Kristallchemie 1934, 89, 434—441
黄玉：Northrup PA, Leinenweber K, Parise JB. American Mineralogist, 1994, 79, 401—404
辉钼矿：Dickinson RG, Pauling L. Journal of the American Chemical Society, 1923, 45, 1466—1471
辉锑矿：Scavnicar S. Zeitschrift fuer Kristallographie, Kristallgeometrie, Kristallphysik, Kristallchemie, 1960, 114, 85—97
钾铁矾：Effenberger H, Pertlik F, Zemann J. American Mineralogist, 1986, 71, 202—205
钾铁盐：Figgis BN, Sobolev AN, Kucharski ES. Acta Crystallographica C, 2000, 56, e228—e229
尖晶石：Yamanaka T. Journal of the Mineralogical Society of Japan, 1983, 16, 221—231
金刚石：Fayos J. Journal of Solid State Chemistry, 1999, 148, 278—285
金红石：Ballirano P, Caminiti R. Journal of Applied Crystallography, 2001, 34, 757—762
金云母：Collins DR, Catlow CRA. American Mineralogist, 1992, 77, 1172—1181
堇青石：Winkler B, Dove MT, Leslie M. American Mineralogist, 1991, 76, 313—331
钪钇石：Foord EE, Birmingham SD, Demartin F, et al. Canadian Mineralogist, 1993, 31, 337—346
柯石英：Levien L, Prewitt CT. American Mineralogist, 1981, 66, 324—333
孔雀石：Zigan F, Joswig W, Schuster HU, et al. Zeitschrift fuer Kristallographie, Kristallgeometrie, Kristallphysik, Kristallchemie, 1977, 145, 412—426
蓝晶石：Winter JK, Ghose S. American Mineralogist, 1979, 64, 573—586
蓝铁矿：Fejdi P, Poullen JF, Gasperin M. Bulletin de Mineralogie, 1980, 103, 135—138
蓝铜矿：Zigan F, Schuster HD. Zeitschrift fuer Kristallographie, Kristallgeometrie, Kristallphysik, Kristallchemie, 1972, 135, 416—436
蓝线石：Moore PB, Araki T. Neues Jahrbuch fuer Mineralogie, 1978, 132, 231—241
蓝锥矿：Zachariasen WH. eitschrift fuer Kristallographie, Kristallgeometrie, Kristallphysik, Kristallchemie, 1930, 74, 139—146
锂硬锰矿：Wadsley AD. Acta Crystallographica, 1952, 5, 676—680
利蛇纹石：Krstanovic I, Karanovic LJ. Neues Jahrbuch fuer Mineralogie. Monatshefte, 1995, 5, 193—201
磷铁矿：Catalono A, Arnott RJ, Wold A. Journal of Solid State Chemistry, 1973, 7, 262—268
鳞石英：Kihara, K.; Matsumoto, T.; Imamura, M. Zeitschrift fuer Kristallographie, 1986, 177, 27—38
菱沸石：Yakubovich OV, Massa W, Gavrilenko PG, et al. Kristallografiya, 2005, 50, 595—604
硫氰钠钴石：Mereiter K, Preisinger A. Acta Crystallographica B, 1982, 38, 1084—1088
绿帘石：Kvick A, Pluth JJ, Richardson JWjr, et al. Acta Crystallographica B, 1988, 44, 351—355
绿泥石：Rule AC, Bailey SW. Clays and Clay Minerals, 1987, 35, 129—138
绿松石：Kolitsch U, Giester G. Mineralogical Magazine, 2000, 64, 905—913
绿柱石：Hazen RM, Au AY, Finger LW. American Mineralogist, 1986, 71, 977—984
氯钙石：Busing WR. Phase Transition, 1992, 38, 127—220
芒硝：Ruben H, Templeton DH, Rosenstein RD, et al. Journal of the American Chemical Society, 1961, 83, 820—824
镁铝榴石：Hazen RM, Finger LW. American Mineralogist, 1978, 63, 297—303
镁硝石：Choi CS, Mapes JE, Prince E. Acta Crystallographica B, 1972, 28, 1357—1361
蒙脱石：Viani A, Gualtieri AF, Artioli G. American Mineralogist, 2002, 87, 966—975
锰钡矿：Miura H. Mineralogical Journal, 1986, 13, 119—129
蜜腊石：Robl C, Kuhs WF. Journal of Solid State Chemistry, 1991, 92, 101—109

钼铜矿：Calvert LD, Barnes WH. Canadian Mineralogist, 1957, 6, 31—51
钠沸石：Kirfel A, Orthen M, Will G. Zeolites, 1984, 4, 140—146
钠铝电气石：Marler B, Borowski M, Wodara U, et al. European Journal of Mineralogy, 2002, 14, 763—771
尿素石：Zavodnik V, Stash A, Tsirel'son VG, et al. Acta Crystallographica B, 1999, 55, 45—54
镍黄铁矿：Tsukimura K, Nakazawa H. American Mineralogist, 1975, 60, 39—48
泡铋矿：Grice JD. Canadian Mineralogist, 2002, 40, 693—698
硼镁石：Kudoh Y, Takeuchi Y. Crystal Structure Communications, 1973, 2, 595—598
硼镁铁矿：Takeuchi Y, Watanabe T, Ito T. Acta Crystallographica, 1950, 3, 98—107
硼砂：Levy HA, Lisensky GC. Acta Crystallographica B, 1978, 34, 3502—3510
片沸石：Galli E, Gottardi G, Mayer H, et al. Acta Crystallographica B, 1983, 39, 189—197
坡缕石：Chisholm JE. Canadian Mineralogist, 1992, 30, 61—73
葡萄石：Papike JJ, Zoltai T. American Mineralogist, 1967, 52, 975—984
蔷薇辉石：Simonov MA, Belokoneva EL, Egorov-Tismenko YuK, et al. Doklady Akademii Nauk, 1977, 234, 586—589
羟锗铁石：Ross CR, Bernstein LR, Waychunas GA. American Mineralogist, 1988, 73, 657—661
锐钛矿：Howard CJ, Sabine TM, Dickson F. Acta Crystallographica B, 1991, 47, 462—468
赛黄晶：Sugiyama K, Takeuchi Y. Zeitschrift fuer Kristallographie, 1985, 173, 293—304
三水铝石：Balan E, Lazzeri M, Morin G, et al. American Mineralogist, 2006, 91, 115—119
闪锌矿：Rabadanov MKh et al. Primary Kristallografiya, 1997, 42, 649—659
砷华：Pertlik, F. Czechoslovak Journal of Physics, 1978, 28, 170—176
十字石：Naray-Szabo I, Sasvari K. Acta Crystallographica, 1958, 11, 862—865
石膏：Schofield PF, Wilson CC, Knight KS, et al. Zeitschrift fuer Kristallographie, 2000, 215, 707—710
石墨：Trucano P, Chen R. Nature, 1975, 258, 136—137
石盐：Cortona P. Physical Review B, 1992, 46, 2008—2014
石英 P $3_1$21：Gualtieri AF. Journal of Applied Crystallography, 2000, 33, 48—52
石英 P $3_2$21：Dusek M, Petricek V, Wunschel M, et al. Journal of Applied Crystallography, 2001, 34, 398—404
水草酸钙石：Echigo T, Kimata M, Kyono A, et al. Mineralogical Magazine, 2005, 69, 77—88
水钙沸石：Artioli G, Rinaldi R, Kvick A, et al. Zeolites, 1986, 6, 361—366
四水泻盐：Baur WH. Acta Crystallographica, 1962, 15, 815—826
苏打石：Zachariasen WH. Journal of Chemical Physics, 1933, 1, 634—639
钛铁矿：Wilson NC, Muscat J, Mkhonto D, et al. Physical Review B, 2005, 71, 075202：1—9
锑华：Buerger MJ. American Mineralogist, 1936, 21, 206—207
天然碱：Pertlik F. Mitteilungen der Oesterreichischen Mineralogischen Gesellschaft, 1986, 131, 7—14
天然硼酸：Gajhede M, Larsen S, Rettrup S. Acta Crystallographica C, 1986, 42, 545—552
铁盐：Hashimoto S, Forster K, Moss SC. Journal of Applied Crystallography, 1988, 22, 173—180
铜蓝：Fjellvag H, Gronvold F, Stolen S, et al. Zeitschrift fuer Kristallographie, 1988, 184, 111—121
铜铀云母：Locock AJ, Burns PC. Canadian Mineralogist, 2003, 41, 489—502
透长石：Kimata M, Shimizu M, Saito S. European Journal of Mineralogy, 1996, 8, 15—24
透辉石 Levien L, Prewitt CT. American Mineralogist, 1981, 66, 315—323
透闪石 Yang HX, Evans BW. American Mineralogist, 1996, 81, 1117—1125
顽火辉石 Yang HX, Ghose S. Physics and Chemistry of Minerals, 1995, 22, 300—310
文石：Bragg WL. Proceedings of the Royal Society of London, Series A：Mathematical and Physical Sciences, 1924, 105, 16—39

钨锰铁矿：Escobar C, Cid-Dresdner H, Kittl P, et al. American Mineralogist, 1971, 56, 489—498
夕线石：Winter JK, Ghose S. American Mineralogist, 1979, 64, 573—586
霞石：Gregorkiewitz M. Bulletin de Mineralogie, 1984, 107, 499—507
纤锌矿：Yeh C, Lu ZW, Froyen S et al. Physical Review B, 1992, 46, 10086—10097
香花石：Rastsvetaeva RK, Rekhlova OYu, Andrianov VI, et al. Doklady Akademii Nauk, 1991, 316, 624—628
楣石：Hawthorne FC, Groat LA, Raudsepp M, et al. American Mineralogist, 1991, 76, 370—396
雄黄：Ito T, Morimoto N, Sadanaga R. Acta Crystallographica, 1952, 5, 775—782
烟晶石：Prakash A. Acta Crystallographica, 1967, 22, 439—440
叶蜡石：Gruner JW. Zeitschrift fuer Kristallographie, Kristallgeometrie, Kristallphysik, Kristallchemie, 1934, 88, 412—419
叶蛇纹石：Dodony I, Posfai M, Buseck PR. American Mineralogist, 2002, 87, 1443—1457
异极矿：Hill RJ, Gibbs GV, Craig JR, et al. Zeitschrift fuer Kristallographie, Kristallgeometrie, Kristallphysik, Kristallchemie, 1977, 146, 241—259
异性石：Golyshev VM, Simonov VI, Belov NV. Kristallografiya, 1971, 16, 93—98
易变辉石 Merli M, Camara F. European Journal of Mineralogy, 2003, 15, 903—911
萤石：Streltsov VA, Tsirelson VG, Ozerov RP, et al. Kristallografiya, 1987, 33, 90—97
硬硅钙石：Hejny C, Armbruster T. Zeitschrift fuer Kristallographie, 2001, 216, 396—408
硬锰矿：Wadsley AD. Acta Crystallographica, 1953, 6, 433—438
硬硼钙石：Burns PC, Hawthorne FC. Canadian Mineralogist, 1993, 31, 297—304
硬石膏：Hawthorne FC, Ferguson RB. Canadian Mineralogist, 1975, 13, 289—292
黝铜矿：Pfitzner A, Evain M, Petricek V. Acta Crystallographica B, 1997, 53, 337—345
鱼眼石：Rouse RC, Peacor DR, Dunn PJ. American Mineralogist, 1978, 63, 196—202
陨磷铁矿：Moretzki O, Morgenroth W, Skala R, et al. Journal of Synchrotron Radiation, 2005, 12, 234—240
陨碳铁矿：Herbstein FH, Smuts J. Acta Crystallographica, 1964, 17, 1331—1332
针铁矿：Hazemann JL, Berar JF, Manceau A. Materials Science Forum, 1991, 79, 821—826
整柱石：Pasheva ZP, Tarkhova TN. Doklady Akademii Nauk, 1953, 88, 807—810
正长石：Prince E, Donnay G, Martin RF. American Mineralogist, 1973, 58, 500—507
直闪石 Warren BE, Modell DI. Zeitschrift fuer Kristallographie, Kristallgeometrie, Kristallphysik, Kristallchemie, 1930, 75, 161—179
蛭石：Mathieson AM, Walker GF. American Mineralogist, 1954, 39, 231—255
重晶石：Miyake M, Minato I, Morikawa H, et al. American Mineralogist, 1978, 63, 506—510
浊沸石：Stahl K, Artiol G, Hanson JC. Physics and Chemistry of Minerals, 1996, 23, 328—336
自然铍：Swanson HE, Ugrinic GM. National Bureau of Standards (U.S.), Circular, 1955, 359, 1—75
自然镉：Hanak JJ, Daane AH. Journal of the Less-Common Metals, 1961, 3, 110—124
自然硫：Rettig SJ, Trotter J. Acta Crystallographica C, 1987, 43, 2260—2262
自然砷：Schiferl D, Barrett CS. Journal of Applied Crystallography, 1969, 2, 30—36
自然铁：Swanson HE, Tatge E. National Bureau of Standards (U.S.), Circular, 1955, 539, 4
自然铜：Suh IK, Ohta H, Waseda Y. Journal of Materials Science, 1988, 23, 757—760
自然硒：Keller R, Holzapfel WB, Schulz H. Physical Review B, 1977, 16, 4404—4412
β-石英 $P6_422$：Tucker MG, Keen DA, Dove MT. Mineralogical Magazine, 2001, 65, 489—507
β-石英 $P6_222$：Kihara K. European Journal of Mineralogy, 1990, 2, 63—77.

矿物中文名称索引

× Akimotoite 71
× Brizziite 71
× Ferrorhodsite 73
× Laforetite 56
× Seifertite 81,82
× Sudovikovite 67
β-方硼石 β-Boracite 150,151,185

A

阿铁绿松石 Aheylite 157
艾锌钛矿 Ecandrewsite 71
安多矿 Anduoite 60
铵白榴石 Ammonioleucite 138
铵明矾石 Ammonioalunite 161
奥尼尔石 Oneillite 104

B

八面沸石 Faujasite 142,184
白榴石 Leucite 138,184
白硼锰石 Sussexite 148
白铅矿 Cerussite 167
白砷石(砒霜) Claudetite 73,77,78,184
白铁矿 Marcasite 60,184
白钨矿 Scheelite 157,158,184
白硒钴矿 Hastite 60
白硒铁矿 Ferroselite 60
白云母 Muscovite 128,129,184
白云石 Dolomite 167,168,184
拜三水铝石 Bayerite 89
板晶石 Epididymite 132,133,184

板磷铁矿 Ludlamite 153,154,184
板钛矿 Brookite 3,77,184
钡长石 Celsian 134,135,137,184
钡钒云母 Chernykhite 129
钡砷磷灰石 Morelandite 132
钡硬锰矿 Romanechite 87
变水磷锰石 Metaswitzerite 154
冰-Ⅰh Ice-Ⅰh 79,80,184
波翁德拉石 Povondraite 107
布格电气石 Buergerite 107

C

草酸钙石 Weddellite 179,180,184
草酸钠石 Natroxalate 181,184
草酸铁矿 Humboldtine 180,184
草酸铜钠石 Wheatleyite 180,184
插晶菱沸石 Levyne 141
*长石 Feldspar 134,135
辰砂 Cinnabar 63,184
橙砷钠石 Durangite 99
赤铁矿 Hematite 69
赤铜矿 Cuprite 84,85,184
臭葱石 Scorodite 157,184
磁铁矿 Magnetite 72
雌黄 Orpiment 65,184
脆硫铋铅矿 Sakharovaite 64
脆硫锑铅矿 Jamesonite 64,184

D

大隅石 Osumilite 109

注：×,暂无中文译名；*,矿物族名。

带云母　Tainiolite　130
单斜铁辉石　Clinoferrosilite　112
单斜顽辉石　Clinoenstatite　112
胆矾　Chalcanthite　162,184
德萨基铈石　Dissakisite-(Ce)　103
碲钯矿　Merenskyite　67
碲铂矿　Moncheite　67
碲汞矿　Coloradoite　56
碲镍矿　Melonite　67,89,184
碲铅矿　Altaite　174
碲黝铜矿　Goldfieldite　68
碘铜盐　Marshite　56
碘银矿　Iodargyrite　58
*电气石　Tourmaline　107
冻蓝闪石　Barroisite　116
督三水铝石　Doyleite　89
毒砂　Arsenopyrite　60,61,184
独居石　Monazite　152,153,184
多硅锂云母　Polylithionite　130
多钠硅锂锰石　Natronambulite　114

E

峨眉矿　Omeiite　60
鲕绿泥石　Chamosite　131

F

钒铋矿　Pucherite　154
钒磁铁矿　Coulsonite　72
钒帘石　Mukhinite　103
钒马来亚石　Vanadomalayaite　99
钒铅矿　Vanadinite　152
钒铈矿　Wakefieldite-(Ce)　92
钒钇矿　Wakefieldite-(Y)　92
钒云母　Roscoelite　129
方钙石　Lime　174
方镉石　Monteponite　174
方解石　Calcite　9,14,44,166,185
方硫镉矿　Hawleyite　56
方硫钴矿　Cattierite　60
方硫镍矿　Vaesite　60
方镁石　Periclase　22,174
方锰矿　Manganosite　174
方钠石　Sodalite　139,140,185

方铅矿　Galena　22,174
方石英　Cristobalite　37,82,83,185
方铈矿　Cerianite　175
方锑金矿　Aurostibite　60
方锑矿　Senarmontite　73,74
方铁矿　Wustite　174
方钍石　Thorianite　175
方硒钴矿　Bornhardtite　72
方硒镍矿　Trustedtite　72
方硒铜矿　Krutaite　60
方硒锌矿　Stilleite　56
方柱石　Scapolite　139,185
*沸石　Zeolite　140
弗硼锰镁石　Fredrikssonite　147
氟钡石　Frankdicksonite　175
氟磷钙镁石　Isokite　99
氟磷灰石　Fluorapatite　151,152,185
氟镁钠石　Neighborite　178,185
氟镁石　Sellaite　74
氟砷钙镁石　Tilasite　99
氟铈矿　Fluocerite　177,178,185
氟铁云母　Fluorannite　130
氟盐　Villiaumite　174
氟鱼眼石　Fluorapophyllite　124
符山石　Vesuvianite　102,185
福伊特石　Foitite　107
*斧石　Axinite　104
复稀金矿-(Y)　Polycrase-(Y)　78
副砷铁石　Parasymplesite　155
富锰绿泥石　Gonyerite　131

G

钙钒榴石　Goldmanite　93
钙锆榴石　Kimzeyite　93
钙铬榴石　Uvarovite　93
钙黑电气石　Feruvite　107
钙锂电气石　Liddicoatite　107
钙铝矾　Ettringite　163,164,185
钙铝榴石　Grossular　93
钙绿松石　Coeruleolactite　157
钙镁电气石　Uvite　107
钙镁橄榄石　Monticellite　94

钙锰橄榄石　Glaucochroite　94
钙锰辉石　Johannsenite　112
钙锰矿　Todorokite　88
钙钠明矾石　Minamiite　161
钙硼石-Ⅱ　Calciborite-Ⅱ　149,185
钙十字沸石　Phillipsite-Ca　141,142,185
钙钛矿　Perovskite　18,36,37,40,86,185
钙钛铁榴石　Morimotoite　93
钙铁橄榄石　Kirschsteinite　94
钙铁辉石　Hedenbergite　112
钙铁榴石　Andradite　93
钙柱石　Meionite　139
盖硒铜矿　Geffroyite　59
*橄榄石　Olivine　94,185
橄榄铜矿　Olivenite　96
刚玉　Corundum　69,70,185
高岭石　Kaolinite　119,120,185
锆锂大隅石　Sogdianite　109
锆锰大隅石　Darapiosite　109
锆石　Zircon　92,93,185
铬钒辉石　Natalyite　112
铬钙石　Chromatite　92
铬镁电气石　Chromdravite　107
铬铅矿　Crocoite　153
铬铁矿　Chromite　72
铬云母　Chromphyllite　129
钴铬铁矿　Cochromite　72
钴华　Erythrite　155
钴镍黄铁矿　Cobaltpentlandite　58
光卤石　Carnallite　174,185
硅钡钛石　Batisite　146,185
硅钙铀钍矿　Ekanite　108,185
硅锆钡石　Bazirite　146
硅锆钙石　Gittinsite　100
硅灰石　Wollastonite　3,113,114,185
硅锂锰钙石　Lithiomarsturite　114
硅锰灰石　Manganbabingtonite　114
硅锰钠钙石　Marsturite　114
硅锰钠锂石　Nambulite　114
硅锰钠石　Namansilite　112
硅铌钛碱石　Shcherbakovite　146

硅铈独居石　Cheralite-(Ce)　153
硅钛钡石　Fresnoite　133,134,185
硅铁钡矿　Gillespite　119,185
硅铁灰石　Babingtonite　114
硅铁矿　Fersilicite　52,53,185
硅铜钡石　Effenbergerite　119
硅铜钙石　Cuprorivaite　119
硅铜锶矿　Wesselsite　119
硅锡钡石　Pabstite　146
硅钇石　Keiviite-(Y)　100
硅镱石　Keiviite-(Yb)　100

H

铪石　Hafnon　92
海蓝宝石　Aquamarine　106
海绿石　Glauconite　129
海泡石　Sepiolite　126,127,185
褐帘石　Allanite　103
褐硫锰矿　Hauerite　60
赫里斯托夫石　Khristovite-(Ce)　103
黑辰砂　Metacinnabar　56
黑电气石　Schorl　107
黑锑锰矿　Melanostibite　71
黑铁矾矿　Montroseite　87
黑稀金矿　Euxenite-(Y)　78,79,185
黑云母　Biotite　130
黑柱石　Ilvaite　100,101,185
红宝石　Ruby　69
红铬铅矿　Phoenicochroite　158,159,185
红帘石　Piemontite　103
红磷铁矿　Strengite　157
红钠闪石　Katophorite　116
红砷镍矿　Nickeline(Niccolite)　55,185
红砷锌矿　Kottigite　155
红钛锰矿　Pyrophanite　71
红锑镍矿　Breithauptite　55
红锌矿　Zincite　58
红柱石　Andalusite　95,96,185
滑石　Talc　122,123,185
黄铵铁矾　Ammoniojarosite　161
黄碲钯矿　Kotulskite　55
黄碘银矿　Miersite　56

黄钙铝矾	Huangite 162	钪钇石	Thortveitite 100,186
黄钾铁矾	Jarosite 161,185	柯石英	Coesite 82,84,186
黄铅矾	Lanarkite 159	科恩石	Kornite 116
黄铁矿	Pyrite 59,185	肯异性石	Kentbrooksite 104
黄铜矿	Chalcopyrite 23,25,56,57,185	孔雀石	Malachite 168,186
黄锡矿	Stannite 57,186	块黑铅矿	Plattnerite 74
黄玉	Topaz 97,186	块硫钴矿	Jaipurite 55
灰锗矿	Briartite 58		
辉铋矿	Bismuthinite 63	**L**	
辉沸石	Stilbite 143	拉锰矿	Ramsdellite 88
辉钼矿	Molybdenite 64,65,186	莱河矿	Laihunite 94
*辉石	Pyroxene 110,111	蓝宝石	Sapphire 69
辉锑矿	Stibnite 62,63,186	蓝方石	Hauyne 139
辉钨矿	Tungstenite 64	蓝晶石	Kyanite 38,96,97,186
J		蓝闪石	Glaucophane 116
加藤石	Katoite 93	蓝铁矿	Vivianite 155,186
钾钙锌大隅石	Shibkovite 109	蓝铜矿	Azurite 169,186
钾锰盐	Chlormanganokalite 176	蓝透闪石	Winchite 116
钾石盐	Sylvite 174	蓝线石	Dumortierite 99,100,186
钾铁矾	Krausite 164,165,186	蓝锥矿	Benitoite 145,146,186
钾铁盐	Rinneite 175,176,186	镧独居石	Monazite-(La) 153
钾硝石	Niter 167	镧锰帘石	Androsite-(La) 103
尖晶橄榄石	Ringwoodite 94	锂白云母	Trilithionite 130
尖晶石	Spinel 71,72,186	锂电气石	Elbaite 107
碱硅硼石	Poudretteite 109	锂辉石	Spodumene 112
交沸石	Harmotome 142	锂闪石	Holmquistite 117
*角闪石	Amphibole 115,116	锂硬锰矿	Lithiophorite 90,186
角银矿	Chlorargyrite 174	锂云母	Lepidolite 130
金刚石	Diamond 7,11,19,23,24,32,51,52,186	利克石	Leakeite 116
金红石	Rutile 3,13,19,73,74,186	利蛇纹石	Lizardite 121,122,186
金绿宝石	Chrysoberyl 24,95	钌铱锇矿	Rutheniridosmine 47
金云母	Phlogopite 129,186	磷钙钍石	Brabantite 153
津羟锡铁矿	Jeanbandyite 90	*磷灰石	Apatite 151
堇青石	Cordierite 106,186	磷钪矿	Pretulite 92
晶质铀矿	Uraninite 175	磷铝石	Variscite 157
韭闪石	Pargasite 116	磷氯铅矿	Pyromorphite 152
K		磷铁矿	Barringerite 53,186
卡大隅石	Chayesite 109	磷铜矿	Libethenite 96
钪硅铁灰石	Scandiobabingtonite 114	磷钇矿	Xenotime-(Y) 92
钪绿柱石	Bazzite 106	磷镱矿	Xenotime-(Yb) 92
钪霓辉石	Jervisite 112	鳞石英	Tridymite 83,84,186
		菱沸石	Chabazite 140,141,186

菱镉矿　Otavite　166
菱钴矿　Sphaerocobaltite　166
菱镁矿　Magnesite　166
菱锰矿　Rhodochrosite　166
菱镍矿　Gaspeite　166
菱铁矿　Siderite　166
菱锌矿　Smithsonite　166
硫复铁矿　Greigite　73
硫镉矿　Greenockite　58
硫铬铜矿　Florensovite　73
硫铬锌矿　Kalininite　73
硫钴矿　Linnaeite　72
硫镓铜矿　Gallite　56
硫铑铜矿　Cuprorhodsite　73
硫钌矿　Laurite　60
硫镁矿　Niningerite　174
硫锰矿　Alabandite　174
硫锰铅锑矿　Benavidesite　64
硫镍矿　Polydymite　72
硫氰钠钴石　Julienite　182,186
硫锑铁矿　Gudmundite　61
硫铁铅矿　Shadlunite　58
硫铁铟矿　Indite　73
硫铜钴矿　Carrollite　72
硫铜锰矿　Manganese-shadlunite　58
硫铜镍矿　Fletcherite　72
硫锡铜矿　Kuramite　58
硫铱铜矿　Cuproiridsite　73
硫铟铜矿　Roquesite　56
六方堇青石　Indialite　106
六方锑钯矿　Sudburyite　55
六方硒钴矿　Freboldite　55
六方锡铂矿　Niggliite　55
铝直闪石　Gedrite　117
绿钙闪石　Hastingsite　116
绿铬矿　Eskolaite　69
绿辉石　Omphacite　112
绿帘石　Epidote　102,103,186
绿磷石　Celadonite　129
*绿泥石　Chlorite　130,186
绿镍矿　Bunsenite　174

绿闪石　Taramite　116
绿松石　Turquoise　156,186
绿柱石　Beryl　105,106,186
氯钙石　Hydrophilite　176,177,186
氯磷钡石　Alforsite　152
氯磷灰石　Chlorapatite　152
氯砷钙石　Turneaureite　152
罗镁大隅石　Roedderite　109
罗斯曼石　Rossmanite　107

M

马克斯威石　Maxwellite　99
马来亚石　Malayaite　99
马兰矿　Malanite　73
马营矿　Mayingite　60
芒硝　Mirabilite　162,163,186
镁川石　Jimthompsonite　27,28
镁大隅石　Osumilite-(Mg)　109
镁电气石　Dravite　107
镁福伊特石　Magnesiofoitite　107
镁斧石　Magnesioaxinite　104
镁钙闪石　Tschermakite　116
镁橄榄石　Forsterite　94
镁铬钒矿　Magnesiocoulsonite　72
镁铬榴石　Knorringite　92
镁铬铁矿　Magnesiochromite　72
镁角闪石　Magnesiohornblende　116
镁蓝铁矿　Baricite　155
镁蓝线石　Magnesiodumortierite　100
镁铝榴石　Pyrope　93,94,186
镁铝钠闪石　Eckermannite　116
镁铝云母　Eastonite　130
镁钛矿　Geikielite　71
镁铁矿　Magnesioferrite　72
镁铁榴石　Majorite　92
镁铁闪石　Cummintonite　116
镁硝石　Nitromagnesite　171,172,186
蒙脱石　Montmorillonite　131,186
锰白云石　Kutnohorite　167
锰钡矿　Hollandite　76,88,186
锰斧石　Manganaxinite　104
锰橄榄石　Tephroite　94

锰铬铁矿　Manganochromite　72
锰硅灰石　Bustamite　114
锰红柱石　Kanonaite　96
锰辉石　Kanoite　112
锰钾矿　Cryptomelane　76
锰尖晶石　Galaxite　72
锰铝榴石　Spessaritite　92
锰绿泥石　Pennantite　131
锰铅矿　Coronadite　76
锰锶异性石　Manganokhomyakovite　104
锰铁矿　Jacobsite　72
锰铁榴石　Calderite　92
蜜腊石　Mellite　181,182,186
明矾石　Alunite　161
钼钙矿　Powellite　158
钼铅矿　Wulfenite　158
钼铜矿　Lindgrenite　159,187

N

钠沸石　Natrolite　143,144,187
钠铬辉石　Kosmochlor　112
钠金云母　Aspidolite　130
钠锂大隅石　Sugilite　109
钠铝电气石　Olenite　107,187
钠镁大隅石　Eifelite　109
钠明矾石　Natroalunite　161
钠闪石　Riebeckite　116
钠铁矾　Natrojarosite　161
钠铁坡缕石　Tuperssuatsiaite　125
钠透闪石　Richterite　116
钠硝石　Nitratine　166
钠云母　Paragonite　129
钠柱石　Marialite　139
南平石　Nanpingite　129
尼伯石　Nyboite　116
铌钙矿　Fersmite　78
铌钙钛矿　Latrappite　86
铌铁金红石　Ilmenorutile　74
霓辉石　Aegirine-augite　112
霓石　Aegirine　112
尿素石　Urea　183,187
镍磁铁矿　Trevorite　72
镍橄榄石　Liebenbergite　94
镍铬铁矿　Nichromite　72
镍华　Annabergite　155
镍黄铁矿　Pentlandite　58,59,187
镍绿泥石　Nimite　131
钕独居石　Monazite-(Nd)　153
诺三水铝石　Nordstrandite　89
诺云母　Norrishite　130

P

泡铋矿　Bismutite　171,187
硼白云母　Boromuscovite　129
硼铝镁石　Sinhalite　95
硼镁石　Szaibelyite　148,187
硼镁铁矿　Ludwigite　147,187
硼镁铁钛矿　Azoproite　147
硼铌石　Schiavinatoite　92
硼镍铁矿　Bonaccordite　147
硼砂　Borax　148,187
硼钽石　Behierite　92
硼铁矿　Vonsenite　147
硼锡钙石　Nordenskioldine　167
硼锡锰石　Tusionite　167
铍石　Bromellite　58
片沸石　Heulandite　142,143,187
坡缕石　Palygorskite　125,126,187
葡萄石　Prehnite　22,127,187
普通辉石　Augite　112

Q

铅矾　Anglesite　160
铅砷磷灰石　Hedyphane　152
铅铁矾　Plumbojarosite　162
铅黝帘石　Hancockite　103
浅闪石　Edenite　116
蔷薇辉石　Rhodonite　3,20,114,187
羟氟磷钙镁石　Panasqueiraite　99
羟钙石　Portlandite　67
羟铬矿　Bracewellite　87
羟磷灰石　Hydroxylapatite　152
羟铝铜铅矾　Osarizawaite　162
羟锰矿　Pyrochroite　67
羟砷钙石　Johnbaumite　152

羟砷锰矿　Eveite　96
羟砷锌石　Adamite　96
羟碳镁石　Pokrovskite　169
羟锑钠石　Mopungite　90
羟钍石　Thorogummite　92
羟鱼眼石　Hydroxyapophyllite　124,125
羟锗铁石　Stottite　90,91,187
青金石　Lazurite　139

R

软锰矿　Pyrolusite　74
锐钛矿　Anatase　85,187

S

赛黄晶　Danburite　134,187
三方硫锡矿　Berndtite　67
三方氧钒矿　Karelianite　69
三水铝石　Gibbsite　88,89,187
艳绿柱石　Morganite　106
砂川闪石　Sadanagaite　116
闪川石　Chesterite　27
闪锌矿　Sphalerite　9,23,24,56,187
*蛇纹石　Serpentine　121
砷铋石　Rooseveltite　153
砷铂矿　Sperrylite　60
砷华　Arsenolite　73,187
砷铝石　Mansfieldite　157
砷镁石　Hornesite　155
砷镍钴矿　Langisite　55
砷铅石　Mimetite　152
砷铈石　Gasparite-(Ce)　153
砷锑矿　Stibarsen　51
砷钇石　Chernovite-(Y)　92
砷铀铋石　Walthierite　162
砷黝铜矿　Tennantite　68
十字石　Staurolite　98,187
石膏　Gypsum　165,166,187
*石榴子石　Garnet　92
石墨　Graphite　21,26,27,44,50,187
石盐　Halite　13,14,24,173,174,187
石英　Quartz　37,80,81,82,187
铈独居石　Monazite-(Ce)　153
铈镁帘石　Dollaseite-(Ce)　103

铈铌钙钛矿-(Ce)　Loparite-(Ce)　86
双峰矿　Shuangfengite　67
水草酸钙石　Whewellite　179,187
水方钠石　Hydrosodalite　139
水钙沸石　Gismondine　143,187
水钙铝榴石　Hibschite(Hydrogrossular)　93
水钙铁榴石　Hydroandradite　93
水合氢离子铁矾　Hydroniumjarosite　161
水镁石　Brucite　67,89
水砷铟石　Yanomamite　157
斯石英　Stishovite　74,82
斯托潘尼石　Stoppaniite　106
锶红帘石　Strontiopiemontite　103
锶磷灰石　Strontium-apatite　152
锶钛石　Tausonite　86
锶异性石　Khomyakovite　104
四方硅铁矿　Ferdisilicite　53
四方羟锡锰石　Tetrawickmanite　90
四水白铁矾　Rozenite　164
四水钴矾　Aplowite　164
四水锰矾　Ilesite　164
四水泻盐　Starkeyite　164,187
四水锌矾　Boyleite　164
苏打石　Nahcolite　169,170,187

T

钛锂大隅石　Berezanskite　109
钛榴石　Schorlomite　93
钛闪石　Kaersutite　116
钛铁晶石　Ulvospinel　72
钛铁矿　Ilmenite　70,71,187
钛锡锑铁矿　Squawcreekite　74
钽黑稀金矿-(Y)　Tanteuxenite-(Y)　78
钽铁金红石　Struverite　74
碳钡矿　Witherite　167
碳氟磷灰石　Carbonate-fluorapatite　152
碳硅石　Moissanite　58
碳磷灰石　Carbonate-apatite　151
碳羟磷灰石　Carbonate-hydroxylapatite　152
碳锶矿　Strontianite　167
锑铂矿　Geversite　60
锑华　Valentinite　74,75,187

锑锡矿　Stistaite　51
锑线石　Holtite　100
天青石　Celestine　160
天然碱　Trona　170,187
天然硼酸　Sassolite　150,187
铁白云石　Ankerite　167
铁矾　Siderotil　162
铁斧石　Ferroaxinite　104,105
铁钙辉石　Esseneite　112
铁橄榄石　Fayalite　94
铁硅灰石　Ferrobustamite　114
铁辉石　Ferrosilite　111
铁尖晶石　Hercynite　72
铁角闪石　Ferrohornblende　116
铁堇青石　Sekaninaite　107
铁铝榴石　Almandite　92
铁铝直闪石　Ferrogedrite　117
铁绿松石　Chalcosiderite　157
铁锰钠闪石　Kozulite　116
铁闪石　Grunerite　116
铁钛镁尖晶石　Qandilite　72
铁盐　Molysite　177,187
铁叶云母　Siderophyllite　130
铁云母　Annite　130
铁直闪石　Ferro-anthophyllite　117
廷斧石　Tinzenite　104
铜镉黄锡矿　Cernyite　58
铜蓝　Covellite　65,66,187
铜铅铁矾　Beaverite　162
铜砷铀云母　Zeunerite　156
铜铁尖晶石　Cuprospinel　72
铜盐　Nantokite　56
铜铀云母　Torbernite　155,156,187
透长石　Sanidine　134,135,136,187
透辉石　Diopside　3,20,112,113,187
透闪石　Tremolite　20,116,187
钍石　Thorite　92
托铵云母　Tobelite　129

W

瓦兹利石　Wadsleyite　94
顽火辉石　Enstatite　111,187

微斜长石　Microcline　26,135
文石　Aragonite　167,187
翁钠金云母　Wonesite　130
沃钒锰矿　Vuorelainenite　72
钨锰矿　Hubnerite　76
钨锰铁矿（黑钨矿）　Wolframite　75,76,188
钨铅矿　Stolzite　158
钨铁矿　Ferberite　76
钨锌矿　Sanmartinite　76
五水锰矾　Jokokuite　162
五水泻盐　Pentahydrite　162

X

夕线石　Sillimanite　38,118,188
硒铋矿　Guanajuatite　63
硒雌黄　Laphamite　65
硒碲镍矿　Kitkaite　67
硒镉矿　Cadmoselite　58
硒汞矿　Tiemannite　56
硒钼矿　Drysdallite　64
硒铅矿　Clausthalite　174
硒锑矿　Antimonselite　63
硒铁矿　Achavalite　55
硒铜钴矿　Tyrrellite　72
硒铜蓝　Klockmannite　66
硒铜镍矿　Penroseite　60
硒黝铜矿　Hakite　68
锡锂大隅石　Brannockite　109
锡石　Cassiterite　74
霞石　Nepheline　137,138,188
纤钠海泡石　Loughlinite　127
纤蛇纹石　Chrysotile　121
纤锌矿　Wurtzite　58,188
香花石　Hsianghualite　144,145,188
斜长石　Plagioclase　39,134
斜发沸石　Clinoptilolite　143
斜方碲钴矿　Mattagamite　60
斜方碲铁矿　Frohbergite　60
斜方锰顽辉石　Donpeacorite　111
斜方钠铌矿　Lueshite　86
斜方砷镍矿　Rammelsbergite　60
斜方砷铁矿　Lollingite　60

斜方水锰矿　Groutite　87
斜方锑镍矿　Nisbite　60
斜方锑铁矿　Seinajokite　60
斜方硒镍矿　Kullerudite　60
斜绿泥石　Clinochlore　130,131
斜黝帘石　Clinozoisite　103
楣石　Titanite(Sphene)　98,99,188
锌白云石　Minrecordite　167
锌铬铁矿　Zincochromite　72
锌黄锡矿　Kesterite　58
锌辉石　Petedunnite　112
锌尖晶石　Gahnite　72
锌绿松石　Faustite　157
锌铁尖晶石　Franklinite　72
锌云母　Hendricksite　130
雄黄　Realgar　61,62,188
溴银矿　Bromargyrite　174

Y

亚铁钠闪石　Arfvedsonite　116
烟晶石　Hoelite　183,188
阳起石　Actinolite　116
叶蜡石　Pyrophyllite　122,123,124,188
叶蛇纹石　Antigorite　121,188
伊碲镍矿　Imgreite　55
异极矿　Hemimorphite　101,102,188
异性石　Eudialyte　103,104,188
易变辉石　Pigeonite　111,112,188
银黄锡矿　Hocartite　58
银镍黄铁矿　Argentopentlandite　58
银砷黝铜矿　Argentotennantite　68
银铁矾　Argentojarosite　162
银黝铜矿　Freibergite　68
萤石　Fluorite　22,23,174,175,188
硬硅钙石　Xonotlite　21,117,118,188
硬锰矿　Psilomelane　87,88,188
硬硼钙石　Colemanite　149,150,188
硬石膏　Anhydrite　160,161,188
硬水铝石　Diaspore　87
硬硒钴矿　Rogtalite　60
硬玉　Jadeite　112
铀复稀金矿　Uranopolycrase　78

铀石　Coffinite　92
黝方石　Nosean　139
黝铜矿　Tetrahedrite　67,68,187
*鱼眼石　Apophyllite　21,124,188
原铁直闪石　Protoferro-anthophyllite　117
*云辉闪石　Biopyriboles　27
*云母　Mica　128
陨氮钛石　Osbornite　174
陨磷铁矿　Schreibersite　54,188
陨硫钙石　Oldhamite　174
陨硫铬铁矿　Daubreelite　73
陨硫铁　Troilite　55
陨钠镁大隅石　Yagiite　109
陨碳铁矿　Cohenite　53,54,188
陨铁大隅石　Merrihueite　109

Z

锗石　Argutite　74
针钠钙石　Pectolite　114
针钠锰石　Serandite　114
针铁矿　Goethite　87,188
整柱石　Milarite　108,109,188
正长石　Orthoclase　135,136,188
直闪石　Anthophyllite　117,188
蛭石　Vermiculite　132,188
重晶石　Barite(Baryte)　160,188
锥晶石　Lacroixite　99
浊沸石　Laumontite　144,188
紫硫镍矿　Violarite　72
自然钯　Palladium　47
自然铋　Bismuth　51
自然铂　Platinum　47
自然碲　Tellurium　49
自然锇　Osmium　47,188
自然镉　Cadmium　47
自然硅　Silicon　51
自然金　Gold　47
自然镧　Lanthanum　48,49,188
自然铑　Rhodium　47
自然钌　Ruthenium　47
自然硫　Sulphur　49,188
自然铝　Aluminum　47

自然钼	Molybdenum 48		自然钨	Tungestun 48
自然镍	Nickel 47		自然硒	Selenium 49,50,188
自然铅	Lead 47		自然锌	Zinc 47
自然砷	Arsenic 51,188		自然铱	Iridium 47
自然锑	Antimony 51		自然银	Silver 47
自然铁	Iron 48,188		祖母绿	Emerald 106
自然铜	Copper 19,46,47,188			

矿物英文名称索引

β-Boracite β-方硼石 150,151,185

A

Achavalite 硒铁矿 55
Actinolite 阳起石 116
Adamite 羟砷锌石 96
Aegirine 霓石 112
Aegirine-augite 霓辉石 112
Aheylite 阿铁绿松石 157
Akimotoite × 71
Alabandite 硫锰矿 174
Alforsite 氯磷钡石 152
Allanite 褐帘石 103
Almandite 铁铝榴石 92
Altaite 碲铅矿 174
Aluminum 自然铝 47
Alunite 明矾石 161
Ammonioalunite 铵明矾石 161
Ammoniojarosite 黄铵铁矾 161
Ammonioleucite 铵白榴石 138
*Amphibole 角闪石 115,116
Anatase 锐钛矿 85,187
Andalusite 红柱石 95,96,185
Andradite 钙铁榴石 93
Androsite-(La) 镧锰帘石 103
Anduoite 安多矿 60
Anglesite 铅矾 160
Anhydrite 硬石膏 160,161,188
Ankerite 铁白云石 167

Annabergite 镍华 155
Annite 铁云母 130
Anthophyllite 直闪石 117,188
Antigorite 叶蛇纹石 121,188
Antimonselite 硒锑矿 63
Antimony 自然锑 51
*Apatite 磷灰石 151
Aplowite 四水钴矾 164
*Apophyllite 鱼眼石 21,124,188
Aquamarine 海蓝宝石 106
Aragonite 文石 167,187
Arfvedsonite 亚铁钠闪石 116
Argentojarosite 银铁矾 162
Argentopentlandite 银镍黄铁矿 58
Argentotennantite 银砷黝铜矿 68
Argutite 锗石 74
Arsenic 自然砷 51,188
Arsenolite 砷华 73,187
Arsenopyrite 毒砂 60,61,184
Aspidolite 钠金云母 130
Augite 普通辉石 112
Aurostibite 方锑金矿 60
*Axinite 斧石 104
Azoproite 硼镁铁钛矿 147
Azurite 蓝铜矿 169,186

B

Babingtonite 硅铁灰石 114
Baricite 镁蓝铁矿 155

注：×,暂无中文译名；*,矿物族名。

Barite(Baryte)　重晶石　160,188
Barringerite　磷铁矿　53,186
Barroisite　冻蓝闪石　116
Batisite　硅钡钛石　146,185
Bayerite　拜三水铝石　89
Bazirite　硅锆钡石　146
Bazzite　钪绿柱石　106
Beaverite　铜铅铁矾　162
Behierite　硼钽石　92
Benavidesite　硫锰铅锑矿　64
Benitoite　蓝锥矿　145,146,186
Berezanskite　钛锂大隅石　109
Berndtite　三方硫锡矿　67
Beryl　绿柱石　105,106,186
* Biopyriboles　云辉闪石　27
Biotite　黑云母　130
Bismuth　自然铋　51
Bismuthinite　辉铋矿　63
Bismutite　泡铋矿　171,187
Bonaccordite　硼镍铁矿　147
Borax　硼砂　148,187
Bornhardtite　方硒钴矿　72
Boromuscovite　硼白云母　129
Boyleite　四水锌矾　164
Brabantite　磷钙钍石　153
Bracewellite　羟铬矿　87
Brannockite　锡锂大隅石　109
Breithauptite　红锑镍矿　55
Briartite　灰锗矿　58
Brizziite　×　71
Bromargyrite　溴银矿　174
Bromellite　铍石　58
Brookite　板钛矿　3,77,184
Brucite　水镁石　67,89
Buergerite　布格电气石　107
Bunsenite　绿镍矿　174
Bustamite　锰硅灰石　114

C

Cadmium　自然镉　47
Cadmoselite　硒镉矿　58
Calciborite-Ⅱ　钙硼石-Ⅱ　149,185

Calcite　方解石　9,14,44,166,185
Calderite　锰铁榴石　92
Carbonate-apatite　碳磷灰石　151
Carbonate-fluorapatite　碳氟磷灰石　152
Carbonate-hydroxylapatite　碳羟磷灰石　152
Carnallite　光卤石　174,185
Carrollite　硫铜钴矿　72
Cassiterite　锡石　74
Cattierite　方硫钴矿　60
Celadonite　绿磷石　129
Celestine　天青石　160
Celsian　钡长石　134,135,137,184
Cerianite　方铈石　175
Cernyite　铜镉黄锡矿　58
Cerussite　白铅矿　167
Chabazite　菱沸石　140,141,186
Chalcanthite　胆矾　162,184
Chalcopyrite　黄铜矿　23,25,56,57,185
Chalcosiderite　铁绿松石　157
Chamosite　鲕绿泥石　131
Chayesite　卡大隅石　109
Cheralite-(Ce)　硅铈独居石　153
Chernovite-(Y)　砷钇石　92
Chernykhite　钡钒云母　129
Chesterite　闪川石　27
Chlorapatite　氯磷灰石　152
Chlorargyrite　角银矿　174
* Chlorite　绿泥石　130,186
Chlormanganokalite　钾锰盐　176
Chromatite　铬钙石　92
Chromdravite　铬镁电气石　107
Chromite　铬铁矿　72
Chromphyllite　铬云母　129
Chrysoberyl　金绿宝石　24,95
Chrysotile　纤蛇纹石　121
Cinnabar　辰砂　63,184
Claudetite　白砷石(砒霜)　73,77,78,184
Clausthalite　硒铅矿　174
Clinochlore　斜绿泥石　130,131
Clinoenstatite　单斜顽辉石　112
Clinoferrosilite　单斜铁辉石　112

Clinoptilolite 斜发沸石 143
Clinozoisite 斜黝帘石 103
Cobaltpentlandite 钴镍黄铁矿 58
Cochromite 钴铬铁矿 72
Coeruleolactite 钙绿松石 157
Coesite 柯石英 82,84,186
Coffinite 铀石 92
Cohenite 陨碳铁矿 53,54,188
Colemanite 硬硼钙石 149,150,188
Coloradoite 碲汞矿 56
Copper 自然铜 19,46,47,188
Cordierite 堇青石 106,186
Coronadite 锰铅矿 76
Corundum 刚玉 69,70,185
Coulsonite 钒磁铁矿 72
Covellite 铜蓝 65,66,187
Cristobalite 方石英 37,82,83,185
Crocoite 铬铅矿 153
Cryptomelane 锰钾矿 76
Cummintonite 镁铁闪石 116
Cuprite 赤铜矿 84,85,184
Cuproiridsite 硫铱铜矿 73
Cuprorhodsite 硫铑铜矿 73
Cuprorivaite 硅铜钙石 119
Cuprospinel 铜铁尖晶石 72

D
Danburite 赛黄晶 134,187
Darapiosite 锆锰大隅石 109
Daubreelite 陨硫铬铁矿 73
Diamond 金刚石 7,11,19,23,24,32,51,52,186
Diaspore 硬水铝石 87
Diopside 透辉石 3,20,112,113,187
Dissakisite-(Ce) 德萨基铈石 103
Dollaseite-(Ce) 铈镁帘石 103
Dolomite 白云石 167,168,184
Donpeacorite 斜方锰顽辉石 111
Doyleite 督三水铝石 89
Dravite 镁电气石 107
Drysdallite 硒钼矿 64
Dumortierite 蓝线石 99,100,186
Durangite 橙砷钠石 99

E
Eastonite 镁铝云母 130
Ecandrewsite 艾锌钛矿 71
Eckermannite 镁铝钠闪石 116
Edenite 浅闪石 116
Effenbergerite 硅铜钡石 119
Eifelite 钠镁大隅石 109
Ekanite 硅钙铀钍矿 108,185
Elbaite 锂电气石 107
Emerald 祖母绿 106
Enstatite 顽火辉石 111,187
Epididymite 板晶石 132,133,184
Epidote 绿帘石 102,103,186
Erythrite 钴华 155
Eskolaite 绿铬矿 69
Esseneite 铁钙辉石 112
Ettringite 钙铝矾 163,164,185
Eudialyte 异性石 103,104,188
Euxenite-(Y) 黑稀金矿 78,79,185
Eveite 羟砷锰矿 96

F
Faujasite 八面沸石 142,184
Faustite 锌绿松石 157
Fayalite 铁橄榄石 94
*Feldspar 长石 134,135
Ferberite 钨铁矿 76
Ferdisilicite 四方硅铁矿 53
Ferro-anthophyllite 铁直闪石 117
Ferroaxinite 铁斧石 104,105
Ferrobustamite 铁硅灰石 114
Ferrogedrite 铁铝直闪石 117
Ferrohornblende 铁角闪石 116
Ferrorhodsite × 73
Ferroselite 白硒铁矿 60
Ferrosilite 铁辉石 111
Fersilicite 硅铁矿 52,53,185
Fersmite 铌钙矿 78
Feruvite 钙黑电气石 107
Fletcherite 硫铜镍矿 72
Florensovite 硫铬铜矿 73
Fluocerite 氟铈矿 177,178,185

Fluorannite 氟铁云母 130
Fluorapatite 氟磷灰石 151,152,185
Fluorapophyllite 氟鱼眼石 124
Fluorite 萤石 22,23,174,175,188
Foitite 福伊特石 107
Forsterite 镁橄榄石 94
Frankdicksonite 氟钡石 175
Franklinite 锌铁尖晶石 72
Freboldite 六方硒钴矿 55
Fredrikssonite 弗硼锰镁石 147
Freibergite 银黝铜矿 68
Fresnoite 硅钛钡石 133,134,185
Frohbergite 斜方碲铁矿 60

G

Gahnite 锌尖晶石 72
Galaxite 锰尖晶石 72
Galena 方铅矿 22,174
Gallite 硫镓铜矿 56
*Garnet 石榴子石 92
Gasparite-(Ce) 砷铈石 153
Gaspeite 菱镍矿 166
Gedrite 铝直闪石 117
Geffroyite 盖硒铜矿 59
Geikielite 镁钛矿 71
Geversite 锑铂矿 60
Gibbsite 三水铝石 88,89,187
Gillespite 硅铁钡矿 119,185
Gismondine 水钙沸石 143,187
Gittinsite 硅锆钙石 100
Glaucochroite 钙锰橄榄石 94
Glauconite 海绿石 129
Glaucophane 蓝闪石 116
Goethite 针铁矿 87,188
Gold 自然金 47
Goldfieldite 碲黝铜矿 68
Goldmanite 钙钒榴石 93
Gonyerite 富锰绿泥石 131
Graphite 石墨 21,26,27,44,50,187
Greenockite 硫镉矿 58
Greigite 硫复铁矿 73
Grossular 钙铝榴石 93
Groutite 斜方水锰矿 87
Grunerite 铁闪石 116
Guanajuatite 硒铋矿 63
Gudmundite 硫锑铁矿 61
Gypsum 石膏 165,166,187

H

Hafnon 铪石 92
Hakite 硒黝铜矿 68
Halite 石盐 13,14,24,173,174,187
Hancockite 铅黝帘石 103
Harmotome 交沸石 142
Hastingsite 绿钙闪石 116
Hastite 白硒钴矿 60
Hauerite 褐硫锰矿 60
Hauyne 蓝方石 139
Hawleyite 方硫镉矿 56
Hedenbergite 钙铁辉石 112
Hedyphane 铅砷磷灰石 152
Hematite 赤铁矿 69
Hemimorphite 异极矿 101,102,188
Hendricksite 锌云母 130
Hercynite 铁尖晶石 72
Heulandite 片沸石 142,143,187
Hibschite(Hydrogrossular) 水钙铝榴石 93
Hocartite 银黄锡矿 58
Hoelite 烟晶石 183,188
Hollandite 锰钡矿 76,88,186
Holmquistite 锂闪石 117
Holtite 锑线石 100
Hornesite 砷镁石 155
Hsianghualite 香花石 144,145,188
Huangite 黄钙铝矾 162
Hubnerite 钨锰矿 76
Humboldtine 草酸铁矿 180,184
Hydroandradite 水钙铁榴石 93
Hydroniumjarosite 水合氢离子铁矾 161
Hydrophilite 氯钙石 176,177,186
Hydrosodalite 水方钠石 139
Hydroxyapophyllite 羟鱼眼石 124,125
Hydroxylapatite 羟磷灰石 152

附　录

I

Ice-Ih　冰-Ih　79,80,184
Ilesite　四水锰矾　164
Ilmenite　钛铁矿　70,71,187
Ilmenorutile　铌铁金红石　74
Ilvaite　黑柱石　100,101,185
Imgreite　伊碲镍矿　55
Indialite　六方堇青石　106
Indite　硫铁铟矿　73
Iodargyrite　碘银矿　58
Iridium　自然铱　47
Iron　自然铁　48,188
Isokite　氟磷钙镁石　99

J

Jacobsite　锰铁矿　72
Jadeite　硬玉　112
Jaipurite　块硫钴矿　55
Jamesonite　脆硫锑铅矿　64,184
Jarosite　黄钾铁矾　161,185
Jeanbandyite　津羟锡铁矿　90
Jervisite　钪霓辉石　112
Jimthompsonite　镁川石　27,28
Johannsenite　钙锰辉石　112
Johnbaumite　羟砷钙石　152
Jokokuite　五水锰矾　162
Julienite　硫氰钠钴石　182,186

K

Kaersutite　钛闪石　116
Kalininite　硫铬锌矿　73
Kanoite　锰辉石　112
Kanonaite　锰红柱石　96
Kaolinite　高岭石　119,120,185
Karelianite　三方氧钒矿　69
Katoite　加藤石　93
Katophorite　红钠闪石　116
Keiviite-(Y)　硅钇石　100
Keiviite-(Yb)　硅镱石　100
Kentbrooksite　肯异性石　104
Kesterite　锌黄锡矿　58
Khomyakovite　锶异性石　104
Khristovite-(Ce)　赫里斯托夫石　103

Kimzeyite　钙锆榴石　93
Kirschsteinite　钙铁橄榄石　94
Kitkaite　硒碲镍矿　67
Klockmannite　硒铜蓝　66
Knorringite　镁铬榴石　92
Kornite　科恩石　116
Kosmochlor　钠铬辉石　112
Kottigite　红砷锌矿　155
Kotulskite　黄碲钯矿　55
Kozulite　铁锰钠闪石　116
Krausite　钾铁矾　164,165,186
Krutaite　方硒铜矿　60
Kullerudite　斜方硒镍矿　60
Kuramite　硫锡铜矿　58
Kutnohorite　锰白云石　167
Kyanite　蓝晶石　38,96,97,186

L

Lacroixite　锥晶石　99
Laforetite　×　56
Laihunite　莱河矿　94
Lanarkite　黄铅矾　159
Langisite　砷镍钴矿　55
Lanthanum　自然镧　48,49,188
Laphamite　硒雌黄　65
Latrappite　铌钙钛矿　86
Laumontite　浊沸石　144,188
Laurite　硫钌矿　60
Lazurite　青金石　139
Lead　自然铅　47
Leakeite　利克石　116
Lepidolite　锂云母　130
Leucite　白榴石　138,184
Levyne　插晶菱沸石　141
Libethenite　磷铜矿　96
Liddicoatite　钙锂电气石　107
Liebenbergite　镍橄榄石　94
Lime　方钙石　174
Lindgrenite　钼铜矿　159,187
Linnaeite　硫钴矿　72
Lithiomarsturite　硅锂锰钙石　114
Lithiophorite　锂硬锰矿　90,186

Lizardite 利蛇纹石 121,122,186
Lollingite 斜方砷铁矿 60
Loparite-(Ce) 铈铌钙钛矿-(Ce) 86
Loughlinite 纤钠海泡石 127
Ludlamite 板磷铁矿 153,154,184
Ludwigite 硼镁铁矿 148,187
Lueshite 斜方钠铌矿 86

M

Magnesioaxinite 镁斧石 104
Magnesiochromite 镁铬铁矿 72
Magnesiocoulsonite 镁铬钒矿 72
Magnesiodumortierite 镁蓝线石 100
Magnesioferrite 镁铁矿 72
Magnesiofoitite 镁福伊特石 107
Magnesiohornblende 镁角闪石 116
Magnesite 菱镁矿 166
Magnetite 磁铁矿 72
Majorite 镁铁榴石 92
Malachite 孔雀石 168,186
Malanite 马兰矿 73
Malayaite 马来亚石 99
Manganaxinite 锰斧石 104
Manganbabingtonite 硅锰灰石 114
Manganese-shadlunite 硫铜锰矿 58
Manganochromite 锰铬铁矿 72
Manganokhomyakovite 锰锶异性石 104
Manganosite 方锰矿 174
Mansfieldite 砷铝石 157
Marcasite 白铁矿 60,184
Marialite 钠柱石 139
Marshite 碘铜盐 56
Marsturite 硅锰钠钙石 114
Mattagamite 斜方碲钴矿 60
Maxwellite 马克斯威石 99
Mayingite 马营矿 60
Meionite 钙柱石 139
Melanostibite 黑锑锰矿 71
Mellite 蜜腊石 181,182,186
Melonite 碲镍矿 67,89,184
Merenskyite 碲钯矿 67
Merrihueite 陨铁大隅石 109

Metacinnabar 黑辰砂 56
Metaswitzerite 变水磷锰石 154
Mica 云母 128
Microcline 微斜长石 26,135
Miersite 黄碘银矿 56
Milarite 堇柱石 108,109,188
Mimetite 砷铅石 152
Minamiite 钙钠明矾石 161
Minrecordite 锌白云石 167
Mirabilite 芒硝 162,163,186
Moissanite 碳硅石 58
Molybdenite 辉钼矿 64,65,186
Molybdenum 自然钼 48
Molysite 铁盐 177,187
Monazite 独居石 152,183,184
Monazite-(La) 镧独居石 153
Monazite-(Nd) 钕独居石 153
Monazite-(Ce) 铈独居石 153
Moncheite 碲铂矿 67
Monteponite 方镉石 174
Monticellite 钙镁橄榄石 94
Montmorillonite 蒙脱石 131,186
Montroseite 黑铁矾矿 87
Mopungite 羟锑钠石 90
Morelandite 钡砷磷灰石 132
Morganite 艳绿柱石 106
Morimotoite 钙钛铁榴石 93
Mukhinite 钒帘石 103
Muscovite 白云母 128,129,184

N

Nahcolite 苏打石 169,170,187
Namansilite 硅锰钠石 112
Nambulite 硅锰钠锂石 114
Nanpingite 南平石 129
Nantokite 铜盐 56
Natalyite 铬钒辉石 112
Natroalunite 钠明矾石 161
Natrojarosite 钠铁矾 161
Natrolite 钠沸石 143,144,187
Natronambulite 多钠硅锂锰石 114
Natroxalate 草酸钠石 181,184

Neighborite   氟镁钠石   178,185
Nepheline   霞石   137,138,188
Nichromite   镍铬铁矿   72
Nickel   自然镍   47
Nickeline(Niccolite)   红砷镍矿   55,185
Niggliite   六方锡铂矿   55
Nimite   镍绿泥石   131
Niningerite   硫镁矿   174
Nisbite   斜方锑镍矿   60
Niter   钾硝石   167
Nitratine   钠硝石   166
Nitromagnesite   镁硝石   171,172,186
Nordenskioldine   硼锡钙石   167
Nordstrandite   诺三水铝石   89
Norrishite   诺云母   130
Nosean   黝方石   139
Nyboite   尼伯石   116

O

Oldhamite   陨硫钙石   174
Olenite   钠铝电气石   107,187
Olivenite   橄榄铜矿   96
*Olivine   橄榄石   94,185
Omeiite   峨眉矿   60
Omphacite   绿辉石   112
Oneillite   奥尼尔石   104
Orpiment   雌黄   65,184
Orthoclase   正长石   135,136,188
Osarizawaite   羟铝铜铅矾   162
Osbornite   陨氮钛石   174
Osmium   自然锇   47,188
Osumilite   大隅石   109
Osumilite-(Mg)   镁大隅石   109
Otavite   菱镉矿   166

P

Pabstite   硅锡钡石   146
Palladium   自然钯   47
Palygorskite   坡缕石   125,126,187
Panasqueiraite   羟氟磷钙镁石   99
Paragonite   钠云母   129
Parasymplesite   副砷铁石   155
Pargasite   韭闪石   116

Pectolite   针钠钙石   114
Pennantite   锰绿泥石   131
Penroseite   硒铜镍矿   60
Pentahydrite   五水泻盐   162
Pentlandite   镍黄铁矿   58,59,187
Periclase   方镁石   22,174
Perovskite   钙钛矿   18,36,37,40,86,185
Petedunnite   锌辉石   112
Phillipsite-Ca   钙十字沸石   141,142,185
Phlogopite   金云母   129,186
Phoenicochroite   红铬铅矿   158,159,185
Piemontite   红帘石   103
Pigeonite   易变辉石   111,112,188
Plagioclase   斜长石   39,134
Platinum   自然铂   47
Plattnerite   块黑铅矿   74
Plumbojarosite   铅铁矾   162
Pokrovskite   羟碳镁石   169
Polycrase-(Y)   复稀金矿-(Y)   78
Polydymite   硫镍矿   72
Polylithionite   多硅锂云母   130
Portlandite   羟钙石   67
Poudretteite   碱硅硼石   109
Povondraite   波翁德拉石   107
Powellite   钼钙矿   158
Prehnite   葡萄石   22,127,187
Pretulite   磷钪矿   92
Protoferro-anthophyllite   原铁直闪石   117
Psilomelane   硬锰矿   87,88,188
Pucherite   钒铋矿   154
Pyrite   黄铁矿   59,185
Pyrochroite   羟锰矿   67
Pyrolusite   软锰矿   74
Pyromorphite   磷氯铅矿   152
Pyrope   镁铝榴石   93,94,186
Pyrophanite   红钛锰矿   71
Pyrophyllite   叶蜡石   122,123,124,188
*Pyroxene   辉石   110,111

Q

Qandilite   铁钛镁尖晶石   72
Quartz   石英   37,80,81,82,187

R

Rammelsbergite 斜方砷镍矿 60
Ramsdellite 拉锰矿 88
Realgar 雄黄 61,62,188
Rhodium 自然铑 47
Rhodochrosite 菱锰矿 166
Rhodonite 蔷薇辉石 3,20,114,187
Richterite 钠透闪石 116
Riebeckite 钠闪石 116
Ringwoodite 尖晶橄榄石 94
Rinneite 钾铁盐 175,176,186
Roedderite 罗镁大隅石 109
Rogtalite 硬硒钴矿 60
Romanechite 钡硬锰矿 87
Rooseveltite 砷铋石 153
Roquesite 硫铟铜矿 56
Roscoelite 钒云母 129
Rossmanite 罗斯曼石 107
Rozenite 四水白铁矾 164
Ruby 红宝石 69
Rutheniridosmine 钌铱锇矿 47
Ruthenium 自然钌 47
Rutile 金红石 3,13,19,73,74,186

S

Sadanagaite 砂川闪石 116
Sakharovaite 脆硫铋铅矿 64
Sanidine 透长石 134,135,136,187
Sanmartinite 钨锌矿 76
Sapphire 蓝宝石 69
Sassolite 天然硼酸 150,187
Scandiobabingtonite 钪硅铁灰石 114
Scapolite 方柱石 139,185
Scheelite 白钨矿 157,158,184
Schiavinatoite 硼铌石 92
Schorl 黑电气石 107
Schorlomite 钛榴石 93
Schreibersite 陨磷铁矿 54,188
Scorodite 臭葱石 157,184
Seifertite × 81,82
Seinajokite 斜方锑铁矿 60
Sekaninaite 铁菫青石 107

Selenium 自然硒 49,50,188
Sellaite 氟镁石 74
Senarmontite 方锑矿 73,74
Sepiolite 海泡石 126,127,185
Serandite 针钠锰石 114
*Serpentine 蛇纹石 121
Shadlunite 硫铁铅矿 58
Shcherbakovite 硅铌钛碱石 146
Shibkovite 钾钙锌大隅石 109
Shuangfengite 双峰矿 67
Siderite 菱铁矿 166
Siderophyllite 铁叶云母 130
Siderotil 铁矾 162
Silicon 自然硅 51
Sillimanite 夕线石 38,118,188
Silver 自然银 47
Sinhalite 硼铝镁石 95
Smithsonite 菱锌矿 166
Sodalite 方钠石 139,140,185
Sogdianite 锆锂大隅石 109
Sperrylite 砷铂矿 60
Spessaritite 锰铝榴石 92
Sphaerocobaltite 菱钴矿 166
Sphalerite 闪锌矿 9,23,24,56,187
Spinel 尖晶石 71,72,186
Spodumene 锂辉石 112
Squawcreekite 钛锡锑铁矿 74
Stannite 黄锡矿 57,186
Starkeyite 四水泻盐 164,187
Staurolite 十字石 98,187
Stibarsen 砷锑矿 51
Stibnite 辉锑矿 62,63,186
Stilbite 辉沸石 143
Stilleite 方硒锌矿 56
Stishovite 斯石英 74,82
Stistaite 锑锡矿 51
Stolzite 钨铅矿 158
Stoppaniite 斯托潘尼石 106
Stottite 羟锗铁石 90,91,187
Strengite 红磷铁矿 157
Strontianite 碳锶矿 167

Strontiopiemontite	锶红帘石 103	Tschermakite	镁钙闪石 116
Strontium-apatite	锶磷灰石 152	Tungestun	自然钨 48
Struverite	钽铁金红石 74	Tungstenite	辉钨矿 64
Sudburyite	六方锑钯矿 55	Tuperssuatsiaite	钠铁坡缕石 125
Sudovikovite	× 67	Turneaureite	氯砷钙石 152
Sugilite	钠锂大隅石 109	Turquoise	绿松石 156,186
Sulphur	自然硫 49,188	Tusionite	硼锡锰石 167
Sussexite	白硼锰石 148	Tyrrellite	硒铜钴矿 72
Sylvite	钾石盐 174		
Szaibelyite	硼镁石 148,187	**U**	
		Ulvospinel	钛铁晶石 72
T		Uraninite	晶质铀矿 175
Tainiolite	带云母 130	Uranopolycrase	铀复稀金矿 78
Talc	滑石 122,123,185	Urea	尿素石 183,187
Tanteuxenite-(Y)	钽黑稀金矿-(Y) 78	Uvarovite	钙铬榴石 93
Taramite	绿闪石 116	Uvite	钙镁电气石 107
Tausonite	锶钛石 86		
Tellurium	自然碲 49	**V**	
Tennantite	砷黝铜矿 68	Vaesite	方硫镍矿 60
Tephroite	锰橄榄石 94	Valentinite	锑华 74,75,187
Tetrahedrite	黝铜矿 67,68,187	Vanadinite	钒铅矿 152
Tetrawickmanite	四方羟锡锰石 90	Vanadomalayaite	钒马来亚石 99
Thorianite	方钍石 175	Variscite	磷铝石 157
Thorite	钍石 92	Vermiculite	蛭石 132,188
Thorogummite	羟钍石 92	Vesuvianite	符山石 102,185
Thortveitite	钪钇石 100,186	Villiaumite	氟盐 174
Tiemannite	硒汞矿 56	Violarite	紫硫镍矿 72
Tilasite	氟砷钙镁石 99	Vivianite	蓝铁矿 155,186
Tinzenite	廷斧石 104	Vonsenite	硼铁矿 147
Titanite (Sphene)	榍石 98,99,188	Vuorelainenite	沃钒锰矿 72
Tobelite	托铵云母 129	**W**	
Todorokite	钙锰矿 88	Wadsleyite	瓦兹利石 94
Topaz	黄玉 97,186	Wakefieldite-(Ce)	钒铈矿 92
Torbernite	铜铀云母 155,156,187	Wakefieldite-(Y)	钒钇矿 92
*Tourmaline	电气石 107	Walthierite	砷铀铋石 162
Tremolite	透闪石 20,116,187	Weddellite	草酸钙石 179,180,184
Trevorite	镍磁铁矿 72	Wesselsite	硅铜锶矿 119
Tridymite	鳞石英 83,84,186	Wheatleyite	草酸铜钠石 180,184
Trilithionite	锂白云母 130	Whewellite	水草酸钙石 179,187
Troilite	陨硫铁 55	Winchite	蓝透闪石 116
Trona	天然碱 170,187	Witherite	碳钡矿 167
Trustedtite	方硒镍矿 72	Wolframite	钨锰铁矿(黑钨矿) 75,76,188
		Wollastonite	硅灰石 3,113,114,185

Wonesite 翁钠金云母 130
Wulfenite 钼铅矿 158
Wurtzite 纤锌矿 58,188
Wustite 方铁矿 174

X

Xenotime-(Y) 磷钇矿 92
Xenotime-(Yb) 磷镱矿 92
Xonotlite 硬硅钙石 21,117,118,188

Y

Yagiite 陨钠镁大隅石 109

Yanomamite 水砷铟石 157

Z

* Zeolite 沸石 140
Zeunerite 铜砷铀云母 156
Zinc 自然锌 47
Zincite 红锌矿 58
Zincochromite 锌铬铁矿 72
Zircon 锆石 92,93,185

主要参考文献

Back ME and Mandarino JA. Fleischer's Glossary of Mineral Species 2008. Tucson: The Mineralogical Record Inc., 2008

Evans HT Jr, Allmann R. The crystal structure and crystal chemistry of valleriite. Zeitschrift für Kristallographie, 1968, 127, 73~93

Hejny C, Falconi S, Lundegaard LF, McMahon MI. Phase transitions in tellurium at high pressure and temperature. PRB, 2006, 74, 174119-1~7

Klein C. The 22nd Edition of the Manual of Mineral Science (after James D. Dana). New York: John Wiley and Sons, 2002

Klein C. The 23rd Edition of the Manual of Mineral Science (after James D. Dana). New York: John Wiley and Sons, 2008

Kostov I. Mineralogy. Edinburgh; London: Oliver & Boyd, 1968

Makovicky E and Hyde BG. Incommensurate, two-layer structures with complex crystal: minerals and related synthetics. Materials Science Forum, 1992, 100 & 101, 1~100

Makovicky E and Hyde BG. Non-commensurate (misfit) layer structures. Structure and Bonding, 1981, 46, 101~170

Nesse WD. Introduction to Mineralogy. New York: Oxford University Press, 2000

Post JE, Appleman DE. Crystal structure refinement of lithiophorite. American Mineralogist, 1994, 79, 370~374

Povarennykh AS. Crystal Chemical Classification of Minerals. Plenum Press, New York-London, 1972

Salzmann CG, Radaelli PG, Mayer E, Finney JL. Ice XV: A new thermodynamically stable phase of ice. PRL, 2009, 103, 105701-1~4

Strunz H and Nickel EH. Strunz Mineralogical Tables (9th Edition). Stuttgart: E. Schweizerbart'sche Verlagsbuchhandlung (Nagele u. Obermiller), 2001

Swamy V, Saxena SK, Sundman B, Zhang J. A thermodynamic assessment of silica phase diagram. Journal of Geophysical Research, 1994, 99, 11787~11794

Wooster WA. The relation between double refraction and crystal structure. Zeitschrift für Kristallographie, 1931, 86, 495~503

〔德〕V. 杰罗德(Gerold V), 主编. 固体结构. 王佩璇, 等译. 北京: 科学出版社, 1998

〔美〕T. 佐尔泰, J. H. 斯托特. 矿物学原理. 施倪承, 马喆生, 等译. 北京: 地质出版社, 1992

陈敬中, 主编. 现代晶体化学—理论与方法. 北京: 高等教育出版社, 2001

陈武, 季寿元. 矿物学导论. 北京: 地质出版社, 1985

郭可信, 叶恒强. 高分辨电子显微学在固体科学中的应用. 北京: 科学出版社, 1985

何明跃. 新英汉矿物种名称. 北京: 地质出版社, 2007

李胜荣, 主编. 结晶学与矿物学. 北京: 地质出版社, 2008

梁敬魁. 粉末衍射法测定晶体结构. 北京：科学出版社，2003
罗谷风. 基础结晶学与矿物学. 南京：南京大学出版社，1993
罗谷风. 结晶学导论. 北京：地质出版社，1985
潘兆橹. 结晶学及矿物学. 北京：地质出版社，1993
钱逸泰. 结晶化学导论. 第3版. 合肥：中国科学技术大学出版社，2005
秦善，王长秋. 矿物学基础. 北京：北京大学出版社，2006
秦善. 晶体学基础. 北京：北京大学出版社，2004
秦善. 异类结构基元层间层矿物研究. 北京大学博士学位论文，1997
王濮，潘兆橹，翁玲宝. 系统矿物学（上）. 北京：地质出版社，1982
王濮，潘兆橹，翁玲宝. 系统矿物学（下）. 北京：地质出版社，1987
王濮，潘兆橹，翁玲宝. 系统矿物学（中）. 北京：地质出版社，1984
王仁卉. 晶体学中的对称群. 北京：科学出版社，1990
新矿物及矿物命名委员会. 英汉矿物种名称. 北京：科学出版社，1984
叶大年. 结构光性矿物学. 北京：地质出版社，1988
俞文海. 晶体结构的对称群. 合肥：中国科学技术大学出版社，1991
赵珊茸，边秋娟，凌其聪. 结晶学及矿物学. 北京：高等教育出版社，2004
郑辙. 结构矿物学导论. 北京：北京大学出版社，1992
周公度，段连运. 结构化学基础. 第4版. 北京：北京大学出版社，2008